安徽师范大学教材建设基金资助
安徽省地方高水平大学旅游管理重点建设专业资助

 21世纪高等院校旅游管理类创新型应用人才培养规划教材

旅游景观设计与欣赏

凌善金 编 著

北京大学出版社

PEKING UNIVERSITY PRESS

内 容 简 介

本书以阐明旅游景观设计与欣赏的本质、原理和方法为目标,力求站在更宽泛的学科知识背景下,运用多学科理论来综合论述旅游景观设计与欣赏问题。 全书共 9 章,分为理论基础、设计、欣赏 3 部分。 第一部分,即第 1 章,为理论基础篇,论述旅游景观的基本概念、本质、分类等问题;第二部分,即第 2～5 章,为设计篇,论述旅游景观设计的基本理论,旅游景观设计的依据,旅游景观构景元素设计方法以及各类旅游景区的景观设计方法;第三部分,即第 6～9 章,为欣赏篇,论述旅游景观欣赏的概念、本质、意义等基本理论,旅游景观欣赏心理,自然景观、人文景观的观赏特性及欣赏方法。

本书适用于高等院校旅游学相关专业本科旅游景观设计、旅游景观欣赏、旅游景观美学等课程教学,也可作为景观设计、环境艺术设计、园林设计、城乡规划、建筑设计等专业的教材或参考书。

图书在版编目(CIP)数据

旅游景观设计与欣赏/凌善金编著. —北京:北京大学出版社,2015.5
(21 世纪高等院校旅游管理类创新型应用人才培养规划教材)
ISBN 978 - 7 - 301 - 25737 - 1

Ⅰ.①旅… Ⅱ.①凌… Ⅲ.①旅游区—景观设计—高等学校—教材 Ⅳ.①TU984.18

中国版本图书馆 CIP 数据核字(2015)第 084001 号

书 名	旅游景观设计与欣赏	
著作责任者	凌善金 编著	
策 划 编 辑	莫 愚	
责 任 编 辑	莫 愚	
标 准 书 号	ISBN 978 - 7 - 301 - 25737 - 1	
出 版 发 行	北京大学出版社	
地 址	北京市海淀区成府路 205 号 100871	
网 址	http://www.pup.cn 新浪官方微博:@北京大学出版社	
电 子 邮 箱	编辑部 pup6@pup.cn 总编室 zpup@pup.cn	
电 话	邮购部 010-62752015 发行部 010-62750672 编辑部 010-62750667	
印 刷 者	北京虎彩文化传播有限公司	
经 销 者	新华书店	
	787 毫米×1092 毫米 16 开本 17.5 印张 彩插8 420 千字	
	2015 年 5 月第 1 版 2024 年 1 月第 6 次印刷	
定 价	49.00 元	

前　　言

　　创新型、应用型大学人才的培养有赖于教材内容与形式的科学设计。根据当前旅游管理专业人才的需求和行业的发展前景，本系列教材以培养创新意识为灵魂，以培养应用能力为根本，以培养毕业后即能操作，上岗就能工作的人才为目标。因此，本书在阐明学科原理的基础上，加强了案例教学内容和实际操作训练方面的内容。

　　旅游景观是旅游发展的主要资源，是旅游者观赏的对象，设计景观是为了适应旅游需求及旅游产业发展的需要，因此，高校旅游学相关专业学生应当掌握旅游景观设计与欣赏的知识。景观设计是为欣赏服务的，设计者必须了解欣赏规律才能做好设计，欣赏者只有理解设计思想才能更好地欣赏，旅游景观设计与欣赏两者存在着本质联系，因此本书将两者结合在一起。旅游景观设计与欣赏学科知识的实践性、应用性很强，也是一门文理工交叉性学科，需要综合运用多学科知识来解决实际问题。因此，学习本课程，不仅可获得旅游景观设计与欣赏的能力，同时对培养个人素质、拓展知识面均具有重要意义。本书力图通过一些案例，综合运用艺术学、美学、符号学、旅游学、地理学、心理学、园林学、城乡规划学、设计学等多学科理论来阐明旅游景观设计与欣赏的原理与方法。

　　全书分为9章，分为理论基础、设计、欣赏3部分。第一部分，即第1章，为绪论，论述旅游景观欣赏的基本概念、本质、分类问题；第二部分，即第2～5章，为设计篇，阐述了旅游景观设计的基本理论问题，旅游景观的设计依据，旅游景观的风格定位，旅游景观抽象和具象构景元素设计方法，旅游景区的基本构景方法，并分别论述了自然旅游景区、人文旅游景区（城市、乡村景观）的设计原则与方法；第三部分，即第6～9章，为欣赏篇，阐述了旅游景观欣赏的概念、本质、意义、欣赏方法等基本理论问题，旅游景观欣赏心理，各种自然景观、人文景观的欣赏特性及欣赏方法。

　　根据创新应用型本科人才培养的需要，本书在体系和结构上进行了一定的创新，全书紧紧围绕景观的本质特性来论述旅游景观设计与欣赏问题，注重结构体系的逻辑性，融理论与实践、课堂导学与课外自学为一体，尽力体现易读性和实用性。本书的主要特色如下。

　　（1）说理性强。本书紧紧抓住景观的本质，用多学科理论，结合最新研究成果以及作者观点编写，深入浅出，说理透彻、明确，有利于读者加深对学科本质问题的认识，有利于实现"授之以渔"的教学目的。

　　（2）知识面宽。一般教材基本都是以美学、心理学、设计学为主要理论基础，本书增加了艺术学、符号学、旅游学、地理学、哲学等学科理论来论述景观设计与欣赏的本质、原理和方法。相比其他类似教材，本书的知识体系更为系统完整，知识面更宽，有利于拓展学生的知识面宽，完善学生知识结构，培养学生的创新思维。

　　（3）易于理解。本书力求将景观设计和欣赏各种复杂难懂的问题用少量的篇幅做出解析，将复杂的问题简单化，既便于理解，也易于记忆。比如，将景观的观赏属性概括为"形""神""质""意"四个字；将美学、艺术学、符号学都用简短的篇幅进行阐述，简单明了。

（4）实用性强。本书符合人才培养模式目标。当前，大学人才培养模式崇尚创新型、应用型人才的培养，本书正是为适应这种需要而编写，强化了案例教学、实际操作训练方面的内容，安排了较多的设计案例和图片，每章有教学要点、技能要点、导入案例、本章小结、关键术语、知识链接、练习题等。

（5）有创新性。针对景观的本质问题，运用多学科知识，对旅游景观设计与欣赏问题有新的理解，提出了一些新思想、新观点。

本书由凌善金提出写作思路和框架结构，并撰写了主要内容。责任编辑莫愚在拟定本书大纲及内容设计过程中提出了一些指导性意见。对提高本书质量发挥了重要作用。李宁生、王宗英、李传璋、朱少华等为本书提供了部分精美的照片资料，安徽师范大学旅游发展与规划研究中心提供了部分规划图件。齐晓蒙、寿泽华、周萌、周洁、孙二昌、薛志超、庙玲、汪明秀等协助撰写了部分内容。在此一并表示感谢！

在本书的编写过程中，作者参阅了大量的教材、专著、论文以及网络资料，但是因为数量太多，无法在书末的参考文献中一一列出，在此谨向这些作者表示感谢！

由于作者学识所限，书中难免存在疏漏之处，敬请广大读者批评指正！

编　者

2015 年 1 月

目 录

理论基础篇

第1章 绪 论

本章教学要点

知 识 要 点	掌握程度	相 关 知 识
旅游景观的概念	掌握	地理学、园林学、符号学、美学、旅游学
旅游景观的本质	掌握	美学、艺术学、心理学、旅游学
旅游景观的观赏属性	掌握	美学、艺术学、符号学、认知心理学
旅游景观的特征	了解	美学、旅游地理学、地理学
旅游景观的分类	了解	美学、地理学、旅游学、认知心理学
旅游景观地域分异规律及其成因	了解	地理学、文化学、历史学
旅游景观的价值	掌握	艺术学、美学、旅游经济学、旅游文化学

本章技能要点

技 能 要 点	掌握程度	应 用 方 向
跨学科的知识融合能力	熟悉	
观察、分析事物本质的能力	理解	多种学科研究
学科知识的理解能力	掌握	

导入案例

悉尼歌剧院建筑的魅力何在

图 1.1 是大家都熟悉的悉尼歌剧院建筑，巨大的白色贝壳群，像是海上的船帆，又如一簇簇盛开的花朵，在蓝天、碧海的衬映下，婀娜多姿，轻盈皎洁。它不仅是悉尼艺术文化的殿堂，更是悉尼的标志性建筑，还被视为世界经典建筑，也是公认的 20 世纪世界十大奇迹之一，吸引了来自世界各地的观光客。究竟是什么原因能产生这样的影响力呢？是因为审美价值高，还是造型奇特，还是内涵丰富？如何设计景观才能具有更高的观赏价值，吸引更多的观光者？相信通过本章的学习，这些疑问都能得到明确的答案，不但懂得如何欣赏各种旅游景观，还能初步掌握旅游景观设计的原理。

旅游学的主要研究对象是旅游现象和旅游产业。从旅游学角度看，景观是一种旅游资源，可供旅游者欣赏，也可用于发展旅游产业，因此，作为旅游专业人员，了解如何去设计和欣赏旅游景观，对未来从事专业工作和相关研究有着重要意义。

图 1.1　从不同角度观赏悉尼歌剧院外观造型

1.1　旅游景观的概念与特性

了解旅游景观的概念、本质、构成要素及特性，是理解旅游景观设计与欣赏的原理与内容的基础。

1.1.1　旅游景观的本质与概念

"旅游景观"一词源于"景观"，因此，在理解旅游景观概念之前，必须首先认识景观的本质及概念。

1. "景观"一词的由来及含义

1) "景观"一词的由来

"爱美之心，人皆有之"，审美是人类的本能需要，人类自古就爱欣赏自己居住的环境，因此很早就出现了描述人间美景的词汇。最早描述景观的词语出现在成书于公元前的《圣经·旧约》中，希伯来文为"noff"，从词源上看，它与"yafe"，即与美有关，是用来描写圣城耶路撒冷的美景的(Naveh，1984)。不同语言对美景有不同的描述词语，在英文中有"landscape"和"scenery"，在德语中有"Landschaft"，法语有"payage"。尽管不同文化的语言中所用的词语不同，但它们所要表达的概念是相同或相近的，都是对具有观赏意义的景象的描述。16 世纪末，"landscape"被西方当作绘画艺术的一个专门术语，指自然景色。18 世纪，一些园林设计领域也开始采用"景观"一词，且不仅仅指自然景象，已包含了人文景象。到了 19 世纪初，近代地理学创始人德国地理学家洪堡(Alexander von Humboldt)将景观的概念引入地理学，用于指一个地理区域的总体视觉特征。19 世纪后期至 20 世纪初期，形成了以研究景观形成、演变和特征为对象的景观学。在古汉语中没有用过"景观"一词，但是在晋代《晋书·王导传》就出现了具有相同概念的"风景"一词。"景观"一词到近代才出现在汉语中。根据辞书对"景观"的释义可以看出，在汉语里是地理学科最先引用这一词，很可能是出自地理科学文献翻译过程中。至于英语的"landscape"为什么翻译成汉语的"景观"，而不翻译成"风景"或者其他什么词，谁先使用这一词语，难以查考。另外，"景观"一词被地理学采用以后，对它的理解也偏离了原意，成了科学术语。它将景观当作一种现象来研究，只研究景观的特征、成因机理、分异和演化规律，并不关注景观的审美风格、欣赏价值、欣赏效果，也不研究如何去设计。而普通意义上的"景观"主要是从观赏角度去看，至于景观成因倒是次要的问题。可见，在地理学对景观的含义与大众所理解的含义是不相同的。

2) 景观的含义

中英文词典对"景观"的解释为：狭义指自然风景，泛指所有的风景。从字面上来看，语义甚明，并无难解之处。"景"字本身就包含景象、风景的意思，单字就能表达语义；不过对"观"字的理解存在歧义，有人将其理解为"看"的意思，其实不妥。"观"字单独使用可作为观看的意思，但是，放在"景"字后面，不应当作"观看"的意思，因为这样组词在语义表达上不符合逻辑。根据辞书上的释义，"观"除了有观看的意思外，还有景象的意思。显然这里的"观"应当就是指景象的意思(如奇观、壮观等词语中的"观"字)。也就是说，"景"和"观"连起来仍然是指景象，"景"和"景观"之间没有内涵上的区别。因为独字不成词，连在一起便构成了词，加上"观"字是出于构词和强化语音节奏的需要。这种语法现象在汉语中比较常见，比如，"观看"两个字都是"看"的意思，"到达"两个字都是"到"的意思，从语义表达来看，其中一个字可以省略，两字合起来更符合语音节奏。这是汉语中语法现象，如果是外文或许就不存在这样的歧义了。在汉语中，"景观"与"风景""景致""景色""风光"为同义或近义词，都是指视觉欣赏意义上的景象，在词典中它们之间用来互相解释，绝大多数人理解的景观也是这种含义。

总体上看，对景观概念的理解，有学科差别，但是没有民族的差别。地理学将景观当作一个科学名词，一种地理现象，定义为一种地表景象或综合自然地理区，如城市景观、森林景观等；生态学将景观定义为生态系统的系统；艺术学将景观当作表现与再现的可以观赏的对象，相当于风景；建筑学将景观当作设计和观赏的对象；旅游学将景观当作旅游观赏的对象和具有经济价值旅游资源；普通人将景观当作是观赏的对象。尽管不同学科对"景观"一词有不同的理解，但是归纳起来可以将其分成两类，即通用的概念和专业的概念。艺术学、设计学、文学、美学领域与普通人所理解的景观的概念在本质上是相同的，这也是景观的本意，是观赏意义上的景观，与风景、景象同义；地理学、景观学则将其作为专业术语来看待，赋予了景观特定的含义，与其他领域的理解有明显不同，通常不考虑人的感受效果，只将景观当作客观物质存在。景观设计与欣赏中所指的是前者所说的"景观"。不能说这两种理解孰是孰非，而是各有各的用途。词语的概念取决于使用习惯和社会约定，只要大家都使用习惯了，那么该词语就有了约定的语义，也是正确的。

2. 景观的本质

认识事物应当抓住本质才有意义。旅游景观设计与欣赏理论的理解必须从对景观的本质的认识入手。

1) 景观是大尺度三维空间中的视觉物象

从"景观"一词的语义来看，景观必须是视觉对象，或者说以视觉对象为主体，也就是说，景观必须是有形的事物。如果缺少视觉对象，就不能称之为景观。听觉、嗅觉和触觉对象虽然也对景观欣赏有作用，可以成为景观的一部分，但不应作为主体构成要素。这些现象可以是自然的，也可以是人为的。景观是一个认知的空间或景物，其尺度大小、空间开合具有不确定性，室内与室外均可看作景观。景观的尺度伸缩性很大，小到花园、庭院、街道……，大到广场、城市、海洋……，都是景观。然而，具有观赏价值的未必都是景观，只有在较大尺度的三维空间，通常要超出人的尺度的空间，才可能成为景观。比如，一幅画不能称之为景观，不具备三维空间特性，但可以作为景观的构成元素。室外空间和室内空间都可以成为景观空间，但是无法容纳人的小空间就不能成为景观欣赏的对象。景观的最小尺度通常应大于人体的高度才能算是景观。景观空间中的景物尺度却可以很小，一草一木、一花一鸟、一虫一鱼。景观通常是由多个景物构成，有时候是以某个景物为主体（比如建筑），其他景物为背景（比如天空）；有的景观由多种景物相互融合在一起，主次不分。景物大致可以分为非生物物体、生物、物理现象三大类，这些类型又能分出无数个小类，显得特别复杂。

2）景观是具有观赏价值的视觉物象

景观是物质性的，但它不是满足人们物质需要的东西，而是具有精神价值的东西，是具有观赏价值的视觉物象，否则，就不能称之为景观。观赏价值表现在能满足人的审美、情感、求知的需要，并能帮助人们感悟人生。

（1）景观是人类的视觉审美对象。审美特性是景观的基本特性，也是最主要的特性，能愉悦人的心情，这也是它能被人们乐于观赏的主要原因。无论是自然景观还是人文景观，都具有审美价值，否则也就不能称之为景观。景物之美是通过它的形、色、神、质等方面表现出来。景观中的石头、水、植物、动物和人工构筑物等客观事物在形态、色彩、线条和质地等方面都符合人的审美规律，因此具有美感。

（2）景观是人景情感交流的对象。审美特性并非是景观的唯一特性。欣赏是享受美好的事物、领略其中的趣味、寄托主观情思的过程。我们不应当将景观欣赏行为的理解局限在审美方面，它还包含情感与信息的"交流"过程，还能领略到其他方面的意味。在欣赏活动中可以借物抒情，借物传情，寄托自己的情感、思想，调节精神状态。人是多情的动物，触景必生情，因为情感交流需要也是人的基本需要。因此对于人来说，宇宙间的一切事物都是有情的，正所谓的"清风明月本无价""近水远山皆有情"。动物会有情感，可以理解，可是植物、石头、地形有情感就不好理解了。其实，客观物体本身是无情的，其情感是人自作多情所导致的，是将客体"人化"的结果，是人所赋予的。尤其对于文人骚客来说，客观景物更是多情至极，在他们的眼里，似乎景物都会说话一样。世间一草一木皆有情，但是这种情是相对于特定的人而言，并非对任何人都起作用。因此景观欣赏并非只是审美活动而已，应当具有更多的内涵。同一处景观，不同的人会有不同的感受效果。在诗人眼中，景观是自己的知心朋友，可以尽情倾诉自己的情感。其实普通人同样需要这样的知心朋友，只是心领神会，却难以言表。这也是人人都乐于旅游的重要原因。

（3）景观是人景交流信息的对象。景观携带着大量信息，奇妙、神秘、有趣、有内涵的事物，可以满足人的好奇心、求知欲。大自然这位雕塑大师创造了千奇百怪的物象，无论是山、石、水，还是植物、动物都存在很多神奇之处。越是神奇的东西，其内涵越丰富，越耐人寻味。人类也能创造奇迹，不同文化创造出不同的人间奇迹。景物的意味也是通过它的形、色、质三方面透露出来的。听觉、嗅觉和触觉也可以被看作是景观的辅助要素，在欣赏景观中发挥着一定作用，除了自身蕴藏着信息以外，人类或欣赏者也能赋予它原本没有的文化信息，尽管这是虚构的、强加的，但是人类却总是这样自作多情地将客观事物当作有情之物。求知是人类的天性，好奇心也是人人都具备的天性，每个人都想经过从认识个别事物成因出发，经过演绎推理获得一个事物产生的本源或本体，认识天地万物的本源和规律。人类欣赏景观可获得更多背景知识，比如景观成因、文化内涵之类的知识，增长见识。因为所有景观都携带着大量信息，可以将它理解为一种信息传播的符号。有人则说它是一部书，是一部关于地方自然和文化的书，它记载着一个地方的自然和社会的历史，讲述着动人的故事，讲述着人与自然、人与社会的关系。当然，要读懂这本书，读者必须有相应的知识储备。

3. 旅游景观的概念

根据景观的本质我们可以看出，能称为景观必须具备两个条件：首先，景观必须有视觉对象，缺少视觉对象，就不能构成景观，听觉、嗅觉和触觉对象不应作为主要构成元素；同时，景观必须是具有欣赏价值的视觉物象，即有美感、有意味的物象，单体物象不能称之为景观，通常是以组合形式出现。2002年12月1日起实施的《园林基本术语标准》（CJJ/T91—2002）对景观（landscape，scenery）的定义为"可引起良好视觉感受的某种景象"。该定义已经明确表达了景观的本质特征。本书认为：景观是具有观赏价值的景象。具体地说，景观是在较大尺度三维空间里具有观赏价值的景物的总和。

20世纪70年代后，景观概念被运用于旅游学中，才出现旅游景观的概念。目前学界对它的解释不尽相同，比如：孙文昌认为，旅游景观是指"一个地区的整体面貌，即各要素组成的相互联系、和谐的综合体"；王兴中认为，旅游景观是"旅游者主要通过视觉，其次还有听觉等对特定的某一旅游时间、空间场所内具有旅游意义的自然、人文复合物象和现象的感知景观"；钱今昔认为："自然旅游资源和人文旅游资源在一定区域范围内的综合表征，就是旅游景观。"王柯平把旅游景观界定为："一种具有审美信息、空间形式和时间立体性的外在观赏实体。"祁颖认为："旅游景观是具有旅游审美价值的能够吸引旅游者，促使其产生旅游活动和愉悦体验的环境综合体。"

尽管在旅游学界对旅游景观也有多种不同的解释，从景观的本质我们可以知道，旅游景观必须是可供旅游者观赏的景观，没有观赏价值的景物就不是景观，不能用于旅游观赏的景观就不是旅游景观。不过旅游景观与旅游资源是不同的概念，景观是旅游资源的一部分，或者说是主要旅游资源，但是两者不能画等号，因为能用于开展旅游活动的资源都是旅游资源，而观景仅仅是旅游行为的一种。旅游景观构成要素具有综合性，视觉要素也具有多样组合的特性，很少是单独出现。从"景观"的字面上理解，不应包括听觉、嗅觉和触觉要素，它与旅游环境的概念有所不同，旅游环境所能包含的内容就宽泛得多。但是很多人还是将听觉、嗅觉和触觉要素纳入景观概念之中。但是无论如何，少了视觉要素，就不能构成景观。

景观和旅游景观有没有区别呢？本书认为这两个概念没有本质上的区别，因为凡是景观都可以用于旅游观赏，尽管现在有些景观没能被旅游所利用，但是任何景观都有可能成为旅游景观，只要具备条件，就可用于旅游观赏。比如太空景观、某些海底景观，还没有能力开发成旅游产品，可以称为景观，而不能称之为旅游景观。可以说，旅游景观是具有旅游观赏价值的景象。

1.1.2 旅游景观的特性

无论是进行旅游景观设计还是欣赏都必须了解旅游景观的基本特性,旅游景观的特性可概括为以下几方面。

1. 有形性

如前文所述,旅游景观必须是有形的视觉对象。听觉、嗅觉和触觉元素可以成为旅游景观的辅助性要素,能提高观赏效果。比如,山、水、岩石、植物、动物、云彩、建筑、道路等都是可见、可以观赏的事物;水声、风声、动物叫声、歌声、说话声等往往同时出现在旅游景观中,也是可以欣赏的。但是如果去掉那些可见的事物,景观也就不复存在了。非物质文化在未转化成物质之前不是景观,必须转化为物质存在形式才能称为非物质文化景观。

2. 可赏性

旅游景观之所以能够成为旅游者的观赏对象,必定有观赏价值,即具有可供观赏的属性。景观的外在形式及通过形式传达的内涵都可以激起旅游者的喜悦之情,引发旅游者去品味。当然景观外在的形状、色彩、尺度、质地首先使旅游者的情感瞬间受到感染。景观的可赏性体现在审美性、情感性、趣味性、内涵性。景观的内涵往往通过欣赏者理解或借助讲解才能领略深藏其中的各种意味。虽然由景观内涵获得的愉悦感要迟于其外在形式,但这种愉悦感持续的时间更长。赏景可以美化我们的生活、愉悦我们的心情,其中包涵超功利性和功利性需要的满足,而以超功利为主。超功利性体现在获得美的享受,陶冶心灵,愉悦心情;功利性表现在交流了情感,增长了见识。

3. 综合性

物象通常是以组合的形式出现。如城市景观、乡村景观、海边景观、草原景观,一般都不是单一元素构成,而是与其他景观元素,如天空、山峦、人群、动物等组合在一起出现。大的组合模式有自然景观元素之间的组合、人文景观元素之间的组合、自然景观和人文景观元素之间的组合。更多的组合方式数不胜数。不同的组合会形成具有不同意味的景观。

4. 地域性

由于自然因素和文化因素的地域分异,造就了丰富多彩的地表景观。也正是因为有地区差异,人类才乐于去异地观光来满足好奇心。由于自然因素的分异,造就了地球上纬度、海拔、海陆位置、地质、地貌等地理因素的差异,使地表呈现出各种各样的自然景观,比如热带雨林、热带草原、荒漠、极地、高山、沼泽等景观。人文景观是指受到人类活动造成的景观,如乡村、工矿、城镇等。人文景观的分异与地方文化关系密切。比较大的文化分异是宗教文化,它对建筑、园林景观分异的影响较大。比较大的景观,如以儒教文化为中心的东亚人文景观,以基督教文化为中心的欧美人文景观,以天主教文化为中心的拉丁人文景观,以伊斯兰教文化为中心的阿拉伯人文景观,以印度教文化为中心的南亚人文景观。除了自然景观和人文景观的地域分异以外,自然和人文景观的再组合又会产生更为多样的景观。

5. 易变性

很多旅游景观具有易变性，错过时间就看不到相应的景观。客观世界有很多物象是处在动态变化之中，致使同一空间在不同时间会展现不同的景观。天象、物候、动物、人类活动等物象随时间变化较大，观赏者必须把握时间，才能看到相应的景观。景观变化对应的时间有：时辰、星期、旬、月、季节等。比如一天中，日出和晚霞景观必须在早餐和傍晚观赏。观潮在满月时效果较好。山景有季节变化，"春山澹冶而如笑，夏山苍翠而如滴，秋山明净而如妆，冬山惨淡而如睡。"（宋·郭熙《林泉高致·山水训》）比如，北京颐和园昆明湖，夏季碧波荡漾，冬季湖水结冰，如遇大雪，则湖面白雪覆盖。有些人文景观也不稳定，比如世博会、体育赛事、庙会、展览会都是在特定时间进行，错过时间就看不到了。当然有些景观较稳定，比如建筑景观随时间变化不明显。

1.2 旅游景观的观赏属性

学习景观设计与欣赏，首先应当知道景观设计是设计什么，欣赏是欣赏景观的什么内容，也就是说，要知道景物的哪些属性具有欣赏价值？这样我们才能抓住根本问题或核心问题，明确设计的内容，理解景观欣赏的本质。世间事物千千万，能成为景物的事物也多种多样。同时，如果从不同角度去分析一种景物的属性，也会发现其属性是多方面的，比如物理属性、化学属性、外观属性、文化属性、成因属性、地理属性、经济属性等，但是本书所要关注的是与观赏有关的属性。对文学作品的欣赏是从三个层面入手，即语言层面、意象层面和意蕴层面，这些属性是其欣赏属性。其实其他艺术品的欣赏同样如此。景观之中存在很多值得欣赏的地方，成为绘画师法的对象，学绘画的人必须写生的原因也就在这里。本书认为，景观的欣赏属性可概括为"形""神""质""意"四方面，即形式、神采、性质、意蕴。其中前三者可以被直接感受到，最后一种必须经过理解才能获得。这就是说，旅游景观设计和欣赏的内容不外乎这四方面，这也是本书最重要的关键词，本书的内容也是以此为主线展开。

1.2.1 形式

形式是事物内在属性的外在表现。观赏景观正是以形式观赏为起点，再透过形式理解内容或内在本质。形式的概念很宽泛，是人能够感觉到的，包括形状、色彩、肌理、动静状态、声音、气味等都是形式的范畴。欣赏者首先感受到的是景象的外在属性，包括形、色、光等可感因素。例如，城市广场不仅要占据一定的城市空间，要有构筑物、道路、植物、照明等，有时还要配备相应的声响，这一切可感的物象都有其外在形式。对于景观来说，主要以形态、色彩、肌理等视觉形式来传达信息。景观欣赏还是立体的、动态的观赏行为，不同于欣赏绘画。不仅人观景经常是动态的，景观中本身也往往含有动态的物象，如水、云、动物、人等。形式又是神采、意象形成的基础，各种信息的载体，没有形式也就谈不上神采。因此，外观属性是设计与欣赏的基本要素。

1. 景物的形态

景物的形态指的是事物的状貌及其结构。这是重要视觉要素之一，不同的形状给人的感受效果是不同的。从视觉心理意义上看，一处景观就像一幅画，各种物象以点、线、面、体、动静状况及其总体构成呈现给观赏者，这些元素传达出不同的信息，对观赏效果有直接影响。根据视觉意义，形态可以分为抽象形态和具象形态。

1）抽象形态

（1）点分布。在一定视野下，景观构图中尺度较小的对象被称为点，是因为它在视觉中显得小，可能是植物、石头、动物、人。点分布状况决定着欣赏的趣味，点的数量、排列方式、密度、形态、大小、轻重、虚实都会影响景观观赏效果。点影响画面节奏的强弱、快慢、轻重、审美风格。如果点的数量很多，会显得壮观；相反，点的数量少，则有冷落感。自然事物呈随机分布，人文事物既有规则分布，也有随机分布，而以规则分布居多。随机分布的点具有自然美；规则分布的点具有整齐和装饰之美，显示出典型的人文事物的特征，蕴含着人文信息。大量的点状地物聚集会造成壮观的景象。正如民歌《美丽的草原我的家》中所唱的，"骏马好似彩云朵，牛羊好似珍珠撒"，这里牛羊是随机分布的点。景观中的点和绘画中的点，在构图意义上是完全相同的。从美学意义上看，点是节奏感形成的重要视觉元素。无论是繁星点点，还是帆影点点，都是景观视野中的节奏性因素，均具有审美意义（图1.2）。

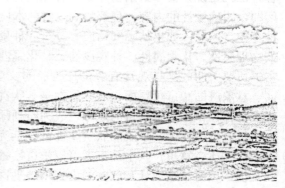

图1.2　景观构图中的点、线、面效果

（2）线的形态。线也是重要的景观构图要素。比如，千回百转的盘山公路是因地形障碍不得已而为之，但是从观赏角度看，其线条却颇有韵律感。呈直线的高速公路就没这种感觉了，而给人以畅达的感受。线的表情比点的表情丰富，它可以表现出各种各样的情调。线具有很强的表情性，不同特性的线在一定程度上影响着景观构图的风格。不同粗细的线会给人以不同的心理感受，粗线以刚强为主要特征，细线以轻柔为主要特征。自然景观和人文景观中存在着各种各样的由景物构成的线条。如河流、水岸线、交通线、山的轮廓线、房屋的轮廓线、光影等，点的连续排列也能构成线。正是由于景观构图线条的这种形态的丰富性，为景观构图增添了更多的魅力。

（3）面的形态。视觉上面积较大的被称为面。面是景观中重要的视觉要素之一，景物的形态都影响观赏效果。面的形态可以分为人工形态和自然形态。不同形态特征会显示出不同的审美风格。

人工形态具有人情味浓厚，人文气息浓郁等感受效果。人工形态分为几何形态和非几何形态。几何形态具有整齐、端庄、严谨、理性效果（图1.3a）。比如正方形能给人一种端庄、严谨、厚重、匀称的感觉。

自然形态具有自然、自由、朴素、奇妙的感受效果。自然形态又可分为生物形态和非生物自然形态。生物形态给人生机盎然、生命力旺盛、自然、舒畅、神奇的感觉（图 1.3b），如花瓣、叶片、果实、动物体形等。非生物自然形态具有自然、潇洒、神奇的视觉特征，如陆地、岛屿、湖泊、山体、瀑布、云彩、极光等各具其形。

(a) 人工形态

(b) 自然形态

图 1.3 景物的形态特征及感受效果比较

（4）体的形态。体是三维的，不仅可供视觉器官从不同角度、不同距离去欣赏，还可用身体去直接感触其外部结构和质地特征，欣赏者所能获得的信息比二维空间的载体要丰富得多。体的形态对人的感知心理的影响主要通过形态、体量、空间等方面体现出来。在景观中有现实的体和概念的体，欣赏中不仅可以欣赏它的现实形态，还需要品味抽象的体所具有的意味。现实的体是指实际占有三维空间，并有具体结构、色彩、尺度和质地的立体景物。这是景观中最为重要的实体，可以进行多角度、多视距欣赏。概念的体是对现实的体的长、宽、高度的描述，不包括它的质地、肌理、色彩特征。例如长方体、圆柱体、球体、不规则体等。概念的体是欣赏者抽象化、意象化的结果。

立体事物的形态轮廓和明暗会随着观察者视角的变化而变化。如果按照客观事物的具体形态来看，特别复杂多变。景物立体形态和平面形态一样分为自然形态和人工形态。如自然景观中的山体、岩石、树木、动物等，人文景观中的建筑物、交通工具等。“横看成岭侧成峰，远近高低各不同”，正是对这种观赏效果的描述。如果将客观事物进行分类，与平面形态相似，可划分为几何形体、生物形体和随机形体，其视觉特性与平面图形相近。物体的形态将直接关系人的感受效果。以石材为例，不规则的原材料形态加工成几何体，或做成雕塑，它们所传达的信息是不同的，给人的审美感受效果也是不同的。一幢建筑做成立方体或做成圆柱体，给人的印象是大不相同的。修整规则或进行造型的植物外形和自然长成的植物形状也会产生不同的视觉效果。修整过的整齐的或雕塑成动物、人物等物体的石材、植物与原来的自然形态所蕴含的信息也是不同的。

2）具象形态

具象形态是指未经抽象化的事物的具体形态。世间每一种事物都具有许多属性，通过观其形态可感知到一部分。比如一只猫、一颗椰子树、一个肥胖的人、一片石林、一朵云彩等等，都有一定的外形。从每一个事物的形态可以获得观赏价值、与观赏者的关系、利用价值等信息，同时还能体验到某种情感，从而产生观赏一定的观赏效应。具象形态与抽象形态所传达语义不同，其视觉意义也存在很大差异。

2. 景物的色彩

色彩不能独立于物体以外而存在，但是它具有独立属性，因此应当作为景观的一种视觉要素。因为有了色彩，景观便多了一种欣赏要素，而且是一种极富表感染力的视觉要素，它可以丰富景观的欣赏内容。马克思说："色彩的感觉是一般美感中最大众化的形式。"人对色彩的感知比对其他形式语言更敏感，对色彩美感的需求也更加强烈。当一个人受到外界色彩刺激，会下意识地引起心理反应，比如，黄色给人以明亮、活泼、轻快的感觉。因阳光、金子是黄色的，所以黄色象征着光明、希望、财富。在中国历史上，黄色是皇家的专用色彩，象征至高无上的权力。沙土是黄色的，所以黄色又有荒凉、寂寞、干枯和孤独之感。色彩在景观构图中具有特别重要的意义，用色彩可以构成不同情调意味的景观（见彩图 1）。

3. 景物的肌理

肌理是指物体表面的组织结构，即各种平整度、光滑度、松紧度、弹性状况，是物体表面"肌肤"特征，是材料质地（内在性质）的外在显示状态，可以通过视觉、触觉感受到。肌理和材质是表里关系，表里有时一致，有时也会不一致。它除了可以传达景物质感信息外，会呈现一定的情调意味和审美风格，因此它在景观欣赏和设计中具有重要的地位。由于人类在长期的生产、生活实践中，对各种物质材料经常的接触和利用，已经熟知各种物质材料的肌理特征，能用眼睛来"抚摸"景物的表面，只要从远处观看景物，便可判断出物体表面粗糙度、柔软度、松紧度、透明度、光洁度等特征，这是一种通觉现象。粗糙的肌理能给人豪放、原始、质朴的感受；透明、光滑的质地能给人华丽、精致、细腻、轻巧的感受；柔和肌理能给人以亲切、温和、含蓄等印象。天然肌理具有朴素、神奇的感觉，人造肌理具有文化、艺术、华丽之感。天空的虚幻缥缈、水面的波澜起伏、老墙木屋岁月之痕、晨雾的依稀梦幻、古道的曲折逶迤、山石的参差错落、雨雾的朦朦胧胧、枯树的斑驳沧桑、幼苗的生机盎然，显示出变幻无穷、耐人寻味的自然肌理美和情调（见彩图 2）。

4. 景物的动静状态

景观中动态事物与静态事物会给人以不同的感受效果。动态的事物象征着生机，静态的事物象征着永恒。动态的事物，注目性强，有活泼感、自由感，能表现旺盛的生命力，可以活跃景观氛围，产生节奏与韵律感。剧烈运动的事物又会给人以危险、紧张、繁乱、恐怖、威胁等心理感受。舒缓运动的物体具有悠闲、亲切、柔婉、流畅、律动的特点。不同的运动状态、移动方式会有不同的视觉效果。行动笨拙的大熊猫，是令人感到可爱的；看到骏马奔驰，给人以精气神；看到快速行驶的列车，令人惊骇；看到蠕动的动物的移动方式，会令人不舒服。天上飞翔的动物最能表示自由自在的意味。"山得水而活"（郭熙），说明了物象动静直接关系到景观的感受效果，也说明了动静结合的重要意义（图 1.4）。

(a) 静态水

(b) 动态水

图 1.4 旅游景物的动静状态的观赏效果比较

静态的物体，给人以稳定和静穆的印象。常使人联想到成熟、永恒、可靠，以及消极、沉闷、懒惰等不同的内容。静态物体尽管是不动的，但是也可以产生运动错觉，比如人物或动物雕塑的姿势能造成动感。

5. 景物的其他可感属性

景观主要是用视觉来欣赏，不过不少人仍然将听觉、嗅觉、触觉、味觉对象也当作景观的一部分，主要是因为人的感觉系统是不可分离的，而且会相互影响、相互作用，况且其他属性对视觉欣赏的积极作用是很明显的，不妨将它们当作景观的辅助要素来看待。

1）声音

景观环境中大多有形又有声，两者很难分开。声音也是具有审美价值的形式。比如水声、风声、动物叫声、人的说话声，况且声音对景观欣赏有积极的作用。"彩蝶纷飞百鸟儿唱"使得景观充满了生机，听觉是仅次于视觉获取信息的重要感觉器官。不同的声音系统，可以造就不同的景观效果，因为声音是暗示景观特征的标志。蝉鸣是夏天的标志，汽车喇叭声是现代繁华城市的标志。例如，"蝉噪林愈静，鸟鸣山更幽"；"小楼一夜听春雨"；"谁家玉笛暗飞声，散入春风满洛城"，都是用声音来描述各种环境具有的诗意般的意境。电影、戏曲最善于用配音来营造情境，但是并非所有声音都具有欣赏价值，有的声音完全属于噪声，不属于和谐的声音。被称为天籁的大自然中美妙的声音，如同音乐一般具有欣赏价值；震耳欲聋的声音令人产生恐惧，也能振奋人的精神；轻快的、舒缓的声音令人心情舒畅。

2）气味

柏拉图、托马斯·阿奎那、黑格尔等美学家都认为，由视、听感觉所产生的快感才同美有关，而味、香、色欲之类感觉产生的快感则与美无关。狄德罗曾说："美不是全部感官的对象。就嗅觉和味觉来说，就既无美也无丑。"因为嗅觉、味觉和触觉只涉及单纯的物质和它的可直接用感官接触的性质，往往和直接的生理反应、物质需求相联系，而视、听觉对于客观世界的反映则具有更多的理解作用，它更多地与理性认识相联系。费尔巴哈认为，触觉、嗅觉、味觉是肉体的，而视觉和听觉是精神的。视觉和听觉作为审美的感官成为审美感受的主要基础这一事实，说明美感具有感性与理性相统一的认识性质，是一种高级精神活动，而不是一种单纯的生理的快感。鼻子闻到的气味具有暗示视觉环境的作用，因此气味也具有一定审美意义，比如气味也有高雅与庸俗之分。

嗅、触觉能对景观欣赏有一定的辅助作用。因为当特定对象以其系统形象信息呈现在人们的面前时，人们往往不是单凭某一感官和大脑某一相应对象做出反应，而是调动各有关感官和各有关大脑部位共同感觉、感受对象的整体特征。例如我们欣赏自然风光，主要凭视觉，又要凭听觉聆听鸟语、松涛、泉水声，还要凭嗅觉呼吸清新的空气，嗅花草的芳香，有时还凭触觉接触水流、石块、竹木，从而形成整体性的美感。又如我们听音乐，主要凭听觉，但往往通过联想、想象，调动起以往的审美经验，让以往的视觉、嗅觉、触觉经验也参与其中，共同领略作品的意境，既强化了听觉反应，又产生了"通感"，获得完整的感受。所以，审美虽然主要依靠视觉、听觉，但嗅觉、触觉也起重要的辅助作用，它们在审美中往往是相辅相成的。

不过，舌头感受到的美味不应属于审美感受范畴，至少没有直接作用。原因有二：其一，味觉感受这种感受属于生理性感受，并不是精神感受。在汉语里"味美"中的"美"概念并不指审美意义上的美，还包含"好"的意思，在英语里描述食物的美味用"delicious"，不会用"beautiful"，可见此"美"非彼"美"。不能认为只要出现"美"字就是属于美感的东西，因为在汉语里"美"所表达的意思很丰富，还把非审美的现象也称之为"美"。《现代汉语词典》对"美"的解释为：（使）美丽，令人满意的，美好的事物、好事，得意。其中只有"美丽"是指真正美学意义上的美，其他关于"美"的解释则不然，是满足主观物质性或生理性需要产生的一种良好感受。在汉语里"美"的概念容易被误解，在其他语言里未必如此，比如英语里就没有这种歧义。国外一些著名的美学家都认为，审美的器官只有视觉和听觉，能产生超功利的美好感受，是精神上的感受。其二，"美感是超功利的"，而味觉感受是功利性的。例如，味道鲜美、日子过得和美、美梦成真等，这些都不能理解为美学意义上的"美"，而是"好""满意"的意思。功利和超功利便是两种愉悦划分是否属于真正意义的审美的界线所在。显然，味美是满足生理需要而产生的感受，完全是功利的，显然不属于审美感受。不过，不能否认味道对欣赏景观有帮助，但是比较隐晦，因为它能诱发人的联想，想到某种场景，或者产生其他情感（非审美的）体验感受。比如，当你正在品尝以前吃过食物的时候，就会勾起你曾经经历过的场景，产生怀旧的情思。

1.2.2 神采

1. 神采的观赏意义

神采通常指人面部的神气和光彩，也用于指景物或艺术作品的神韵风采。不管它指的是人还是物，它显然不是对事物具体形式的描述，而是事物抽象意味的描述。赏景如赏画，景观也有神韵。神采显然不是对形式的具体描述，而是对事物综合的抽象的感受心理的描述，这是人所特有的一种感受，似无却有，难以名状，但是神采不能脱离形式而独立存在。关于神采问题早在中国古代已经有过论述。东晋时期，绘画理论家顾恺之首次提出了传神写照、以形写神等美学命题，自此诞生了形神论。顾恺之认为，形与神有着依附和统一的直接关系，但又有它们的独立性，形不等于神，神也不等于形。神采美是一种生命体所具有的正气内存、生命力旺盛的状态，其概念不仅被用于品评绘画作品，还通用于其他艺术作品，这是对非生命体的"人化"所产生。南北朝书法家王僧虔在论述书法创作时说："书之妙道，神采为上，形质次之，兼之者方可绍于古人"。由此可见，形与神是审美对象两个层面的问题，形是具体的低级的审美形态，神是抽象、高级、意境高妙、意蕴深刻的审美形态，是一种意象形态，生命力旺盛的外在表现，如"神采奕奕""神采飞扬"、都是这样一种状态。说某某人帅气、有气质都是神采的描述，如果要具体说为什么，却说不清楚。形式美与神采美属于不同层面的美，形式美是一般意义上的美，可以悦耳悦目；而神采美虽然依赖形式而存在，却是高于形式美的一种美的形态，可以悦心悦意、悦神悦志。以形写神是艺术作品的至高境界。

2. 景观的神采

毋庸置疑，景观作品也应当形神兼备，才能给人带来悦神悦志的高妙的审美感受。虽然神采美确实存在，但却是一个笼统的概念，可以意会，难以言表，如气韵生动、格调高雅等描述也都比较抽象、笼统。不过只有形式美，没有神采，仍然不是最美的。因此，无论是设计还是欣赏景观都涉及神采问题。平常我们会用到"景观意象"一词，它指的主观对客观事物抽象化的印象，其中蕴含神采。意象即有意之象、意中之象，是形象思维和概念思维结合的产物，神采是意象所呈现出来的效果。景观的意味也属于神采范畴，指景观的情趣、情调、趣味，是景观的景外之味，是一种综合感受效果，如乡土意味、水乡情调、东方情调、欧洲情调、年味、节日气氛等都属于景观神采范畴。景观中都蕴含象外之象、韵外之致、言外之意、味外之旨，需要我们细细品味，才能得到更好的体验(图1.5)。

图1.5 景观的神采

1.2.3 性质

物有物语，每一种事物都会散发出一些信息。客观事物除了外在的抽象形式会影响观赏效果，而且具象属性也会影响观赏效果，它们各自具有出不同的语义，所传递信息各有不同，所引起的心理反应也会各不相同。观赏者既可以从抽象层面去品味，也可以从具象性质层面去品味，各有各的意义，各有各的意味。从抽象层面去赏景，如同欣赏写意的抽象画，重神不重形，得其意而舍其形；从具象层面去赏景，如同欣赏写实的工笔画，则形神兼得。

1. 景物性质的分类

1）景物性质及其观赏意义

观赏物的本质属性千差万别，一种事物的内在性质也可以从不同角度去定义，非常复杂。但是并非所有的性质都影响观赏效果，我们可以从欣赏角度去分析，哪些性质对审美、情感、意味的欣赏有影响，这样有利于设计与欣赏活动的进行。从大的方面看，景物大致可以分为生物、非生物和物理现象三种，它们还可以分别往下细分为很多类型，每一种类型的物体具有不同的观赏特性（表1-1），传递不同的信息，触动人类的心灵之弦。应当知道，抽象形式特征和具象事物本质属性特征属于不同层面的感知属性，不同地物构成点所传达的信息是不同的，其情调是不同的。比如，同样是圆形的观赏对象，太阳、月亮、气球所传达的信息和情感是不同的。同样是具象事物，不同的事物也会传达不同的信息和情感。比如，同样是具体的生物，看到动物和看到植物，看到动物和看到人所产生的心理感受是不同的；同样是看到人，看到男人和女人的感受是不同的，看到警察和看到美女的感受效果是不同的；看到真人和人体雕塑的感受是不同的；同样是看到动物，看到凶猛的动物和看到温顺的动物的情感反应是不同的。由动物、植物构成的景观是有生命的象征自然的符号，会给人以生机盎然、融入自然的感觉。古建筑是古代环境的符号，现代建筑是现代环境的符号，人为景物的不同组合同样会构成丰富多彩风格各异的地方人文景观。

表1-1　按照景物的本质属性分类

一级景物分类	二级景物分类	一般观赏特性				
生物体	植物	生机	自然	优雅	宜人	美好
	动物及其行为	活力	自然	自由	生机	有趣
	人类及其行为	活力	生机	亲切	友好	
非生物体	固态物质	刚强	稳定	宁静		
	液态物质	动感	流动	自由		
	气态物质	缥缈	虚幻	自由	神秘	
物理现象	光物理现象	虚幻	神秘			
	火物理现象	热烈	虚幻	神秘		
	水物理现象	动感	神奇			
	气物理现象	缥缈	虚幻	神秘		

2）景物性质的类型

（1）生物体。生物与非生物的本质区别就是——有无生命。如此去分析观赏对象，其意义在于把握景观欣赏对象的审美、情感、形象本质。动植物是景观欣赏的对象，单体或组合动植物都能成为欣赏的对象。自然界花、草、树木、飞禽、走兽、鱼类和昆虫等等都具有观赏价值。植物被广泛用于城乡景观、园林景观设计，经过人工移植或栽培的植物或多或少会留下人工痕迹，可能会失去天然的特征。动物被人笼养或放养用于观赏，但是，很多情况下，观赏效果与自然状态不同。人是一种高级的特殊的动物，对于自己的同类的眼中，其观赏意义不同于其他动物。也就是说，人也可以成为一种特殊景观构成要素，人的相貌(含服饰)、行为都能成为观赏的对象。比如人的长相、皮肤、五官、发质发型，工人、农民、服务员劳动行为等都具有观赏意义。

(2) 非生物体。非生物体包括自然和人文的物体。物体蕴含的成因信息关系到人的感受效果。自然界存在的山体、岩石、沙石、水体；人类所制造的瓷砖、水泥、塑料、金属、木料等天然或人造材料制作的各种建筑、船只、车辆、道路等设施。

(3) 物理现象。物理现象是指可直接感知的物理事件或物理过程。自然界中有许多声光电等物理现象都是观赏的对象，如风、云、雨雪、流水、阳光、彩虹、海市蜃楼、极光、闪电现象，当然有些物理现象可以人工制作，如激光电影、景观照明。凡是环境中具有美感的物象，都属于景观的范畴。

2. 景物的材质

景物的质地是视觉、触觉感受到景物的性质，对景观欣赏效果影响较大。景物的质地主要是指景物材料的物理属性以及其中的文化内涵所产生的观赏特性。"有诸内者形诸外"(朱震亨《丹溪心法》)。对象的内在性质往往能通过视觉或触觉肌理被人感知，构成景物的物质材料的物理性质通过人的视觉或身体直接触摸后形成某种感受特征，例如，透明度、软硬度、比重、弹性、冷暖、光泽、物理状态(固态、液态)等特点都关系感受效果。例如，泥土、水泥、木头、石头、金属、塑料、纸张、皮革、棉麻、稻草等，每一种具体的物质材料都具有其独特的理化特点，都有其不同的知觉特征。例如，石头、金属比重大、坚硬，给人坚硬、沉重、冰冷的感觉；木头、塑料给人轻巧、温暖的感觉；棉布、毛线使人感觉柔软、温暖等等。同样是石质材料，但是玉石与普通石头的质地不同，玉石显得华贵、纯洁、高雅；石灰石、花岗岩等显得朴素、冷峻。人的皮肤也有质感，有的滋润，有的干枯。此外，质地还是一种文化符号，其中还包含很多文化信息，是景物表情语言，不同质地给人的心理感受不同。"金显尊，玉显贵，黄金美玉最珍贵"，"黄金有价玉无价"。这些俗语说明人对不同材质感受心理的差异，也是材质语言所能显示的文化特性(见彩图3)。

艺术家通过对材质与肌理的选择与创造，去传达出特定的信息，以材质感配合体量、空间、动静等要素，可表达出极为丰富的思想和内容。既给人物理的感觉，也能传达思想情感。当人体接触、观看物体时，会获得一定的感受，这种感受与视觉、味觉、嗅觉和听觉相结合，使我们对物体及其材质多种特性有更多、更全面的认识。例如，玉石的晶莹剔透，花岗岩的朴实厚重，白云的轻盈空虚，显示出不同的风格特征。海市蜃楼、极光、彩虹的虚无缥缈，具有仙境般的感受。质地与肌理有着表里关系，质地的软硬轻重等属性大多都能表现在肌理上，不过不是绝对的，比如水泥上饰以木纹，是一种常见材料处理方式，这时肌理和材质是不一致的。

知识要点提醒

景物的性质不容易理解，也很难界定景物的性质，它是通过外表形式表现出景物的内在性质，传统设计理论中只谈到了材质，其实，材质只是物体性质的重要组成部分，此外还有更多的内涵，需要我们去领会。

1.2.4　意蕴

景观的意蕴是指景观形式背后所蕴含的内容、精神内涵、象征意义。意蕴是看不见摸不着的，却存在于一定的形式背后，能通过形式表现出来。意蕴能增加景物的欣赏价值，意蕴越深厚，景物欣赏价值越高。相反，没有意蕴的景观是苍白的、不耐看的。透过景观的形式可以看到形式背后的内容，同一项内容在不同条件下可以有不同的形式，同一个形式在不同条件下可以体现不同的内容，内容与形式互相联系、互相制约。在景观设计中，需要依据文化意蕴来设计景观元素。必须指出，这里的意蕴既指审美意蕴，也指景观成因及人类所赋予景观的情感、文化等其他意蕴。内涵是指景物中蕴含的信息，包括自然景观的科学成因(也包括人寄予它的文化内涵)和人文景观的文化渊源。尤其是精神文化信息是最能体现地方文化特色，也是观赏者最感兴趣的内容之一。它能渲染景观，使景观更有趣味和意味，变得耐人寻味，一处没有内涵的景观似乎缺少点什么。因此，景观设计者应当将文化元素融入景观特征之中，将非物质文化转化为可视的景观元素；对于欣赏者来说，则需要将景观外在特征与其文化内涵相结合，才能达到最佳的欣赏效果。景观中文化内涵越丰富，观赏价值越高。比如，设计北京的建筑景观，就需要将四合院建筑文化元素融入建筑之中，设计藏族建筑，就需要将藏族传统建筑视觉元素融入建筑之中。

自然景观成因指的是地质、地貌、气候、天文等因素等。每一处景观都有其特定的形成因素，比如彩虹是由雨后水珠折射太阳光线所造成的，钱塘江大潮主要是由于河口形状与天体万有引力所造成的。人类不仅可以透过景观了解自然景观的科学成因，还可以在景观中添加神话故事来丰富其内涵，比如精卫填海、女娲补天、愚公移山，这些内容发人深省，令人回味无穷。

文化是人类活动所创造的物质财富和精神财富的总和。只要有人活动过的地方，就会有文化，不管是有意创造还是无意创造的，物质的还是非物质的文化。文化景观是表征人类思想和活动过程的符号，比如，长城是中国一定历史时期军事防御行为的产物，京杭大运河是出于交通运输的需要而开挖，寺庙是出于宗教活动的需要而建造，梯田是为了在山区能生产粮食而修建。

景观是物质文化，是精神文化的具体体现或载体。看不见(或无法感受到的，没有形式的)的文化都不能称之为文化景观，仅仅是非物质文化。所有物质文化都根源于精神文化，它们具有因果关系或者是表里关系，没有精神文化的物质文化也是不存在的。人所做的每一件事都是有目的和思想根源的，这便是精神文化。一切人文景观都是人的思想的具体体现，尚未转化为物质的文化仍然是精神文化，确切地说，必须转化为可视的物质形态才能称为景观。精神文化借助物质文化得以表现，如果没有物质文化，精神文化就没有载体，也就不能被人们所认知，也就无法传承，哪怕是文字记载、传承人的记忆，都是物质载体。比如，戏曲文化是非物质的，在没有表演出来之前依然不是景观，只有表演出来了才是景观。被称为物质文化的建筑也是非物质文化物化的结果，当文化用具体建筑表现出来了，那就成了景观了。反过来说，一切人文景观都是有精神内涵的。中国文人之所以对梅兰竹菊倍加赞赏，原因在于它们隐含类似于君子的品质。梅花高洁傲岸，兰花优雅空灵，竹虚心有节，菊花冷艳清真，已被赋予了社会内容。人类活动历时悠久，世界各地都有人类活动遗迹，蕴含丰富的文化内涵，值得我们去品味（图1.6）。

(a) 古罗马凯旋门（王宗英摄）

(b) 威尼斯教堂（王宗英摄）

(c) 齐云山摩崖石刻

图1.6 文化内涵丰富的旅游景观示例

📢 **知识要点提醒**

　　景观的欣赏属性都是从"形""神""质""意"这四方面去分析，无论是对于欣赏还是设计都十分重要，必须首先记住。记住这四个字，就容易理解本学科的关键问题。

📓 **即学即用**

　　观察一处景观或一种景物，尝试分析其"形""神""质""意"的观赏特性和观赏价值。

1.3 旅游景观的分类及其构成特点

　　旅游景观复杂多样，对其进行分类，尤其是基于不同角度的分类，有利于我们从不同角度深入认识不同景观的本质特征，也有利于我们理解景观设计和欣赏原理。旅游景观通常可以采用以下方法分类。

1.3.1 基于成因及构景元素组合特点的旅游景观分类

　　按照成因，景观可以分为自然景观、人文景观和复合景观，它们所传递的是不同的信息，所产生的感受效果是不同的。

1. 自然旅游景观

自然景观，顾名思义，是指自然因素作用下所形成、未受到人类直接影响的景物构成景象。由于它是非人工所为，所散发的是自然气息，具有自然之趣味。大自然不仅提供了人类生存所需的物质资源，而且创造了多种多样的可供人类欣赏的精神财富。例如，奔腾的河流、浩瀚的大海、巍然的高山、广袤的沙漠、茂密的丛林、宽广的草原、奇异的石林等，都是大自然创造的美景。

自然景观类型复杂多样，如果按组合方式分类，大尺度景观分类的规律性比较强，中小尺度景观分类就比较复杂。地理学对大尺度陆地景观进行了分区分类，其划分依据为成因与结构特点。成因包括纬度、海陆位置、气压带、地形、洋流因素。地表的动植物、土壤对景观特色的形成具有决定性的作用，熟悉不同类型的陆地景观特色，对景观设计和欣赏有重要意义（表1-2）。小尺度的景观则很复杂，与小区域地理特征有关，其景观也很难分清楚。

表1-2 地球上大尺度陆地综合自然景观的类型

气候带	陆地自然景观	地表主要构景元素				观赏效果
		气候特征	地表覆盖物	典型植被	代表性动物	
热带	热带雨林景观	全年高温多雨	砖红壤	雨林	大象、猩猩、河马	生机盎然、幽、野、神秘
	热带草原景观	全年高温，湿季多雨	燥红土	草原	长颈鹿、狮子、斑马、羚羊	生机、广袤、野、静、旷、雄浑
	热带季雨林景观	全年高温，夏季多雨，有旱雨两季	砖红壤性红壤	季雨林	大象、孔雀	生机盎然、多姿多彩
	热带荒漠景观	全年炎热干燥	荒漠土	少量植被	单峰骆驼、袋鼠、沙漠狐	荒凉、雄浑、静、旷、野
亚热带	亚热带常绿硬叶林景观	夏季炎热干燥，冬季温和多雨	褐土	常绿硬叶林	阿尔卑斯山羊、黇鹿	生机盎然、多姿多彩
	亚热带常绿阔叶林景观	夏季高温多雨，冬季温和少雨，四季分明	红壤（和黄壤）	常绿阔叶林	灵猫、猕猴	生机盎然、多姿多彩、静、优美
	亚热带沙漠景观	全年干旱少雨，夏季高温炎热	荒漠土	局部有植被	骆驼	雄、野、静
温带	温带落叶阔叶林景观	冬无严寒，夏无酷暑，年内降水均匀	棕壤、褐土	落叶阔叶林	松鼠、黑熊	多姿多彩、优美
	温带草原景观	夏季高温多雨，冬季寒冷干燥	黑钙土	草原	黄羊、旱獭	雄浑、旷、野
	温带荒漠景观	冬夏温差大，全年降水少	荒漠土	局部有植被	双峰驼、子午沙鼠	荒凉、雄浑、野

续表

气候带	陆地自然景观	地表主要构景元素				观赏效果
		气候特征	地表覆盖物	典型植被	代表性动物	
寒带	亚寒带针叶林景观	冬季漫长而严寒，夏季短暂而温暖	灰化土	针叶林	驼鹿、紫貂	野、静
	寒带苔原景观	终年严寒	冰沼土	苔藓、地衣类	驯鹿、北极狐	荒凉、雄浑、旷、野
	极地冰原景观	全年严寒	未发育	冰雪覆盖	北极熊、海豹	荒凉、静、旷、野
高海拔	高原	终年低温，天气多变	高山草甸土、随高程变化	高山草甸、随高程变化	羚羊、牦牛	荒凉、雄浑、壮观、静、旷、野
	山地	终年低温，天气多变	高山草甸土、裸岩、随高程变化	随高程变化	猴、松鼠、鸟类	旷、幽、野、神秘一山有四季，丰富

海洋自然景观是与海洋有关的自然景观，包括海面和海底自然景观。海面自然景观，是处在海洋表面或者海洋有关的景观，如海水、沙滩、海岛、礁石、海浪、海潮等。总体上，海面景观区域差异比海底景观小。海底景观是颇有开发价值的景观资源。对于人类来说，海底世界存在很多未解之谜，因此有一种神秘感。海底世界除了地形具有观赏价值以外，动植物世界异彩纷呈、生机勃勃。神奇的海底地形、火山活动，争奇斗艳的动物，千奇百怪的植物都是颇具开发潜力旅游观赏价值的景观资源。目前旅游开发尚未大规模展开，只是利用了一小部分，还有很大的开发潜力。总体上，海底景观分区及分类相比陆地景观来得简单。

天空景观为天空中可视的景象，可分为气象景观和天象景观。

具有自然属性的对象可分为两种：一种是未经人类如何影响的纯天然的（如星空、大海、山体）；另一种是经过人类改造加工过的（如土地、园林），依然保留了部分自然属性。不过，不管是自然的还是人为的，只要具有自然美的属性，也可以看作是自然景观。

2. 人文旅游景观

人文景观，也称为文化景观，它是人类活动或包含其信息的物体所构成的景象。人文景观是人类活动历史的见证者，也是人类思想的物质载体。因此无论是有意创造的还是无意所创造的，无论是古代的还是现代的，也无论是创造还是改造的实物，只要留有人类活动的迹象，并具有观赏价值的有形事物，都可以称为人文景观。如城市、村镇、桥梁、民居等。人文景观具有明显的地域性和民族性，如园林、建筑、古战场、田园、道路等等。人文景观所能传达的信息包括人类赋予的审美信息、文化信息、情感信息。通过欣赏人文景观能体验到人间的真、善、美的统一，不再有自然景观的那种"野"的感受。

从审美意义上看，人文旅游景观包含社会美、艺术美、科学美、技术美等多种美的形态。

人文景观类型比自然景观复杂，人种、地区差异太大，很难全面囊括，只能粗略地划分。文化是决定人文景观性质的根本因素，文化的类型决定着景观的类型与特征，尤其是思想文化、观念文化是人文景观形成的核心要素，有什么样的文化就有什么样的人文景观。精神文化可分为思想观念文化、语（言）文（字）音（乐）艺（术）文化、制度管理文化、科学技术文化、生产经济文化和生活习俗文化六个部分。物质文化是精神文化的物化形式，有什么样的精神文化就有什么样的物质文化。因此，划分的依据应当以精神文化来划分。精神文化以思想观念文化为核心，因此，哲学思想、宗教思想在人的思想文化中占有主导地位，它是思想文化的主体，它对其他文化起着决定性的作用。因此宏观的人文景观应当以哲学和宗教思想来划分文化区域和类型比较理想。有的学者依据宗教因素将人文景观划分为东亚儒教文化景观、欧美基督教文化景观、拉丁天主教文化景观、阿拉伯伊斯兰教文化景观、南亚印度教文化景观等，这是比较大的景观板块。此外，还有其他宗教建筑景观，如佛教景观、道教景观、神道教景观、犹太教景观、东正教景观、基督新教景观、民族宗教景观、民间信仰景观、新兴宗教景观、其他宗教景观。如果按照语文音艺文化、制度管理文化、科学技术文化、生产经济文化和生活习俗文化多种文化进行细分的话，人文景观的类型更为复杂，再细分就很困难。人文景观的这种类型和地区的差异正是吸引人观赏的重要内容。

知识链接

文化的概念与分类

文化包含的内容太多太泛，既包括物质的，还包括非物质的，使得人们很难界定其概念，至今仍没有形成一个公认的定义。广义的文化，着眼于人类与动物的区别，也就是说，凡是人类所创造的一切都是文化，包括一切非物质的思想、知识和物质的行为、遗存。辞海将文化定义为人类在社会历史发展过程中所创造的物质财富和精神财富的总和。狭义的文化指社会的意识形态以及与之相适应的制度和组织机构。比如人们普遍的社会习惯，如衣食住行、风俗习惯、生活方式、行为规范等。

文化的分类有两分说，即分为物质文化和精神文化；有三分说，即分为物质、制度、精神文化；有四分说，即分为物态、制度、行为、心态文化。三分说中的物质文化是指人类创造的各种物质遗存，包括交通工具、服饰、日常用品等，是一种可见的文化；制度文化指生活制度、家庭制度、社会制度。精神文化指思维方式、宗教信仰、审美情趣等不可见的隐性文化，包括文学、哲学、政治等方面内容。四分说中的物态文化是人类的物质生产活动方式和产品的总和，是可感知的具有物质实体的文化事物。制度文化是人类在社会实践中组建的各种社会行为规范。行为文化是人际交往中约定俗成的以礼俗、民俗、风俗等形态表现出来的行为模式。心态文化是人类在社会意识活动中孕育出来的价值观念、审美情趣、思维方式等，相当于通常所说的精神文化、社会意识等概念，这是文化的核心。心态文化层可细分为社会心理和社会意识形态两个层次。

（资料来源：http：//baike.baidu.com/subview/3537/6927833.htm）

3. 复合旅游景观

复合旅游景观是自然景观与人文景观经过融合，组成浑然一体的景观。复合景观中的人造景观以具体的形式与自然景观相融合。在中国，复合景观的建设和发展遵循着中国文化"天人合一"的宇宙观，人造景观部分与自然景观部分很好地融合在一起，形成了人文与自然的协调统一的景观。复合景观在现实中也普遍存在。中国古代的园林设计崇尚自然山水引入景观，成为复合景观的典范。村落景观也总是自然与人文景观并存。很多自然景观中都建有人文景观，而具有复合景观的特点。复合景观和纯自然或人文景观的观赏效果是有明显区别的。根据景物构成比例，复合景观呈现不同的效果，比如城市景观和乡村景观比较典型。城市景观是自然元素远远少于人文元素的复合景观，其特点是人口和建筑密集，给人以远离自然的感觉。乡村景观是介于自然景观和人文景观之间的复合景观，比城市景观多了一些自然元素，表现为更为贴近自然了一步，多呈现天人合一的景象（图1.7）。

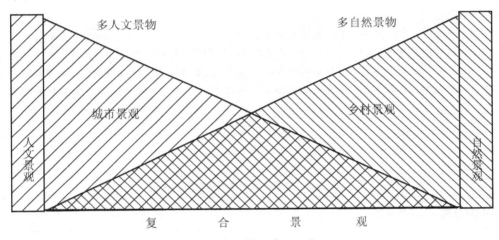

图 1.7 旅游景观的构景元素组合比较

1.3.2 基于成因及性状特征的旅游景观分类

世界上可供观赏的事物纷繁复杂，几乎所有的可见事物都有可能成为观赏对象，因此对景物进行全面细致的分类确实很难，只能按照常见的或者进行中观、宏观的分类。大的成因分类依然是人文与自然因素。性状指的是景物的性质、形态结构特征。下面尝试按照景观成因及性状特征对景观进行分类。

1. 自然旅游景观及其细分

自然景观除了大尺度的分异规律以外，还有较多的自然地理过程因素也在不断改变着地表或海底景观。如地质、径流、风雨、雷电、阳光、热力、冰冻、植物生理过程、动物行为等都在塑造或改造着景观。如果要细分中小尺度景观的话，地球上的自然景观类型十分多样。按照成因和性状，自然景观可以按照表1-3分类。必须说明，表中有不少景物可以看成是单体，而景观应是综合的，单体不宜称之为景观，为了防止混淆景观的概念，这里应当理解为以某种景物为主体的景观。

2. 人文旅游景观及其细分

人文景观除了大尺度的分异规律以外，还有很多其他人类思想和行为造就了丰富多彩的人文景观类型。能成为景观的人文事物包罗万象，凡是看得见的东西都有可能成为观赏对象。有古代遗留和现代建设的景物，并有静态与动态，有单体的与组合的。它们在成因与性状，以及观赏效果上存在一定的差异。景物的丰富多样也给分类增加了难度。这种分类的依据比较复杂，有成因、形状，还注重感受效果。需要注意的是，人类自己也是景观的构成元素，人类行为也是可以观赏的，但是景观设计学中通常不关注它。具体分类详见表1-3。

知识要点提醒

由于旅游景观涉及面太宽，内容太复杂，有单体的、有综合的、类型之间也可能交叉，因此分类很难，也是相对的，这里的分类只供参考。

知识链接

旅游景观的分类有一定难度，要么归类不合理，要么不全面，不同的分类体系都有一定道理，可供我们理解和研究参考。比如《风景名胜区规划规范（GB50298—1999）》对旅游景观做了分类（表1-4）。旅游景观与旅游资源的概念是不同的，按照功能，不仅仅用于观赏的景观是旅游资源，用于娱乐、宗教功能等资源也是旅游资源。因此，旅游资源分类标准不能替代景观资源分类。

表1-3 旅游景观的成因与性状分类

一级分类	二级分类	三级分类	常见景观
自然旅游景观	地形景观	山体景观	山丘 悬崖 地层剖面 峰林 丹霞 雅丹 沙丘 火山
		谷地景观	峡谷 宽谷 冰川 盆地
		平地景观	平原 高原 局部平地 石砾地 滩地
		洞穴景观	溶洞 冰洞
		地表肌理景观	地层剖面 钙华 矿物 火山熔岩
	水体景观	液态水体景观	静态水体：湖泊 沼泽 动态水体：瀑布 跌水 河流 泉水 海浪 潮汐
		固态水体景观	冰川 雪地 冰面 冰山
	生物景观	植物景观	高大植物 低矮植物 森林 草地 水生植物
		动物景观	陆生动物 水生动物 飞行动物
	天空景观	天象景观	太阳 月亮 星辰 日食 月食 流星雨 天文奇观
		气象景观	雾 风 云 雨 雪 阴 晴 海市蜃楼 彩虹 极光 佛光

续表

一级分类	二级分类	三级分类	常 见 景 观
人文旅游景观	综合人文景观	聚落景观	城市 乡村
		园林景观	古典园林 现代园林 花园 动物园 植物园 城市公园 庭园 宅园 广场
	建筑景观	实用建筑景观	现代建筑 古典建筑 民居建筑 宗教建筑 体育建筑 宗教建筑 厂房 陵墓
		观赏建筑景观	小品 亭 台 楼 阁
		纪念建筑景观	牌坊 塔 纪念碑
	雕塑景观	浮雕景观	石雕 木雕 竹雕 铸造雕塑
		透雕景观	石雕 木雕 竹雕 铸造雕塑
		圆雕景观	石雕 木雕 金属雕塑 陶瓷雕塑 冰雕 沙雕
	设施、工具、物品景观	交通设施景观	汽车 飞机 火车 船只 马车 自行车 人力车 电动车 道路
		专业设施景观	体育设施 水利设施 军事设施 喷泉
		劳动工具景观	农具 加工工具 器械 文具
		工业产品景观	食品 用品
		农业产品景观	谷物 水果 动物制品 林木产品 其他农产品
		武器景观	冷兵器 现代武器
		文化用品景观	书籍 地图
		家用物品景观	家具 电器 餐具 炊具 灯具
		装饰物品景观	字画 工艺品 瓷器 奇石
	人造火光景观	人造火景观	篝火 焰火 灯火
		人造光景观	照明灯光 装饰灯光 激光
	人类行为景观	劳动行为景观	工业劳动 农业劳动
		礼仪行为景观	升旗仪式 阅兵仪式 迎宾礼式 国庆仪式 会议仪式
		竞技行为景观	体育竞技 其他竞技
		生活行为景观	日常行为 民俗活动
		节庆行为景观	传统节庆 现代节庆 会展 庙会
		宗教行为景观	基督教活动 伊斯兰教活动 佛教活动 其他教派活动
		曲艺表演景观	现代戏曲表演 古装戏曲表演 杂技表演 飞机飞行表演
	人类活动场所景观	种植场地景观	农田 农场 牧场
		工厂景观	各类工厂 卫星发射场
		矿区景观	地表采矿区 地下采矿区
		交易市场景观	牲畜交易场所 花卉交易场所
		游乐场所景观	专业游乐场 市民游乐场
		文艺舞台景观	露天舞台 室内舞台 日间舞台 夜间舞台
		体育场所景观	田径场 赛马场 体育场 竞技场
		旅行活动场所	车站 码头 机场

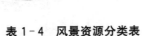

表 1-4　风景资源分类表

大类	中类	小类
自然景源	1. 天景	①日月星光；②虹霞蜃景；③风雨阴晴；④气候景象；⑤自然声象；⑥云雾景观；⑦冰雪霜露；⑧其他天景
	2. 地景	①大尺度山地；②山景；③奇峰；④峡谷；⑤洞府；⑥石林石景；⑦沙景沙漠；⑧火山熔岩；⑨蚀余景观；⑩洲岛屿礁；⑪海岸景观；⑫海底地形；⑬地质珍迹；⑭其他地景
	3. 水景	①泉井；②溪流；③江河；④湖泊；⑤潭池；⑥瀑布跌水；⑦沼泽滩涂；⑧海湾海域；⑨冰雪冰川；⑩其他水景
	4. 生景	①森林；②草地草原；③古树古木；④珍稀生物；⑤植物生态类群；⑥动物群栖息地；⑦物候季相景观；⑧其他生物景观
人文景源	1. 园景	①历史名园；②现代公园；③植物园；④动物园；⑤庭宅花园；⑥专类游园；⑦陵园墓园；⑧其他园景
	2. 建筑	①风景建筑；②民居宗祠；③文娱建筑；④商业服务建筑；⑤宫殿衙署；⑥宗教建筑；⑦纪念建筑；⑧工交建筑；⑨工程构筑物；⑩其他建筑
	3. 胜迹	①遗址遗迹；②摩崖题刻；③石窟；④雕塑；⑤纪念地；⑥科技工程；⑦游娱文体场地；⑧其他胜迹
	4. 风物	①节假庆典；②民族民俗；③宗教礼仪；④神话传说；⑤民间文艺；⑥地方人物；⑦地方物产；⑧其他风物

1.3.3　基于观赏效果的旅游景观分类

除了可以旅游景观的观赏效果为依据进行分类，还可以按照审美风格和观赏特性两种依据进行划分。

1. 基于审美风格的景观分类

西方学者将艺术品的审美形态分为六种：优美与崇高、悲剧与喜剧、丑与荒诞。对于旅游景观来说审美风格可分为优美与崇高，其他风格的旅游景观存在于艺术中，在景观中很少出现。王国维说："美之中又有优美与壮美之别"。从大的方面看，审美风格优美、壮美和风趣三种(图 1.8)，更细的风格颇为复杂。比如艺术风格的分类有刚健、柔婉、雄浑、隽永、朴拙、豪放、含蓄、粗犷、精致、欢快、旷远、幽邃、沉着、飘逸、古典、潇洒、简洁、丰赡、华丽、朴素、绚丽、平淡、清明、朦胧、浪漫、庄重、典雅、幽默。人文景观中会出现这些类型的景观，但是在自然景观中未必都会出现这么复杂的景观类型。

1) 壮美的景观

壮美是物质形式或精神品质有高大或伟大的事物的特性。壮美的景观具有粗犷、博大、刚强、伟大、雄浑、悲壮等感受特征，强大的物质和精神力量，雄伟的气势，给人以心灵的震撼，使人感到敬畏、惊心动魄、心潮澎湃，进而受到强烈的鼓舞和激越，产生敬仰和赞叹的情怀，从而提升人的精神境界，振奋人的精神。壮美景观在视觉形式上具有高大、广阔、险峻、粗壮、数量多、规模大，超乎寻常。比如高山、悬崖、巨浪、龙卷风、高大建筑、硕大的动物、波澜壮阔的云海。

壮美相当于中国文化定义的阳刚美，是刚强刚毅、强劲有力的意思。阳刚是一种散发

(a) 壮美　　　　　　　　(b) 优美　　　　　　　(c) 风趣（李宁生摄）

图 1.8　不同审美风格的旅游景观视觉效果比较

着的阳光般的刚强气息，是一种由内在的刚毅外化为强劲有力的独特气质，是一种积极向上的宝贵品格的自然流露，是一种正义勇敢、坚强果断的个性的彰显，是一种敢为人先、永不言败的魄力的表现，是一种男子汉所独有的巨大魅力。

2）优美的景观

优美即通常人们所说的狭义的美，是真正意义上的美。优美又称秀美、纤丽美、阴柔美、典雅美等，与壮美和崇高相对。在形式上，优美所表现为温柔、纤细、秀丽、小巧、伶俐、柔婉、活泼、轻盈、含蓄婉约、典雅宁静、小巧玲珑、精致圆润、轻盈微妙、舒缓细腻、渐变平和的流动或变化。优美相当于中国文化定义的阴柔美、中和美，与阳刚相反，柔和则体现了温柔、温顺。

3）风趣的景观

景观的审美形态没有文学、戏剧等艺术那么复杂，但是现实中不乏风趣景观，不论是自然景观还是人文景观，都存在很多有趣的事物，它们会触动人的审美情感，让人产生奇妙、有味、幽默、诙谐、可爱等感受，让人乐于观赏，使人心情愉悦。好奇之心人皆有之，哪里发生了什么奇怪的事情，都会引来众多人的观赏。寻常难见到的事物，外形奇怪的山形、动物、植物等都能引人观赏；有些动物的长相和形为也颇有意思。比如熊猫、企鹅等动物长相、姿态、行为都具有有趣、可爱的特征，能得到不同国度人的喜欢。幽默的人类行为也会成为人们观赏的对象。

2. 基于观赏心理效应的景观分类

自然和人文景观欣赏中会产生各种心理效应。如人们常用雄、奇、险、秀、幽、奥、旷这几个字来概括景观的心理感受效应。这些感受效应中有些属于审美感受，有些属于多种感受效果的融合。当然，人对景观的欣赏心理感受效应比较复杂，不止这几种，还可以分出其他类型的景观。

1）雄壮的景观

雄壮即雄伟壮观，是一种美的感受，属于壮美风格，可简称"雄"。具有雄壮感的事物具有高度大、宽度大、体量大、力量大、宽阔、个体数量多等特点，具有人所难以驾驭的力量感，令人赞叹、震惊、崇敬。比如，巨大山体，宽阔、落差大、水量大的瀑布，广阔的沙漠、平原。比如，泰山矗立于辽阔的平原，骤然突起，山势陡峭，具有通天拔地之

27

势，被描述为"天下雄"。排山倒海的钱塘江潮，高而宽的黄果树大瀑布，高大的电视塔、桥梁等建筑物，也能给人以"雄"的感受。此类景观能给人以力量，在它的感染下，人们的灵魂受到震撼，精神得以升华，心胸也会更加开阔起来。这是此类景观具有的观赏效果。

2）奇妙的景观

奇妙即特殊、罕见、离奇、怪异、出人意料的感觉，可简称为"奇"。景观的奇主要指状貌上奇特或多变。奇妙景观的观赏价值在于两方面：其一，审美价值高。形态上丰富、变化无穷，不仅具有多样的特点，符合多样统一的美的规律，还能引发丰富而美好的审美想象。其二，具有神秘感。好奇之心人人皆有之，越是奇妙的事物，越能满足人的好奇心的需要。奇妙的事物的外形或成因不同寻常，具有神秘性，令人匪夷所思，可引发观赏者多种联想与想象，体味其中的意味，它能增加观赏兴致。

客观世界存在很多奇妙的景观，不仅有自然奇观，还有很多人文奇观，不胜枚举。这些景观的形成令人不可思议，具有神秘的色彩。自然之奇主要表现在外形，人文奇观主要表现在内容。比较大的自然世界奇观如美国人洛厄尔·托马斯曾提出的世界七大自然界奇观：美国科罗拉多大峡谷、非洲维多利亚大瀑布、阿拉斯加冰河湾、美国肯塔基州地下洞穴猛玛洞、世界最高峰珠穆朗玛峰、世界最深的湖贝加尔湖、美国黄石公园。有人提出了世界古代七大奇迹：意大利罗马大斗兽场、利比亚亚历山大地下陵墓、中国万里长城、英国巨石阵、中国大报恩寺琉璃宝塔、意大利比萨斜塔、土耳其索菲亚大教堂。另外，中国的秦始皇兵马俑也被称作"世界第八大奇迹"。还有很多天象也很奇妙，如日食、月食、流星雨等。黄山也是典型的以"奇"而著名的自然景观。

3）险峻的景观

险峻即高而险的感觉，简称为"险"。这种心理体验是复杂的，既让人感到害怕，有震撼之感，又渴望征服它。害怕之后，又会产生壮观的感觉。比如，以险著称的华山，多悬崖峭壁、万丈深谷，"自古华山一条路"，是险峻景观的代表。其实世界各地有很多险峻的景观，越是险峻的景观，观赏价值越高，因为"无限风光在险峰"。此外，人文景观中也有险峻的，处在很高的建筑物上也会令人产生险峻的感觉。

4）秀丽的景观

秀丽即柔和、舒缓的感觉，属于优美感，可简称为"秀"。以秀美为特点的景观山形起伏和水流和缓，或者视觉上比较小。秀丽的景观中，景物形态较为柔和，看起来比较小巧，没有大起大落的变化。"峨眉天下秀"，它是秀丽景观的代表。凡是有山有水有林木花草的地方大多有秀美感。同是秀美，不同景观还有风格之别。人称峨眉为雄秀，武夷为奇秀，青城为幽秀，西湖为媚秀，富春江为锦秀，太湖为旷秀，而像镜泊湖、滇池、漓江、天涯海角、寨沟都具有各自的特点，很难用言语去描述它们。人文景观中体量较小的多曲线的景物也能给人秀丽感，能舒缓人的心情。

5）幽邃的景观

幽邃即深而幽静感觉，是一种情境、意境，可简称为"幽"。被郁闭的景观环境会给人以幽深、宁静、神秘远离尘俗之感。从审美上看，这种环境让人联想和想象到神秘的仙界而产生美感。四周有高大岩壁、植物、建筑物严密遮挡或洞穴都有幽深感(图1.9a)。如青城山地形犹如一个大青瓷瓶，山中古木参天，浓荫蔽日，洞壑幽深，故有"天下幽"之美誉。幽邃的景观环境具有封闭或半封闭特征，植被极为茂盛，或四周建筑较高，光照不强。中国园林讲究曲径通幽，大观园，进门就被"迎面一带翠嶂挡在前面"，目的就是不让全园景色一览无余。人必得从"苔藓成斑，藤萝掩映"之中微露的羊肠小径方可进入，有一石题曰："曲径通幽处"。奥的感觉与幽的感觉相近，但是过分幽深也会使人产生压抑感。

(a) 幽邃的峡谷景观（云台山）　　　(b) 旷远的平原景观（黄河下游）

图 1.9　不同视觉效果的旅游景观比较

6）旷远的景观

旷远具有宽阔、明亮之意，可简称为"旷"。视野开阔，一望无际，无所阻滞的景观空间能使人产生心境开阔、心旷神怡、自由的感受，有壮美之感(图 1.9b)。可令人产生与幽相反的心境。位于山顶或建筑等高处，遥望广袤的远景，人的视野开阔，就会产生旷远的感受。登华山顶观"黄河如丝天际来"，登岱顶"一览众山小"，登香炉峰顶见"江小细如绳，溢城小于掌"。"天苍苍，地茫茫，风吹草低见牛羊。""孤帆远影碧空尽，唯见长江天际流。"这些都是对出旷远景观的描绘。辽阔的原野，宽阔的水面、云海等景观都是旷远的。旷远的景观有壮观之美，也使人心情开朗、心胸豁达。中国画论中有"三远"绘画取景模式："自山下而仰山巅为之高远，自山前而窥山后谓之深远，自近山而望远山谓之平远。"高远和平远都能产生旷远的感受，特别是登高望远，视野更为开阔，远近高低，尽收眼底，观赏效果更好。

7）野性的景观

野性的景观是指具有人迹罕见、质朴、人类难以征服的特性的景观，这是自然景观具有的特性，可简称为"野"。人对野性的自然景观的感受心理比较复杂，可能产生三方面的感受：其一，野性的景观能令人产生自然美感，因为它没有人类故意改造的信息，一切都是自然所造；其二，在野性的环境中，人会感到自然、自由、野趣，使人忘却凡间俗事，能尽情倾诉自己的情感，没有人类社会中的那么多条条框框的限制感；其三，缺少人间的温情，冷酷无情，使人感到难以驾驭的那种苍茫、浩大、荒凉、失落感，自己显得渺小、无奈，甚至有不安全感。在人烟稀少的荒野，人感受不到人间那种真情和温暖。假如一个人置身于远离村落、野兽出没、寒风凛冽的荒野，就会有这种感觉。九寨沟景区，其山、水、石、林、洞仍处于原始状态，保持着质朴的风貌，游历其境，带给人一种远离尘世、返璞归真的"野趣"。"天苍苍，野茫茫"的草原，就蕴含"野"感受。

上述分类并非指景区分类,而是依据视觉心理效应。通常一个景区并非只有一种观赏效果,在同一景区不同距离、位置、角度、高度观赏也会出现不同的感受效果。如黄山以奇著称,而天都峰之险,不亚于华山,至于清丽之境,幽奥之处,比比皆是。

1.4 旅游景观的构景元素及其组合的意义

旅游景观构成元素是指构成景观的各种具有一定独立属性的景物,它是构成景观的各个组成部分。比如建筑、树木、草坪、道路、水体、人物、天空等景观构成元素,它们通常不是孤立存在的,都是构图中的一部分,总是以组合形式存在。不同的景观元素组合产生的意义、格调是不同的,因此我们应当了解认知对象组合的意义。

1.4.1 部分元素决定景观整体风格特征

环境中任何一种景物都是传递信息的符号,都有暗示环境作用,都会引起观赏者的心理反应,正所谓的触景生情,不同景物又会触动不同的情感。因此,不同的景观元素组合模式决定着景观的风格特征,景观元素的丰富程度决定着景观特色的典型程度。比如,自然景观中白云、流水、树木、山体、岩石便构成了自然景观,如果加入一幢建筑,就会成为复合景观。阳光、沙滩、海浪、椰子树等是典型的热带海滨景观的构成元素。在沙漠景观中出现企鹅,其景观风格就会错乱;在西方建筑群中出现中国建筑,就会让人辨不清什么风格;在古代建筑群中出现现代建筑,就会立即失去古代风格特征。如果在现代城市中缺少高楼大厦、商铺、行驶的车辆、穿梭的人群,那就没有城市的味道。景观风格的产生正是由于各种具有特色的景物的组合。景观元素十分丰富多样,所构成的景观风格也十分丰富。组合造成的景观特征差异主要表现在:审美风格、情调意味、地方特色。

1. 景观元素组合模式决定着景观的审美风格

从大的方面看,自然景观元素构成的景观具有自然美,人文景观元素构成的景观具有人文美。高大宽阔的景物会构成壮美风格的景观,小巧的景物会构成优美风格的景观。从而还可以细分出多种审美风格,比如,雕梁画栋、装饰考究的景物有精致之美;以古代景物组合的景观具有古朴之美;用新材料装饰的景观具有新奇之美;色彩鲜艳、制作精致的景物构成的景观具有华丽之美;色彩单纯无华、未精装饰的景物构成的景观具有质朴之美;直线条对称高耸的景物构成的景观具有庄重之美;内涵丰富却不张扬的景物构成的景观具有含蓄之美。

2. 景观元素组合模式决定着景观的情调意味

景观能使人感受到一种氛围、情调意味。情调是人在特定场合的情感体验,是一种感觉、意味,似无却有,因为这是一种难以言表的感觉、美妙的意境,是体验者心中的感觉。比如,富有诗意、充满幻想、超功利性的景物构成的景观具有浪漫的情调;彩旗招展、灯红酒绿、色彩斑斓、欢歌笑语的景物所构成的景观具有欢快的情调;童话景物和人物构成的景观具有童话般的情调;用西方建筑、装饰品所构成的景观具有西方的情调;色彩单纯或无彩色的景物,伴随着伤感的音乐声,则是一种悲壮的情调。

3. 景观元素组合模式决定着景观的风格特征

景观是表征一定地域自然和文化现象的符号，它会告诉欣赏者很多信息，不同的景观元素及其组合都会传达出不同的信息，并且由于自然和文化的不同，任何一个地方的景观总会有不同于其他地方的特色，这种特色都会从景观元素中传达出来。也就是说，有什么样的景观元素，就有什么样的景观整体特色。比如说，椰子树海南岛等热带海滨的标志性植物，与高纬度地区产生区别；林海雪原为东北或高纬度地区所特有的景观，南方就不可能有这种景观；欧洲建筑与中国建筑，欧洲园林与中国园林传达出不同的文化信息，都是地方文化特色元素的标志；寺庙、寺塔是佛教景观的标志。

1.4.2　整体大于部分之和

格式塔心理学认为，视觉元素的组合对视觉感受效果来说，整体大于部分之和。"视觉不是对元素的机械复制，而是对有意义的整体结构样式的把握"（鲁道夫·阿恩海姆），其本意为，人在观看事物的过程中，都会不由自主地伴随着对视觉对象进行知觉加工，经过知觉加工过的事物，就具有放大效应，因此，各种景观元素的组合所产生的视觉效果并非是累加，而是会产生新的意义。景物的分别观赏与综合起来观赏的意味、效果是大不相同的。景物物性的变化会引起景观风格的质变，景物数量变化也会引起景观风格的质变。比如，阳光、沙滩、海浪是一番景色，草地、牛羊、帐篷是另一番景色，不同景物就这样改变着景观的风格特征；一棵树不会有森林的感觉，一片树木就会形成森林的感觉，从单调到丰富也改变着景观的风格特征；单独一个人是孤独的场景，一群人则是气氛热烈的场景；一幢建筑所造成的景观不能构成村庄，但是一群建筑就能构成一个村庄。景观各种元素之间会相互配合，共同刺激人的感觉系统，而且综合作用的效果并不等于单独作用的累加，总体大于部分之和。协调的元素，对强化景观特色发挥着积极作用，如果不协调的元素拼合在一起，就会相抵触，削弱总体特色的显著性，或者彻底改变景观风格，或者不典型。相容的构成元素越多，氛围越浓。但是如果不相容的元素放在一起，则会显得很乱。不管是正向的作用，还是负向的作用，观赏者都会将所有感知元素融合在一起进行知觉加工并形成氛围感、意象感。比如，现代城市中的高楼大厦、商铺林立、车水马龙、现代化的设施等共同构成了城市景观的特点。相关元素越多，越能体现这种生机盎然、繁荣热闹城市氛围，如果将它们分开去观赏，会有不同的效果。一种类型的景观，其认知对象必须合理组合，才能为获得更好的综合形象奠定基础。只有利用好各种元素，并合理组合，才能创造出一定风格的旅游景观。格式塔心理学将观赏场所当作是一个"场"来看待，按照这种思想来设计景观具有更广泛的意义。

1.5　旅游景观的价值

资源的价值是在一定目的前提下客观事物对人所能发挥的作用的大小。如果目的不明确也就无法评价资源的价值。旅游景观的价值应当以观赏和实用两个目标为依据来评判。

1.5.1 观赏价值

观赏价值是旅游景观的主要价值。无论是自然景观还是人文景观，如果能让旅游者一饱眼福，满足旅游者的审美、情感及求知需要，那就是有观赏价值的景观。而且审美、情感及求知价值越高，观赏价值就越高。没有观赏价值的事物，就不能称之为旅游景观。

1.5.2 实用价值

1. 经济价值

旅游景观是发展旅游业的重要资源，能为地方带来经济效益。观光是旅游行为的主要内容，大多数旅游地区都是靠特有的景观资源来发展旅游产业。拥有一处具有较高观赏价值的景观，就意味着拥有一笔资产，对地方发展旅游经济十分有用。

2. 文化价值

客观事物所具有的能够满足一定文化需要的特殊性质或者能够反映一定文化形态的属性就是文化价值。旅游景观的文化价值表现在它能满足人类文化旅游等文化消费需求以及具有文化传承与传播的功能。人文景观是记录人类思想和活动的符号，是非物质文化的物质存在，它承载着历史文化。历史遗留的人文景观是历史的见证者，当代人文景观又是记录当代文化的语言。人文景观的设计是将非物质文化物化的行为。人类的思想情感只有以物质形式存在，才能被传承下去，才能得以广泛传播。具有可见性景观不仅仅是供人观赏的对象，还肩负着传承和传播文化的功能。

3. 科学价值

景观中承载着大量自然或文化信息。自然景观或人文景观都具有一定的科学研究价值，可为自然科学、社会科学研究提供研究对象与场所，科学工作者可以从中获得很多科学信息。无论是自然景观还是人文景观，对于科学工作者来说，都可以作为一种现象来研究，分析其特征，探索其成因机理、发生发展规律，对人类自身发展具有积极的意义。

知识要点提醒

想要做好旅游景观设计工作，不但要求作者有较高的素养，而且还要有丰富的景观设计经验。景观不仅仅是信息的载体，也是反映作者设计思想的符号，能折射出设计者学识的多少，修养和造诣的高低。

章首案例回眸

通过本章学习，我们都知道从哪些方面去评价景观的观赏价值了。悉尼歌剧院建筑的真正魅力应从形、神、质、意几方面来把握。悉尼歌剧院的基本形态为弧三角形，这种形态的特点是活泼流畅，不像方形或直线三角形那么呆板。当代国画家黄宾虹说，"不齐之弧三角最美"，悉尼歌剧院建筑正符合这种形态特征，或许这正是其魅力所在。其形态的组合也丰富多彩、节奏感很强，颇有千帆竞秀之感，毫无单调之感，符合多样统一之美的规律。白色的壳体有高雅、轻盈之美感，在深蓝色的背景（海水、蓝天）中显得格外醒目。其造型奇特，历史上从未有过。形态的意义具有含蓄性、多义性，像贝壳，又像船帆，能让人产生很多联想。正是综合了多方面的属性都具有较高的观赏价值，不像有些建筑只奇而不美，或只美而不奇，综合价值就不高，也就不易脱颖而出。

本 章 小 结

本章是全书的绪论，主要介绍旅游景观设计和欣赏入门知识。首先，从旅游景观构成和观赏心理特性角度说明了景观和旅游景观的本质、概念、特性、观赏属性。将旅游景观的观赏属性概括为"形"、"神"、"质"、"意"四方面，并分别对这四方面内涵的进行了解释。然后，分别按照成因及构景元素组合特征、成因和性状、审美风格、观赏心理效应等为依据对景观进行了大致的分类。最常用的也是最宏观的分类是将景观分为自然景观和人文景观，或分为壮美的景观、优美的景观和风趣的景观。最后，说明了旅游景观的构成元素组合的意义及旅游景观的价值。

关键术语

景观（Landscape）

旅游景观（Tourism Landscape）

自然旅游景观（NaturalTourism Landscape）

人文旅游景观（HumanTourism Landscape）

形式（Form）

神采（Glowing Look）

性质（Nature）

意蕴（Implication）

知识链接

[1] 吕志强.景观设计概论[M].北京：中国轻工业出版社，2008.

[2] 郝卫国.环境艺术设计[M].北京：中国建筑工业出版社，2006.

[3] 郑宏.环境景观设计[M].二版.北京：中国建筑工业出版社，2006.

[4] [德] 库尔特·考夫卡.格式塔心理学原理[M].黎炜，译.杭州：浙江教育出版社，1997.

[5] [美] 鲁道夫·阿恩海姆.艺术与视知觉[M].滕守尧，译.成都：四川人民出版社，1998.

[6] 余晓宝.氛围设计[M].北京：清华大学出版社，2006.

[7] 俞孔坚.景观：文化、生态与感知[M].北京：科学出版社，1998.

练习题

一、名词解释

景观　旅游景观　自然旅游景观　人文旅游景观　形式　神采　性质　意蕴

二、填空题

1. 旅游景观的主要特性_____、_____、_____、_____、_____。

2. 基于成因及构景元素组合特点的角度,旅游景观可分为_____、_____、_____。

3. 旅游景观的价值可分为_____与_____,实用价值又可以分为_____、_____、_____。

三、问答题

1. 说明景观的本质。

2. 按照成因和性状,自然旅游景观和人文旅游景观分别可以细分为哪些景观?

3. 说明材质与肌理的联系与区别。

四、应用题

结合某一旅游景观,分析其"形""神""质""意"特征。

设计篇

第2章　旅游景观设计概述

🍃 本章教学要点 🍃

知 识 要 点	掌握程度	相 关 知 识
旅游景观设计的本质	理解	艺术学、园林学、设计学、旅游学
旅游景观设计的概念	掌握	
旅游景观设计的目的	了解	艺术学、旅游学
旅游景观设计学的研究内容	掌握	艺术学、园林学、设计学、旅游学
旅游景观设计学的学科特点	了解	艺术学、美学、园林学、设计学、旅游学、地理学、心理学
旅游景观设计的理念和原则	掌握	艺术学、设计学、旅游学
旅游景观设计的一般过程	掌握	艺术学、园林学、设计学、旅游学
旅游景观设计的成果	熟悉	艺术学、园林学、建筑学、设计学、旅游学、地理学、地图制图学
旅游景观设计主体应具备的知识技能	了解	艺术学、美学、园林学、建筑学、设计学、旅游学、地理学

🍃 本章技能要点 🍃

技 能 要 点	掌握程度	应 用 方 向
把握学科知识核心问题的能力	掌握	多种学科原理的理解与研究
观察和分析学科本质特性的能力	掌握	
综合应用多种学科知识来解决问题的能力	掌握	

🍃 导入案例 🍃

新建成的酒店为何要拆除

图 2.1 是于 2006 年开业的 El Algarrobico 酒店，它位于西班牙卡沃德加塔国家公园内。由于该建筑破坏了卡沃德加塔国家公园的自然风貌，被世人称为全球最丑的建筑之一，西班牙政府部门正准备拆除。看来旅游景观设计并不是那么简单，尤其是设计理念上的错误会导致重大失误，不但破坏景观，还会造成较大的经济损失。相信通过本章的学习，你对景观设计的原理会有一个初步认识。

图 2.1　西班牙 El Algarrobico 酒店

（资料来源：http：//hebei. sina. com. cn/news/shwx/2012-11-07/153315808. html）

　　"造园之始，意在笔先"（计成），而其中的"意"应理解为建造前的设计。客观世界中不同景观的美感度是不同的。其中有些是精心设计出来的，其美感度会大大增加，如雕塑景观、城市景观、园林景观；有些景观只是部分经过设计，其美的成分不太集中，比如乡村景观，大多做不到精心设计，只有局部能做到设计，不少是无意之中形成的，有的角度很美，有的角度未必很美。经过设计师设计出来的景观都属于人文景观，经过精心设计的景观，其美感度会明显提高。

2.1　旅游景观设计的本质与目的

　　学习旅游景观设计必须从旅游景观设计的本质与意义开始，这样有利于抓住核心问题，明确设计目标。

2.1.1　旅游景观设计的本质与概念

　　从观赏意义上看，旅游景观是以实物材料为"墨"，以建筑工具为"笔"，以大地为"纸"，"画"出的、立体的、真正可赏可游可居的"画作"，而旅游景观设计则是为"画作的绘制"制定方案。景观可看作是立体的画作，景观设计师相当于画师，景观欣赏者相当于赏画者。旅游景观设计的目的，既为欣赏需要，也为了实用需要，景观设计行为应注重前一个目的的实现。这就意味着，旅游景观设计是一门艺术。由于绘画是集中了现实中最美的、最典型的元素以及优化了构图，因此通常都认为画作比现实美更为典型，也就是说，现实中并非每一个观赏角度和位置都美得那么经典，而绘画则是取客观世界最美、最典型的形式来构成图画，"江山如画"的诗句便蕴含这种意思。从行为特征来看，景观设计在本质上是根据一定目标，按照艺术创造规律来创造新的景观，或完善原有的景观，使其更为理想化、典型化，使审美元素更集中、更典型、更理想；从创造意义看，它是思想、情感、情趣、文化的一种表达行为，是一种艺术创造。中国古代画论把可游可居性作为画境和意境的最高标准（郭熙、郭思《林泉高致》）。不过画作的可游可居只是虚拟的，需要观众来体验、想象，是一种感知的效果，而景观设计是在大地上创造一个诗意般的，真正的可游可居景致，而不是虚拟的画作。至于技术问题，也是设计中必须解决的问题，但是从作为欣赏的对象的设计来看，不是它的主要问题，技术是为艺术服务的。

景观设计(学)，国际上通称为"Landscape Design"或者"Landscape Architecture"。从内容及用词与语义的对应性看，景观设计称为"Landscape Design"更为恰当。旅游景观设计(Tourism Landscape Design)是旅游学与景观设计学交叉的一门学科，是这两门学科的融合，也可以称为旅游景观设计学。旅游景观设计要根据旅游者的观赏需求、旅游业发展需求以及相关理论进行构思景观要素及其组合设计。旅游景观设计是旅游学的一个分支，是旅游规划的重要组成部分。旅游景观设计是指为了一定目的，为旅游景观建设制定一个科学可行的方案的行为，它是一种艺术创造行为。鉴于此，旅游景观设计的概念可定义为：为建设一处新旅游景观制定一个科学合理的方案的艺术创造行为。具体地说，为建设一处具有观赏价值、文化价值、实用价值、经济价值的新旅游景观制定一个科学合理的方案的艺术创造行为。

景观设计如同绘画创作，是一种艺术创造，其产品具有观赏价值，观赏价值是其重要的追求目标。不可否认，大多景物具有实用价值，不过，从观赏价值的角度看，艺术设计是旅游景观设计的重点，因为观赏价值的提升有赖于艺术性，艺术性越强，观赏价值就越高。技术设计问题只是隐匿于外观的背后，对观赏效果一般不产生直接影响。景观是用于观赏的，既然是景观设计，实际上是景观的艺术化设计，至少应当是侧重于艺术化设计，否则就不能称之为景观设计，只能称之为构筑物施工技术方案设计。当然，这里不是说景观设计不包含技术设计，只是说它不是核心问题。如果要全面论述，它所涉及的问题太多太庞杂，很难说全面。

 知识拓展

艺术设计和技术设计比较

艺术设计就是要赋予实用品艺术特性，在不影响其实用功能的前提下，去提高其观赏价值。换句话说，艺术设计就是要全面体现人性化设计思想，实现产品的物质功能与精神功能的完美结合，是全面满足人的需要的理想化做法。艺术设计是针对实用品而言的，应属于实用艺术，真正的艺术创作就不宜称之为艺术设计。目前艺术设计已成为一门独立的学科，称为艺术设计学，也可称为设计学，因为完美的设计必须兼顾艺术化和实用化设计。该学科受到当代学者的广泛重视，大到环境设计，小到日用产品都是艺术设计研究的范畴。艺术设计的主要目标是使实用产品审美化、形象化、情感化、精巧化。

技术设计要解决的是产品的技术问题，不考虑艺术性问题，只考虑技术问题，即确定产品性能、部件结构、尺寸、配合关系以及技术条件等等。技术设计是产品设计工作中的一个重要阶段，主要是对产品结构、工艺过程、经济性、安全性、性能等方面的设计。

由于艺术设计和技术设计的立足点不同，有时候两者存在一些矛盾，但是只要我们想办法，大多可以得到完美结合，获得理想化的产品，实现物质功能和精神功能双赢。

2.1.2　旅游景观设计的目的

旅游景观设计的目的是为新建旅游景观制定一个科学、合理、可行的方案。

1. 创造新旅游景观

旅游景观设计的主要目的是创造具有较高观赏价值的景观。按照旅游者的心理和生理需求，相关理论，以及自然条件、技术条件、财力条件、可持续发展要求，以提高方案的科学性、合理性、可行性。在风格定位基础上，制定新旅游景观的具体方案。

2. 为地方旅游业发展创造条件

还必须依据旅游业发展目标，来制定旅游景观建设方案，为地方旅游发展创造新的旅游资源，建设具有旅游吸引力的景观来吸引旅游者，为促进地方旅游产业发展创造条件。

3. 创造、传承和传播地方文化

旅游景观是地方文化的载体，也是传承和传播地方文化的模式之一。无论是传统文化还是当代文化都可以利用景观创造来传承和传播。

2.2 旅游景观设计学的学科特点及定位

旅游景观设计（学）是一门新兴的学科，因为有多个学科都研究旅游景观设计，旅游景观设计究竟属于哪一种学科，学科定位不太明确。明确定位对于学科研究与发展具有重要意义。

2.2.1 旅游景观设计学的研究内容及学科特点

旅游景观设计学的研究属于应用基础研究，它具有很强的实践性。

1. 旅游景观设计学科的研究内容

旅游景观设计学科的研究内容应包括以下四个方面：
（1）旅游景观欣赏者及其欣赏心理特征。
（2）旅游景观观赏本质特性、价值及风格类型。
（3）旅游景观构景方法研究。
（4）旅游景观视觉元素及其构成设计思想与方法。

2. 旅游景观设计学科知识的特点

由于旅游景观设计学所面对的问题及研究内容，决定了本学科知识构成上具有以下特点。

1）综合性

旅游景观设计的内容主要包括景观的技术设计和艺术设计两方面，设计中会遇到美感、心理、社会、环境、生态、文化、建筑技术等诸多问题，这些设计问题的解决必须借助多种学科理论，如美学、艺术学、建筑学、城市规划学、地理学、旅游学、生态学、社会学、文化学、历史学、宗教、心理学等学科理论在景观设计问题中都有涉及。如果按照大的学科分类来看，文、理、工学科知识都有涉及，因此景旅游观设计是一门综合性学科。

2）交叉性

旅游景观设计学科的研究内容涉及多种学科，有不少内容需要从多个学科去研究。比如旅游景观的特色和构成元素设计问题，文化学、地理学、历史学、艺术学、旅游学都研究；景观造型设计问题，艺术学、美学、建筑学都研究。从不同角度去研究，其结论会有所不同，各有各的长处。可见旅游景观设计的研究内容具有交叉性。目前看来，艺术学、建筑学、园林学、城市规划学、旅游学等学科研究较多，成为这些学科的分支学科，开设了相关课程，编写了相关教材。虽然旅游景观设计的知识具有明显的综合性、交叉性，但是并不意味着不能建立独立学科，因为不同学科知识在本学科中的地位不同，其中有一些是核心内容，如果将各种与旅游景观设计关系密切学科知识的内容融合在一起，也可以构成自己的一个学科体系，构成具有相对独立的学科——旅游景观设计学。

3）应用性

旅游景观设计学研究属于应用研究和应用基础研究，不属于纯理论研究范畴，其成果是直接用于指导设计实践。将相关基础学科理论应用于设计，或与设计实践相结合，一切理论成果都可直接用于指导设计实践，从实践中来，到实践中去。研究的主要目标是如何设计出具有较高观赏价值的旅游景观。因此实践性是旅游景观设计学的重要特点。

2.2.2　旅游景观设计的学科定位

旅游景观设计学学科知识的综合性、交叉性，多种学科的研究都具有一定的价值，发挥着不同的作用，但是如果不明确学科定位，就不利于学科的发展。

1. 旅游景观设计内容的特征及学科定位

需要解决的问题有技术（建筑技术、设计技术）问题、艺术问题、思想内涵问题，解决这些问题需要自然科学和人文科学等众多学科领域的知识。由于学科背景不同，景观设计所需的知识面十分广泛，而对于一个人不可能通晓各种知识，这样的通才是很难找到的。因此，目前有多个学科从事景观设计研究，不同学科研究角度、深度、广度不同。本学科属于交叉学科，多种学科背景都可以研究，有的擅长于宏观，有的擅长于微观。最理想的做法是综合不同学科专长的人才进行组合来共同完成旅游景观设计，这样可以取长补短，设计效果更为理想。根据上文可以看出，旅游景观设计不仅其专业知识具有综合性，而且设计内容具有宏观、中观、微观之分。宏观的设计指确立设计理念、思想、原则以及风格定位、市场定位、发展方向等方面；中观设计指区域景观总体布局构成设计；微观设计指细节和具体景物样式、结构、材料运用设计。由此可见，对设计者的知识要求比较广泛。从设计目标看，旅游景观要符合旅游及旅游业发展的需要，不能脱离旅游学。任何一个层次的专业人才必须在掌握旅游景观设计的基本理论的基础上，然后体现自己的专长。虽然旅游景观设计与地理学、城市规划和园林设计等学科的方法和目标有相近和交叉的地方，但是旅游景观设计有着自身的方法和目标，彼此不能替代。按照目前的人才培养模式来看，将中观和微观旅游景观设计学科放在城市规划学、建筑学、园林学中比较合理；宏观和中观设计学科放在旅游学、地理学中比较合理。也就意味着，如果旅游学不建立专门的旅游景观设计学科分支，调整培养方案，它所培养的人才就难以担当旅游景观设计的全部任务，至少目前还不成熟，不能独立解决旅游景观设计中所有层面的问题。

2. 不同学科背景下的景观设计研究特长

旅游景观设计涉及的主要专业门类有旅游学、地理学、城市规划学、建筑学和艺术设计学。它们在各自专业背景条件下对景观设计进行研究，角度和层面的研究显示出不同的特色，可以互相补充，相互合作。

1）旅游学专业背景下的景观设计

旅游学专业的景观设计擅长从旅游者、旅游产业来研究景观设计问题。本专业学科背景的学者具备美学、旅游心理学知识，有一定景观欣赏能力，但是目前的学科没有设立旅游景观设计专业，归属于旅游规划学方向。在现有的专业人才培养方案中，没有艺术学、建筑学等方面的课程。总体上看，研究历史还比较短，目前旅游学专业背景人才适合于宏观和中观层面的设计。比如景观的风格定位，视觉元素、旅游功能设计，景区景观总体布局设计。

2）地理学专业背景下的景观设计

地理学对景观的研究较早，对自然景观和人文景观做了分类研究，对不同景观的自然和文化特色、构成元素、成因研究很多。但是本专业的学者对景观美学、欣赏心理研究较少，也很少涉及景观设计技术、建筑学等专业的知识，过去并不擅长主动地去通过设计来表达地域特色，近年来才开始关注景观设计问题。本专业学者擅长宏观和中观层面的设计。

3）城市规划学专业背景下的景观设计

城市规划学是一个综合性很强的系统，内容丰富。景观设计是城市规划学的研究方向之一。城市规划的原则包括：整合原则、经济原则、安全原则、美学原则和社会原则，这种思想能全面考虑景观设计的各种因素，能体现景观设计的科学性和合理性。城市规划学专业背景的学者所学的理论知识和技能有视觉设计基础、设计表现、建筑设计原理、建筑史、建筑构造、城市总体规划、城市详细规划、城市设计、建筑制图、计算机辅助制图、城市经济学、城市生态学、城市地理学等，因此，本专业学者擅长景观的中观和微观设计。

4）园林学专业背景下的景观设计

园林本身为了观赏而造的，其设计理念是将观赏性放在第一位，而建筑设计则是兼顾观赏与实用，两者具有同等重要的地位，可见园林与建筑的设计理念是有所不同的。因此，园林学应当是研究景观设计最早的学科。园林学也是一个综合性较强的学科，它是研究如何合理运用自然、人文元素来创建优美的人类生活环境的学科。园林学专业背景的学者具备地貌学、生态学、植物学、建筑学、土木工程、社会学、心理学、美学、绘画和文学等方面的知识。在规划各种类型的园林绿地时，需要考虑它们在地域中的地位和作用，这就涉及城市规划等方面的知识，适合于做景观的中观和微观设计研究。

5）建筑学专业背景下的景观设计

在西方人眼里建筑就是艺术品，是"凝固的音乐"。因此建筑学是研究建筑物及其环境的学科，其内容包括技术和艺术两个方面，与景观设计密不可分，很早就开始研究景观设计。传统建筑学的研究对象包括建筑物、建筑群以及风景园林和城市村镇的规划设计。随着建筑事业的发展，园林学和城市规划逐步从建筑学中分化出来，成为相对独立的学科。建筑设计无论是单体设计还是群体设计，均是景观设计的主要元素和内容。建筑景观在景观设计中具有的功能和作用是其他学科无法替代的。建筑是人文景观的主要构成元素，世界各国著名景观大多数是建筑景观。本专业的学者具备建筑构成、风景园林建筑、建筑材料、建筑力学、建筑构造、城市规划、室内设计、建筑设备、环境心理学、建筑设计、建筑史、规划设计、建筑制图、建筑美术、计算机辅助设计等方面的知识，适合于景观的微观设计研究。

6）艺术学专业背景下的景观设计

艺术学专业也从事景观设计研究。艺术设计学背景下的景观设计是运用艺术设计的规律和方法进行景观艺术设计的。具体说是强调艺术设计概念和方法在自然景观和人文景观设计中的应用。遵循的基本规律和方法是艺术规律和艺术方法。在这样的规律和方法要求下建立一个景观艺术设计系统、景观艺术设计程序、景观艺术设计方法和景观艺术设计目标。艺术设计学擅长于景观风格的把握，审美效果的设计，适合于中观与微观设计。

➡ **知识要点提醒**

旅游景观设计的内容有宏观、中观和微观之分，在学习本学科知识中，很难做到面面俱到，应当在把握设计原理基础之上而有所侧重，突出自己的研究专长。

2.3 旅游景观设计研究现状

了解旅游景观发展历史，有利于理解景观设计的本质，把握研究方向和目标。

2.3.1 旅游景观设计及其研究的历史

人类作为大自然的一员，不仅能适应自然，还学会了如何利用自然、改造自然，实现了自身的繁衍。景观设计作为人类改善自身生存环境的行为之一，有着悠久的发展历史。

1. 中国景观设计的发展

在中国传统学科中，景观设计属于园林设计、建筑设计、城乡规划，未形成独立的学科。东方园林体系、欧洲园林体系、西亚园林体系被称为世界三大园林体系。中国园林属于东方园林体系，其历史悠久。

中国造园历史非常悠久，据《山海经》等古籍中记载，黄帝时期就建有玄圃，内有奇花异石与各式美玉，是"黄帝之园"，属于人造景观。尧舜时期，开始设立专门官员掌管"山泽园囿田猎之事"。夏朝时，帝王开始建苑囿，最初的"囿"就是划分一定的地域范围，让花草树木和鸟兽等繁衍滋生的场所，还挖池筑台，供帝王娱乐之用。殷商时期，造园活动频繁，开始修建都市，有高墙围绕，并建有高台作为娱乐眺望之用。秦朝统一中国后，随着文化和建筑技术的发展，人工建筑更加发展，先后修建了规模宏大的宫殿和万里长城等。汉朝时，帝王权贵修建各种宫室殿堂成为风尚，体现了封建帝王的权力和森严的封建等级制度。魏晋南北朝时期，思想、文化、艺术上都有较大的发展，佛教盛行，相关景观建筑得到发展。"园林"一词已出现于当时的诗文中，出现了注重模仿自然的私家园林。隋朝建造了规模宏大、奇巧富丽的离宫别苑。在别苑中以隋炀帝的西苑最为著名，将湖、渠水系为主体，将宫苑建筑融于山水之中的手法，注重天人合一的设计思想，注重自然景观元素的利用、引入或模仿。唐朝国富民强，注重生活环境的设计，如长安城规划，同时，私家庭园的建设逐渐达到高潮。两宋时期受唐朝景观设计、山水画理论思想的影响，园林建设十分繁盛。同时，理论上也比较成熟，李诫撰写了中国古代最完整的建筑技术专业论著——《营造法式》。元代属于少数民族统治时期，庭园发展仍很繁盛，重情感意味，如御苑、南苑、狮子林等。园林设计理论已经成熟，擅长叠山理水，营造意境。明清时期，景观建设有了长足的发展，出现了许多著名的景观作品，如圆明园、玉泉山等。故宫是现在保存下来的规模最大、最完整，也是最精美的宫殿景观建筑。整个故宫的设计思想更是突出地体现了封建帝王的权利和森严的封建等级制度。明代的计成撰写了中国第一本园林艺术理论的专著，《园冶》中系统地总结了中国古典造园理论。中国园林设计理论实际上就是景观设计理论，是对景观设计与审美规律的探索。

1840 年后，现代城市公园概念开始引入中国，例如，1868 年建成了中国第一个城市公园——上海英租界内的外滩公园，20 世纪 20 年代日本占领青岛后修建的新町公园。这些公园的建设也将国外园林设计思想传入中国。1911 年辛亥革命以后，中国自建的城市公园逐渐增多，无锡市还颁布了《整理城中公园计划书》，从此将公园列为城市建设项目。

新中国成立后，北京农业大学、清华大学、北京林学院等高等院校设置了相关专业，展开了园林学科的研究，吸取西方现代城市景观设计的新观念和经验，结合中国的实际，推动了园林设计学科的发展。目前的景观设计已经不局限于园林、建筑、城市的景观，已经扩大到了乡村、风景名胜区、自然保护区、国家公园、游览区和休养胜地的景观设计。

2. 国外景观设计的发展

古埃及是景观设计起源较早的国家，受其自然及思想文化的影响，古埃及的景观中多采用方形、平面的几何形式，以表现其直线美。景观建筑以石材为主，金字塔是古埃及景观的典型代表，整个塔采用正四棱锥的造型，四周布置规则对称的树木，中轴是笔直的道路。整个景观的构成是一种规则的几何形式。

古希腊是欧洲文化的发源地，园林设计思想受中东和埃及思想文化的影响，是欧洲公园和庭园的发祥地。古希腊的景观设计思想与古埃及相近，多采用几何形，且以实用为主，多以水池为中心，周围绕以廊柱。雕塑是古希腊景观不可缺少的特别突出的特点，雕塑素材多取材于得胜的运动员和宗教中神的形象。

16~18 世纪的英国受外界影响较少，主要发展了自然式的景观设计风格。庭园周围是敞开的，不用墙篱等围绕。后来，英国又发展了混合式景观布局，综合了几何式和自然式。如在自然式的景观中加入一些人工几何形的构筑物；在景观的中心采用几何式，在周围用自然式。

日本景观设计在早期深受中国园林设计思想的影响，后来受西方的影响，再加上自身长期实践和创新，其景观设计形成了本国的特点。在日本，由于禅宗很盛行，在其影响下，枯山水式庭园发展起来。这种庭园一般规模较小，以造景石头为主要的组景对象，用白沙来代表水面。

西方近现代景观设计是从工业革命时期开始的。工业化导致了资源的减少及环境的恶化等一系列问题，使美化景观显得特别重要。

19 世纪 30 年代，英国著名园艺师约翰·克劳迪斯·路登（John Claudius Loud－on），为整个大伦敦地区做了一个区域景观设计，以泰晤士河边的维斯敏斯特宫为圆心，以交替的都市环带和郊区环带分布四周。

1840 年，德国景观设计师彼特·约瑟夫·林内(Peter Joseph Lenne)向刚执政的弗雷德里奇·维尔海姆(Fredrich Wilhelm)四世提交了柏林及其周边地区的改造方案，包括特尔公园(Tiergarten)的扩展设计。

1856—1861 年，被称为美国景观设计之父的弗雷德里克·劳·奥姆斯特德(Frederick Law Olmsted)与卡尔沃特·沃克斯(Calvert Vaux)合作完成了纽约中央公园设计，在这个项目中，他们首次使用"Landscape Architecture"一词称呼他们所从事的纽约中央公园规划设计工作，他们由此被称为"Landscape Architect"，从此，这两个名词一直被沿用了下来。

19 世纪 60 年代，Olmsted 和 JohnMuir 合作创建了美国第一个国家公园——约斯万特(Yosemite)国家公园，以保护和管理重要的山地自然景观资源。同时，Olmsted 对美国富翁乔治·W. 范德比特德(George W. Vanderbilt)的庄园林场——巴尔的摩(Bahimore)林场进行了别开生面的研究和管理，把森林作为景观资源开发和管理的对象，并进行充分的调查研究，开发森林的生态、娱乐等功能。

1898 年，美国风景园林师学会(ASIA)成立。

1900 年，哈佛大学创立了"Landscape Architecture"专业，并设置了 4 年制的景观规划设计专业学士学位，标志着现代景观规划设计学科的诞生。

1908—1909 年开始，哈佛大学已有了系统的景观规划设计研究生教育体系。

1932 年英国第一个景观设计课程出现在莱丁大学，许多大学于 20 世纪 50~70 年代早期都设立了景观设计研究生专业。

2.3.2　中国旅游景观设计及其研究的历史

1. 旅游景观设计兴起

中国原来并没有旅游景观这一概念，只有景观、风景、景象这些概念，自从旅游科学兴起以后才出现了旅游景观的概念，同时也就出现了旅游景观设计的概念。中国旅游景观设计受到重视的原因：其一，旅游景观是旅游地的最主要资源，大多数旅游地都是靠独特的景观资源来吸引游客。其二，旅游需求不断增长。中国是人口大国，同时人民的生活水平提高较快，出游率居高不下。其三，旅游产业发展的需要。无论是政府或者社会，对于旅游业的发展给予高度重视，旅游业从接待外宾到赚取外汇，从拉动内需、新增就业人数到构建和谐社会，其功能和角色已经发生根本性变化，生态文明、和谐社会、可持续发展、环境友好、资源节约成为发展旅游业的首要目标，旅游业不再单纯是一个经济产业，而是涉及社会民生各个方面。世所公认，无论从地方产业发展还是国家产业发展来说，旅游业发展带来的经济效益和社会效益是巨大的。由于上述原因，全国各级政府以及旅游地企业都十分看好旅游发展的前景，而作为旅游发展的前期工作的旅游规划格外受到重视，因此旅游景观设计作为旅游规划的重要方面也同时受到重视。

2. 中国旅游景观设计研究发展过程

旅游景观设计是在旅游规划学和景观设计学基础上建立起来的新兴交叉学科，发展时间较短，可以大体分为三个阶段：

1）探索阶段

景观设计研究的历史比较久远，但是作为旅游景观设计却是在旅游发展中才真正受到关注，景观设计才冠以"旅游"一词。改革开放初期，在旅游业发展的初级阶段，旅游景观设计基本处于萌芽状态，最初研究旅游学的学者为地理学专业，旅游规划多以地理学为基础，其他专业涉足不多，尚未形成旅游景观设计的相关标准，景观设计内容体例不一。

2）发展阶段

20 世纪 90 年代到 21 世纪初，旅游业得到蓬勃发展，已经形成一定规模，旅游规划已经建立起一定的体系和标准，控制性详细规划、修建性详细规划等城市规划体系和建筑设计体系逐步在旅游景观设计中得到应用。在旅游规划中将景观设计列为重要系统或项目，并编制独立的旅游景观设计成果。不过从事旅游景观设计的学科并不只是地理学、旅游学专业，园林学、建筑学、城市规划学、艺术学等具有景观设计能力的学科，都渗透到旅游景观设计领域，开展理论与实证研究。这些联系紧密的学科，它们互相影响，在研究内容和研究方法上具有共性和互补性。

3）成熟阶段

多学科共同研究旅游景观设计状况依然在延续。在不同学校分别设置类似学科，对景观设计进行系统研究和教学，形成一些具有理论高度和指导意义的研究成果，培养出一批又一批景观设计人才。除了大批社会企业，如各类规划设计公司等，出于自身业务发展的需要，也进行相关的研究，取得了良好的效果。目前旅游景观设计理论与方法有了很多积累，设计水平不断提高，趋于成熟。

2.4 旅游景观设计的理念和原则

若要做好旅游景观设计工作，首先要了解旅游景观的设计理念与原则。

2.4.1 旅游景观的设计理念

理念是人的思想，也是人类行为的指导思想，对行为的方向、目标、方式、过程与结果有着决定性作用。人文景观是精神文化的物质体现，有什么样的精神文化就会创造出有什么样的物质景观。设计理念是产品设计的核心指导思想，是一切设计行为的总纲领，它决定着产品设计的大方向和总目标，因此，设计理念是决定设计作品特性、质量与命运的根本，只有明确设计理念，才不会迷失方向。总体上看，人类所创造的一切产品都是为了满足人的需要，世界上也不存在任何离开人的科学，任何科学的最终目的都是符合人的需要，设计的目的也是如此。正如美国设计学家那基所说，"设计的目的是人，而不是产品。"由此可见，人性化应当是一切设计的根本理念。同样，旅游景观的设计行为必须围绕着这种理念来展开，这是成功的关键所在。如果设计理念错误，就会一错百错。不过人性化只是一个笼统的设计理念，旅游景观需要由此建立自己的设计理念。究竟旅游景观的设计理念是什么呢？人的需要包括物质性需要和精神性需要，对于旅游景观来说，表现为实用、审美、情感等需要。为了体现人性化，在旅游景观设计人性化应当考虑两种主体的需要：一是观赏者，其目的、观赏心理、生理等多方面因素；二是景观建设者，要弘扬、传承和创新文化、发展旅游经济等方面的需要。并围绕这些问题，使得设计方案符合现有的技术条件、经济条件、地方性文化发展需要。具体到旅游景观设计的基本理念，就是符合旅游者的需要，全面地最大限度地符合旅游观赏、文化传承、旅游发展的需要，即创造有观赏、文化、经济价值的景观。

2.4.2 旅游景观的设计原则

原则是围绕设计理念，结合具体实际条件而设立的一些更为具体化的设计准则，具体方案设计必须遵循的定律，只有这样才能体现设计理念。设计方案是景观营造项目的具体内容、要求、样式、材料等(图2.2)。旅游景观可以看作是一种有一定实用价值的艺术作品，属于实用艺术，强调艺术性、科学性、实用性。

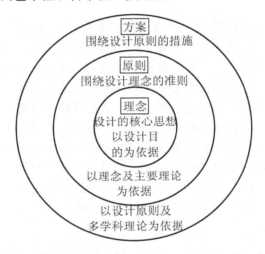

图2.2 旅游景观的设计理念、原则与方案之间的层次关系

1. 提高观赏性

如前文所述，景观的主要属性是具有观赏性。要使景观具有较高的观赏价值，就应当提高其艺术价值，使景观具有审美性、情感性、趣味性。增强景观的观赏价值通常从以下方面入手：第一，符合美的规律。使景观元素及其构成符合形式美、神采美、内涵美的规律，以满足旅游者审美需要。第二，具有情感意味。将设计者的情感融入作品之中或者使景观符合读者情感心理需要，使景观蕴含人的情感意味，具有趣味性，能引起读者情感上的共鸣。第三，具有文化内涵。利用景物形象地表达设计思想、文化内涵，使景观经得住"咀嚼"，更为耐看。第四，具有创新性。新景观可以满足人的好奇心，显示出观赏价值。设计本身就包含着创新之意，景观设计是一种艺术创造活动，创新是设计成功的重要标志。创新分为大的创新和小的创新，大的创意表现在景观总体风格定位和文化创新。新奇美观的景观可以大大提高景观的观赏价值，同时也必然带来经济价值。比如，悉尼歌剧院的造型设计别具一格，引来世界各地的无数观光者。创新可以是继承性的创新，也可以是以传统文化结合新文化的创新或者是完全脱离地方文化的创新(比如迪士尼乐园、世界之窗)，都属于创新。景观设计的创新是对地方文化、旅游文化、经济发展的贡献。因此提

高旅游景观设计的创新意识，是很有必要的。

2. 提高实用性

景观是供欣赏的，但是有些景物还需要供人使用，是行为的场所，是可游可居的"画"，并不是虚拟的画。有些景观是旅游服务的设施，比如道路、公厕、服务场所。城市景观更需要强调功能性。旅游设施应该满足方便性、安全性、私密性的要求。因此，在旅游景观设计时，要考虑到人活动所到的地方，需要考虑人体工程学特点，大到建筑、植物的空间的布局，小到扶手、台阶的高度，都必须符合人的生理特点，人际交往的各种距离。考虑游客的抄近路、识途性、左转弯、歇脚等行为习惯。考虑游客使用的方便性、安全性，如无障碍通道。视角宽度也是景观设计中需要考虑的生理问题。

3. 保证可行性

除了要满足旅游者的体验需求，同时还要符合旅游可持续发展的需要，符合自然规律。首先考虑自然生态环境的保护，要尊重自然的每一个因素，尊重自然的客观规律和独立价值，维持自然的生态平衡，这样才能满足人类可持续发展的需要。按照所在地域的气候、地形地貌、土壤、水文、植被等自然地理特征，减少对自然的干扰，规避生态灾害和生态危害的发生。因地制宜，需要从浅层和深层认识区域的特征。浅层的特征是地域自然综合体的生态自然完整特征，譬如植被、气候、土壤和地形之间的和谐，人文景物与自然的和谐，建筑的布局与地形的结合等等。不同植物所适应的生态环境不同。植物景观物种选择需要符合植物生理，符合植物对生态环境的要求。例如桃树、梅花、马尾松等要求生长在阳光充足的地方，所以，如果桃树要和其他乔木结合种植的时候，要考虑其能否够获得充足的阳光。景物建设材料运用要符合材料力学、抗风化、抗腐蚀要求，材料质感设计要考虑材料的理化特性。

景观设计方案必须符合旅游区经济条件，施工技术难度。景观建设方经济条件在一定程度上决定着景观建设方案的形成，也就是说，好的建设方案未必有条件建设，需要进行磨合，景观建设方案是建立在一定经济条件下的。施工方案设计需要尽力减少人力和物力投入，追求低成本，也就是低碳化。显然，不同的建设方案所需的劳动量及对材料、能源的消耗量是不同的，只有科学的方案才能做到省时、省工、省费用。这里的低成本是在同等质量的前提下降低成本。

4. 具有前瞻性

景观建设是在创造文化，前瞻性是要考虑旅游文化未来发展前景，要从长计议，以保持可持续性的可能性，使景观发挥更大的、持久的效益。同时，考虑景观建设对自然景观可能造成的影响，包括有益的和有害的影响。

2.5　旅游景观设计的一般过程及主要成果

对一个初涉该学科的人来说，了解旅游景观设计的简要过程及主要成果，可以从宏观上了解旅游景观设计要做的工作，也就知道自己需要掌握哪些知识才能胜任工作需要。

2.5.1　旅游景观设计的一般过程

旅游景观设计是一个多方共同参与的过程，涉及政府、居民、设计师、旅游者、开发商等，包括设计师的景观资源调查、潜力评估、社区状况、法律环境、规划方案等组成部分。设计方在接到任务后，首先应该充分了解设计委托方的具体要求，然后着手设计。旅游景观设计工作的一般过程大致可以分为旅游区综合调查分析、总体构思、方案设计等步骤，具体过程包括三个阶段。

1. 旅游景区综合调查研究

景观设计涉及的内容、问题相当广泛，只有全面了解旅游区情况，方能入手。设计前需要对景观设计区域做详细的、全面的调查，完成调查报告。这是保障景观设计质量的基础性工作，可以归纳为如下几方面内容。

1）综合考察

综合考察旅游区基本情况是做好景观设计的基础性工作，也是必须做的工作。

（1）了解项目总体情况。向建设方了解设计项目总体情况，包括建设目标、意义、标准、规模、造价、等级、设计期限以及文化氛围和艺术风格等；施工条件、可能影响工程的其他因素；项目与城乡建设总体规划的关系、旅游发展总体目标。

（2）了解景区具体情况。景区所在地的地质、地貌、气候、水文、植被、社会、文化、历史等方面情况；景区周边环境状况及与景区环境的关系，未来发展情况；景区周边的景观情况；该地区的给水、排水、电力、电信、供热、燃气等方面情况，有无污染源、有毒有害物质以及传染性医院等；了解和掌握地区内原有的植物种类、生态、群落组成、树木的年龄、观赏特点等；景区建设所需主要材料的来源与施工情况，如苗木、山石、建材等情况。

（3）图纸资料的收集。根据设计项目的大小，获取1∶10000、1∶1000、1∶500景区内地形图；局部1∶200图纸主要供局部详细设计用。区域地质图、土地利用现状及规划图、城乡区域发展总体规划图、植被图、树木分布现状图（1∶200、1∶500）、地下管线图（1∶500、1∶200）等专题地图。树木分布现状图，主要标明保留树木的位置，并注明品种、胸径、生长状况和观赏价值等。地下管线图，一般要求与施工图比例相同。图内应有上水、雨水、污水、化粪池、电信、电力、暖气沟、煤气、热力等管线位置及井位等。除平面图外，还要有剖面图，并需要注明管径的大小、管底或管顶标高、压力、坡度等。

（4）实地勘查。无论面积大小，设计项目的难易，设计者都必须到现场进行勘查。一方面核对、补充资料，如现存建筑、树木等情况，水文、地质、地形等自然条件。另一方面，体验旅游区环境，获得感性印象，为意象构思创造条件。还可发现可利用、可借景的景物和不利或煞风景的物体。根据情况，如面积较大、情况较复杂的地方，必要时，要多次考察。考察时，应拍摄照片，以供进行设计时参考，全面了解可以用于景观设计的资源。

2）旅游区情况分析

通过调查资料的分析，完成调查报告，确定进行可行性以及初步方案研究。

（1）自然条件分析。自然条件对景观的设计有着极大的影响。地质条件：稳定性。地形条件：平地、坡地和山地；植被状况及生长条件；水文条件：季节性变化，最大河水位；气候条件：气温、降水、风向、风力。景观设计应以不破坏环境为前提，绝不能因为发展经济或只图美观而破坏了生态平衡。地理概况主要包括地理位置、用地的形状、面积、地表的起伏、地表情况、走向、坡度等特征。地形大体上可分为三类：平地、岗地和山地。平地的开阔，视野开阔、通风性较好；岗地的景观层次丰富，有利于排水；山地坡度大，且地表起伏比较大，视野不开阔。植被的选用必须考虑地质、土壤、水文及气候环境条件等因素。随着人类社会的不断发展，生态环境的破坏越来越严重。在景观设计过程中，应充分考虑到环保问题，绝不能因为某种需要或只图美观而破坏了生态环境。在通过对景观设计所属地域的综合考察与分析之后，就要分析其可行性，建造此景观的利弊，以明确设计方案的总体基调，如休闲娱乐、观光、度假。

（2）人文背景分析。景观能综合反映一个时代的社会经济、文化面貌以及人的思想观念。文化具有民族性、区域性和时代性。精神文化特征分析：信仰、宗教、艺术、道德、民俗、生活习惯等，为将来非物质文化的景观化准备素材。物质文化特征分析：地方文化中有形有声的东西是精神文化的物质存在，应作为景观设计的构成元素充分利用起来。社会历史分析：社会历史是连续的，景观设计需要能延续当地历史文化，或者依据当地历史来创新。不同文化背景的群体之间在审美情趣方面具有差异性，因此，在设计景观时，一定要深入分析该区域的社会文化特点，使社会文化与景观相融合。

3）撰写调查分析报告

将调查资料进行汇总，将分析结果得出的结论进行归纳、分析、总结，挖掘和提炼能代表本地地方性特色的自然和文化元素，包括物质性的和非物质性的文化特色。对设计区域的有利条件和不利因素加以归纳、总结写成调查报告，为做好下一步景观设计创造条件。

2. 旅游景观建设方案设计

旅游景观设计大体可分为2个层次（阶段）：总体方案设计和修建性方案设计。旅游景观设计是为景观建设制定一个方案，在旅游景观设计中主要考虑技术和艺术两方面因素。技术设计指的是产品制作的技术过程与方法，而艺术设计则是指如何赋予产品以艺术特性，两者有机结合才能创造出理想的设计方案，不过在不同的设计目标下所关注的重点内容不同。由于景观设计主要是解决观赏需要的问题，因此，艺术设计是其核心问题，也是主要问题。但是并不是只顾艺术问题，不顾技术问题，而是突出艺术问题，兼顾技术问题。

1）总体方案设计

经过旅游区情况调查研究后，就可以进行总体方案设计。构思应当围绕提高景观的旅游观赏价值为设计目的。构思是旅游景观设计是的最初阶段，是确定设计方案的总体基调，是方向性、战略性、长远性设计，提供的是客观的全局性的发展战略与设想，是确定景观设计总体思想、思路、原则、意象构思、风格与实用功能定位，以及确定设计规模、总造价、等级标准、设计期限，属于顶层设计，微观层面方案暂不确定。风格定位设计是要明确创造什么样的景观意象特征，创造什么样的氛围，通常按照时代、地域特色来定位风格，如欢快、庄严、优美、环保、生态、古典、现代、城市、乡村等。地方性风格还有很多东方、西方、西亚、某个民族、某个朝代，同时还要确定景区总体布局大框架，分析建造景观的有利因素和不利因素，进行可行性分析等。总体方案包括文字说明和草图，草图要能说明景区总体布局，包括景观分区、景观线和主要景点布局。

2) 修建性方案设计

这是总体设计具体化的阶段，也是各种技术问题的定案阶段，是内容最丰富、最复杂、最具体的景观建设方案设计阶段。技术设计的内容包括景观元素构成、整个景观和各个局部的具体做法，各部分精确的尺度、装修设计、结构方案的计算和具体内容，各部分的构造和材料的确定，各技术工种之间矛盾的合理解决以及设计预算的编制等。修建方案表达形式有文字和图纸，两者合称为设计书。

(1) 具体方案制定。设计说明(项目背景、用地条件、设计理念、设计特点、设计构思、种植设计说明等)、总平面布置、景区空间及视线分析、景区道路组织(规划道路、消防道、步行系统、地下车库出入口等)、景观功能分析、总体竖向设计、总体剖立面、地面铺装、灯光配置方案、标识牌、背景音乐、垃圾桶等设施平面布置、分区平面布置(主入口、次入口、重要节点等)、细部(平面、立面、剖面)、植物配置、意象效果(包括整体鸟瞰图)、细部设计意向(小品、铺地、植物、空间形态等)、方案设计估算书，上述内容的设计方案尽可能用图纸形式配合文字说明表达出来，以便建设施工者理解和实施。方案的详细程度是根据设计目标的要求而定，如果是总体规划，只需提供意向性设计方案；如果是修建性的规划则需要提供施工方案。

(2) 景观设计图编绘。图纸是设计成果的直观表达形式，通过它可以了解具体的景观元素尺寸，观察设计出的景观效果。景观建设图主要有施工详图和效果图。施工图是供施工人员使用的图纸，是施工的依据，是设计者和施工者之间沟通的桥梁。施工图要求明晰、周全、表达确切无误。效果图能表达设计者的设计思想、意图、景观的最终效果。按照观察角度可以分为平面图、立面图、鸟瞰图。

勾绘设计草图。设计草图是设计者对设计要求理解之后，设计构思的形象表现，是捕捉设计者头脑中涌现出的设计构思的最好方法。草图一般用徒手画成，因为徒手画得快，不受工具的限制，可以随心所欲，自然流畅，能将头脑中的构思迅速地表达出来。草图可根据设计者的进一步思考而进行一定的修改。在有比例的坐标纸上覆以拷贝纸进行绘制。

绘制各种设计成果图。通常需要借助计算机辅助来完成，目前主要用到的软件有3Dmax、犀牛、AutoCAD、Photoshop等，也有用手工完成的。用三维软件来制作设计效果图，再利用Photoshop来对效果图进行美化处理。效果图的绘制要比草图更加完整精细，细节更加清晰，要按精确的比例进行绘制。效果图能按比例绘出景观设计造型的形象，反映出景观设施之间主要的结构关系，具有重要的实际意义。

2.5.2 旅游景观设计的成果

旅游景观设计成果需要通过一定的形式表达出来，交给建设方和施工方，以便实现景观的设计方案。旅游景观设计的成果通过文本和图件表达出来，图文结合是旅游景观成果形式的特点。

1. 文字成果

文字成果即以文字形式说明设计思想、设计方案的成果。在进行旅游景观设计的同时，必须对各阶段的设计意图、经济技术指标、工程安排、相关立意说明，用图表和文字相结合的方式加以说明，使规划设计的内容更加明确易读。编制说明书一般包括以下内容：

1）旅游区现状分析

说明旅游区性质、区位条件和特点、现状，旅游区所在地的文化以及周围环境情况，包括地貌、气候、土壤、水文状况，历史文化、民俗风情等，景观资源现状。

2）总体设计思路

说明项目背景、设计理念、设计依据、设计原则、风格定位、总体构思布局，确定景区用地条件、范围、性质等。

3）具体方案设计

说明景区分区和景观元素构成，各景观节点的设计，建筑、小品、道路、雕塑、植物、水系、地形、材料、色彩、照明等景观元素及其组合设计，包括景物的水平与立面尺寸，具体施工要求。

4）分期建设及投资方案设计

说明分期实施的计划，近期、远期投资以及单位面积造价预算，建议投资方式。

2. 图纸成果

图纸成果即以图示形式来说明设计思想、设计方案的成果。景观设计思想与方案仅靠文字表达不便于理解和施工，必须借助图示直观地说明。

1）区位分析图

区位图用于表达本景区所在位置，主要表示本景区所在的大的区域内的空间位置、交通和周边区域的空间关系。

2）景观资源现状分析图

现状分析图用于说明现状调查结果，对旅游景观资源整理、分析后，对现状所作综合说明及评价。分析评价内容包括景观的品位、类型结构特征、空间分布特征、等级等内容（见彩图4）。

3）景观分区图

景观分区图用于说明旅游区景观分区情况，不同空间的观赏内容与效果，不同主题景区之间的相互联系（见彩图5）。

4）总平面图

总平面图是用于展示景区总体布局，景观分区，对各区景观特色、植物、道路、建筑、水系等景观元素的位置、范围做出说明（见彩图6）。

5）交通设计图

交通设计图是用于说明旅游区的主要出口、环线及广场位置，次级道路和游步道的宽度、坡向，并说明路面材料、铺装形式（见彩图7）。

6）水系设计图

水系设计图是用于说明水系设计情况，在平面图上标注水体的平面位置、形状、大小、类型及相关设计指标。

7）地形与竖向设计图

地形与竖向设计图是用于详细说明旅游区的各种景物高度及起伏、视野、挖填土方等情况。竖向设计图能具体说明制高点、山峰、台地、丘陵、缓坡、平地、岛及湖池溪流岸边池底等的高程，以及入水口、出水口的标高，还应包括地形改造过程中的填方挖方内容，在图纸上应写出挖方填方数量。

8）种植设计图

根据总体设计图的布局、设计原则，以及苗木的情况，确定全园总构思。种植总体设计内容主要包括不同种植方式的安排，如密林、草坪、疏林、树群、树丛、孤立树、花坛、花境、园界树、园路树、湖岸树、园林种植小品等内容。还有以植物造景为主的专类植物园，如月季园、牡丹园、香花园、观叶观花园中国、盆景园、观赏或生产温室、爬蔓植物观赏园、水景园；景区内的花圃、小型苗圃等。同时，确定全园的基调树种、骨干造景树种，包括常绿、落叶的乔木、灌木、花草等。

9）建筑及其布局设计图

建筑设计图是用于说明建筑风格、面积、高度和视觉效果等方面情况。详细的建筑设计图还包括建筑的各层平面图、立面图、屋顶平面必要的大样图等，涉及与结构、电气设备、上下水等各专业工种的配合问题。景区建筑布局图要反映全区总体设计中建筑在全园的布局，主要、次要、专用出入口管理处、造景等各类园林建筑的平面造型。景观建筑，如亭、台、楼、阁、榭、桥、塔等类型建筑的平面安排。

10）管线设计图

管线设计图是用于说明详细表现出上水（造景、绿化、生活、卫生、消防）、下水（雨水、污水）、暖气、煤气等内容并注明每段管线的长度、管径、高程及如何接头，同时注明管线及各种管井的具体的位置坐标。在电气图上具体标明各种电气设备、灯具位置、配电室及电缆走向位置等。根据总体规划要求，解决全园的上水水源的引进方式，水的总用量（消防、生活、造景、喷灌、浇灌、卫生等）及管网的大致分布、管径大小、水压高低等，以及雨水、污水的水量，排放方式，管网大体分布，管径大小及水的去处等。北方冬天需要供暖，则要考虑供暖方式、负荷多少、锅炉房的位置等。电力、电信方面要求标明用电量、用电系数、分区供电设施、配电方式、电缆的敷设以及各区各点的照明方式及广播、通信线路等的位置（见彩图8）。

11）其他旅游设施及其布局设计图

除了道路、管线等设施以外，还有许多必需的旅游设施需要设计，如照明、防护栏、电话亭、商亭、垃圾箱、饮水器、厕所、座椅、导向牌、告示牌、消防设施、交通标志等。要提供空间布局方案及样式。

12）景观节点效果图

景观节点效果图是用于表示重要景观节点立体造型、透视效果设计的立意与构思，通过手绘或电脑软件制作（见彩图9）。

13）鸟瞰图

鸟瞰图是用于表达旅游区总体视觉效果的，相当于站在某一角度透视整个旅游区。无论采用一点透视、两点透视或多点透视，表现图都要求尺寸、比例上尽可能准确反映景物的形象。鸟瞰图应符合透视原则，以达到鸟瞰图的空间感、层次感、真实感（见彩见图10）。

14）其他细化方案图纸

景观设计空间，视线分析图，地面铺装设计图，灯光配置方案性设计图，标识牌、背景音乐、垃圾桶等家具平面布置图，分区平面放大图（主入口、次入口、重要节点等），细部平面、立面、剖面设计图，参考意向图片（小品、铺地、植物、空间形态等），分区详细竖向设计及排水平面图，景观设计中小品的平、立、剖面图及节点大样图，灯光、喷泉、喷灌系统定位及效果设计图，植物参考图片，标识、垃圾箱、座凳等小品（定位、选型或意向性设计等）设计图，背景音乐系统布置图，其他图纸。施工图图纸要尽量符合国家建筑、园林设计图纸要求的规定。

➡ **知识要点提醒**

旅游景观设计内容很多，也很复杂，需要多种专业人才共同来完成。比如景观设计图的制作需要有专门人才来完成，这种人才不仅要掌握软件及绘画技术，还要掌握美学、景观设计、建筑知识；建筑物设计需要有建筑专业知识的人来完成。但是，于任何一类专业人员必须掌握旅游景观设计的基本理论，在此基础上再有所专长。

2.6　旅游景观设计主体应具备的知识技能

作为旅游景观设计的主体应当具备的知识：旅游景观设计学专业学生要学习建筑设计、城市规划原理、建筑工程技术、园林设计、环境和空间表现、绘画艺术等方面的基本理论与基本知识，受到景观设计方面的基本训练，具有项目策划、建筑设计方案和建筑施工图绘制等方面的基本能力。

2.6.1　设计主体应具备的知识和技能

1. 宽厚的知识基础

旅游景观设计者应具有较扎实的自然科学基础、人文社会科学基础，了解人的生理、心理、行为的规律，与旅游景观设计有关的美学、艺术学、经济学、社会学、文化学、法律与法规等相关知识。

2. 扎实的专业知识基础

旅游景观设计者应掌握景观设计的基本原理和方法，具有独立进行景观设计和用多种方式表达设计意图的能力以及具有初步的计算机文字、图形、数据的处理能力；掌握景观建筑结构及建筑安全、经济、适用、美观的基本知识，建筑构造的原理与方法，常用景观建筑材料及新材料的性能，并具有一定的多工种间组织协调能力。

3. 掌握相关设计技能

旅游景观设计者应掌握设计技能和运用软件绘制设计图的能力，因为设计图是旅游景观设计思想的表达工具。

4. 具有一定的实践经验

旅游景观设计者是一种创造性劳动，不仅需要有完善的知识结构，还需要通过亲身观察、体验各种景观，积累创作素材，培养设计能力。这是唤醒艺术创造本能、感觉、灵感之源，形成所有艺术观念的必要基础。设计能力作为一种综合技能，每个经过专业学校学习的人都有一定的基础，若要转化为艺术创造能力，还必须经过多次设计实践。这是景观设计者必须具备的基本条件。

5. 知识结构有所侧重

从上述要求来看，旅游景观设计者需要掌握的知识相当广泛，不但知识面要宽，还要有专业技能。全能的人才是很难找到的，很难面面俱到，理想的做法是一专多能。理想旅游景观设计人才的合作模式是，宏观、中观、微观及特色专长分工合作。多种人才共同设计，各人可以有自己的专业侧重点、定位，景观设计应当是综合多层次人才来共同完成，这样可以取长补短，达到较好的效果。

2.6.2 旅游学专业背景的景观设计者的专长

目前旅游景观设计没有专门培养这方面的专业人才的机构，旅游景观设计的主体不限于一种人才，而是"多兵种作战"。不过作为旅游学专业毕业的人才不能对旅游景观设计一无所知，如果能掌握景观的宏观和中观设计理论，对做好本职工作颇有益处。旅游景观设计涉及的知识面要求很宽，旅游学、经济学、社会学、文化学、建筑设计、园林设计、地理学、美学、艺术学、设计学、绘画等方面的知识在旅游景观设计中都有其用处。建筑、园林、城市规划专业学科背景的人才比较适合于景观中观和微观设计，旅游学专业人才在旅游景观的宏观和中观设计中依然有其自身的优势。

章首案例回眸

从 El Algarrobico 酒店建筑案例照片可以看出，建筑物本身造型与色彩来看并不丑，白色外观，依山就势、错落有致，问题在于它破坏了自然旅游景观的风格特征。建筑之前为什么没有考虑到它对自然景观的破坏作用？显然，这是顶层设计出了问题。事实上告诉我们，任何旅游景观的设计，要从理念、原则、宏观设计入手，而不是从局部入手，要把握大方向，就不会铸成大错，一步走错，全盘皆输。

本 章 小 结

本章是要说明旅游景观设计的一般问题。首先，说明了旅游景观设计的本质、概念、目的意义、学科特性、主要研究内容。第二，按照不同学科的研究专长，将旅游景观设计分为宏观、中观、微观设计，并说明了它们的学科背景。第三，简要叙述了中国旅游景观设计发展历程。提出了旅游景观的设计理念和设计原则，并论述了它们之间的关系。第四，阐述了旅游景观设计的一般过程，即旅游景区综合调查研究，旅游景观建设方案设计，并详细说明了这两个过程的具体内容；将旅游景观建设方案分为总体和详细方案两个层次，将旅游景观设计的成果文字成果和图纸成果。第五，阐述了旅游景观设计师应具有的专业素质和设计才能。

关键术语

景观设计(Landscape Design)

旅游景观设计(Tourism Landscape Design)

设计理念(Design Concept)

设计原则(Design Principle)

总体方案(Overall Scheme)

修建性方案(Constructive－detailed Scheme)

知识链接

[1] 郝卫国．环境艺术设计[M]．北京：中国建筑工业出版社，2006.

[2] 郑宏．环境景观设计[M]．二版．北京：中国建筑工业出版社，2006.

[3] 王振超，胡继光．园林设计[M]．北京：中国轻工业出版社，2014.

[4] 崔莉．旅游景观设计[M]．北京：旅游教育出版社，2008.

[5] 李延龄．建筑设计原理[M]．北京：中国建筑工业出版社，2011.

[6] 陆林．旅游规划原理[M]．北京：高等教育出版社，2005.

练习题

一、名词解释

景观设计　旅游景观设计　设计理念　设计原则　总体方案　修建性方案

二、单项选择题

1. 旅游景观设计的学科知识构成特点有综合性、（　　　）、应用性。

A. 易变性　　　　　　B. 交叉性　　　　　　C. 确定性　　　　　　D. 可行性

2. 旅游景观设计的设计理念、原则和方案之间的关系是（　　　）。

A. 设计理念→原则→方案　　　　　　B. 原则→设计理念→方案

C. 设计理念→方案→原则　　　　　　D. 原则→方案→设计理念

三、填空题

1. 旅游景观设计的主要目的是创造_____的景观。

2. 旅游景观建设方案设计可分为2层次(阶段)：_____、_____。

3. 旅游景观设计的一般过程为_____、_____。

4. 旅游景区综合调查研究包括_____、_____、_____。

5. 旅游景观建设方案设计包括_____、_____。

6. 旅游景观设计的成果包括_____、_____。

四、问答题

1. 旅游景观设计的目的是什么？

2. 旅游景观的设计理念是什么？

3. 旅游景观设计一般要制作哪些图纸？

4. 说明旅游区综合调查研究的意义。

5. 旅游区综合调查研究的综合考察包括哪些主要内容？

第3章　旅游景观设计的依据

✿ 本章教学要点 ✿

知 识 要 点	掌握程度	相 关 知 识
旅游景观设计的实践依据	了解	旅游经济学、地理学、认知心理学、文化产业学
旅游景观设计的理论依据	了解	艺术学、美学、园林学、设计学、旅游学、地理学、认知心理学
美、美感与美学的概念	掌握	美学、认知心理学、艺术学
美的本质	理解	
美的形态	掌握	
美的规律	掌握	
艺术和艺术学的概念	掌握	艺术学、美学、认知心理学
艺术的分类及其特性	了解	艺术学、美学
符号和符号学的概念	掌握	符号学、语言学、认知心理学
符号的分类	熟悉	
认知心理规律	了解	符号学、认知心理学、格式塔心理学
视错觉规律	了解	

✿ 本章技能要点 ✿

技 能 要 点	掌握程度	应 用 方 向
美学知识的应用能力	掌握	旅游景观设计与欣赏、美学应用研究
艺术学知识的应用能力	掌握	旅游景观设计与欣赏、艺术学应用研究
符号学知识的应用能力	掌握	旅游景观设计与欣赏、符号学应用研究
认知心理规律分析能力	掌握	旅游景观设计与欣赏、认知心理问题研究
人体工程学知识的应用能力	掌握	旅游景观设计与欣赏、各种设计问题研究

✿ 导入案例 ✿

别墅建筑群引发的思考

图 3.1 为某村别墅建筑群，形态与高度一致，而且排列特别整齐，虽然壮观，但感觉

有些单调、呆板。究竟怎样设计才是符合审美规律的呢？通过本章内容的学习，你会对景观设计原理有深入的理解，你的审美鉴赏力也会大大提高。

图 3.1　某村别墅建筑群示例

旅游景观设计依据是要说明为什么要设计，为什么要那样设计的理由。旅游景观设计的每一步、每一个方案都要有所依据，只有从设计理念、设计原则到每一个方案的制定都需要有所依据，提高方案的严谨性、科学性、可行性，减少随意性，实现旅游文化的创新、发展，为人类留下有价值的文化遗产，而不留下败笔。总体上，可以将设计依据分为实践依据和理论依据。总体思路可以分为两种情况，一是建设新景观，二是在原来景观基础上做补充或修葺。要实现设计目标，必须在每一个设计环节确定其依据，避免随意性和盲目性，提高成功率，创造有观赏、文化、经济价值的景观。

3.1　旅游景观设计的实践依据

旅游景观设计的实践依据是指设计中需要考虑的当地景观建设实际情况，这是设计的动机和出发点。以此为依据制定的方案，便具有较强的针对性、合理性、可行性。

3.1.1　建设目的依据

旅游景观建设目的是旅游景观设计的主要依据，决定着景观的风格、品位、规模设计的定位、思路。

1. 适应旅游的需要

满足旅游功能需要是旅游景观设计的主要依据，也是设计的原动力和主要目的。要根据旅游者的审美需求、功能需求等，创造出具有可赏、可游、可居的旅游景观环境。要根据不同群体旅游者的心理和生理需求，以创造出满足不同年龄、不同兴趣爱好、不同文化层次的旅游者的需求。考虑旅游目的、生理、观赏心理等多方面因素。比如优雅的景观、新奇的景观、古朴的景观、华丽的景观，为满足需求的多样化，必须建设各种各样的景观。

2. 符合旅游业发展的需要

依据旅游业发展目标，设计旅游景观。景观建设方需要发展旅游产业，建设具有旅游吸引力的景观来吸引旅游者，既是景观设计的目的，也是旅游景观建设的目的之一。仅从旅游观赏角度看，还不足以促动景观建设方的积极性，如果加上经济效益的推动，旅游景观建设的动力就十分强劲了。如果将观赏价值放在首位，对景观建设质量的提高将具有重要影响。事实上，这两者之间存在相互促进的关系，观赏价值高的景观，必定能提高旅游景观的经济价值。

3. 传承地方文化的需要

景观建设还有出于地域文化传承和创新的目的。景观是一定地域一定时间的文化的载体，每一个地方可以将自己的文化利用景观来沉淀下来，为后人留下一些记录。利用景观来传承传统文化可以从几方面入手：其一，没有留下痕迹的古代非物质文化可以转化为景观，比如雕塑、主题公园、纪念园、仿古建筑。其二，已有的景观的修复、保护、拓展。当然现代文化也是一种文化，也可以创新文化。创新，可以是完全创新，也可以是地域文化的继承性创新。比如世界之窗、方特欢乐世界相对本地文化来说是创新的。

3.1.2 文化依据

旅游景观设计需要突出地域性特色，而利用地域自然与文化元素为依据来设计旅游景观就能造成与众不同的效果，以渲染和强化异地风土人情氛围，提高景观欣赏价值。原生态的地方性元素对景观的特色、风格的设计有十分重要的价值。当然，创造新文化景观也是创新思路之一，如果地域特色文化不足以实现旅游发展目的的情况下，还可以脱离原有文化来创造现代文化，实现完全的创新，但是大多数景观都是以地方性传统元素来设计景观。地域性特色的表达是从原生态的自然和文化元素设计入手。

1. 体现设计主体的思想

人类是智慧的动物，最重要的是有自己的思想。景观设计是人类的一种创造性行为，景观则是创造主体思想物化的产物，因此思想文化是决定景观特色的主导因素。有什么样的思想，就会有什么样的文化，也就会创造出什么样的景观。人类的主流思想是哲学思想、宗教思想、世界观、价值观，这些思想在人类行为中起着决定性作用。比如，为了趋利避害，运用阴阳、五行、八卦等风水思想会影响中国建筑物及其他景物的布局和造型设计，宗教思想会影响宗教建筑及其他景观的设计。不同的思想背景会创造出不同的文化景观。不同民族、不同国家的人的思想观念大不相同，正因为如此，造就了千差万别、风格各异的景观。设计主体需要运用一定的思想来设计景观。

现代景观建设方案还提出了环保的思想。以最小的破坏，创造高质量的旅游景观，永远是最佳选择。在不影响建设质量、建设目的前提下，以相对较低的人力物力投入，就算得上是低碳环保的设计方案，也是成功的设计方案。景观构成要素、施工方案、材料运用等都关系建设成本，也有一定的可变性，凭着设计师的智慧可以使设计方案理想化，既能降低投入，又不降低景观的质量。同时将对环境的破坏性影响降到最低。因此，它是当代景观设计遵循的思想。

2. 彰显地域特色文化

景观设计一般要利用地域特有的人文景观元素来表达地域文化特色，强化地域景观特有性。地域文化是景观设计的重要元素来源，也是地域特色的主要方面。"十里不同风，百里不同俗"，不同地域的环境孕育了不同的地域文化，要创造出特色的旅游景观，就要充分挖掘和利用地域文化元素，并将其景观化。工业、农业、民俗、建筑等物质形式的文化可以直接用于构景；非物质文化需要通过建筑、雕塑、绘画、表演等可感的景观形式表达出来。因此，地域性文化景观元素融入景观之中是多数景观设计的永恒主题。

景观设计利用地域特有的自然景观元素来表达地域自然特色，强化地域景观特有性。自然的地域分异使得各地的地表景观元素具有很大差异，植物、山石、土壤、动物，这些都是地方性的符号，如果利用好这些景物，将它们用于构成景观，能彰显地方特色，能满足旅游者的好奇心，导致异地氛围感，对景观设计有重要利用价值，也是提高景观吸引力的一个方面。比如，城市景观设计中，就可以利用当地特有树种来设计行道树景观，利用当地特有的花卉来设计花圃花坛的植物，不但能显示特色，生长状况也会很好。

3. 文化创新

旅游景观设计不只是满足了发展旅游经济的需要，也是文化创新的需要。继承性的创新设计也属于文化创新，当地没有的文化景观的设计更是一种较大的文化创新，比如现代村落、现代桥梁、现代旅游设施、现代主题公园、休闲广场等等。

3.1.3 客观条件依据

旅游景观设计方案的制定受到各种客观条件的影响。比如财力条件、自然条件、技术条件等会直接影响景观规模、材料、实施方案的设计。

1. 财力条件

符合旅游地现有的经济条件的景观设计方案才是可行的方案。景观建设需要相应的资金支持，因此景观建设方案设计应当符合旅游地经济条件。

景观建设方案要符合旅游地发展经济条件。旅游景观建设是地方建设规划的一部分，其资金投入具有计划性，景观设计应当依据经济条件来设计旅游景观，可以提高方案的可行性。同样一处旅游景观设计，投资大小不同，采用的方案就不同，最终产生的旅游景观效果也不同，通常投入资金多的景观效果好些。比如，景观构成要素、施工方案、材料运用等方面，通过设计师的精心、巧妙设计，完全可以获得理想方案。

2. 自然条件

景观建设方案要符合自然条件。自然条件包括地质、地形、气候、水文、土壤等这些因素，都会影响旅游景观的设计，景观设计方案只有符合当地的自然条件，才具有科学性、可行性。景观建设需要考虑的自然因素很多，比如植物景观的设计必须符合当地气候、土壤条件；建水库蓄水需要考虑地质条件、汇水量。

3. 技术条件

景观建设方案要符合技术上要求，才具有可行性。科学技术处在不断发展之中，景观建设中很多技术难题有赖先进的技术。每一个建设方案都需要与当时的技术条件相符合。比如造桥、开挖隧道都需要相应的技术支持。

3.2 旅游景观设计的理论依据

理论依据是提高旅游景观设计方案科学性的有效保障，其中有一些密切相关的理论，在设计的离不开这些理论的指导。旅游景观设计具有综合性，从宏观到微观设计涉及多学科理论。比如说，美学、认知心理学、符号学、艺术学、建筑学、材料学、景观生态学等。下面介绍几种主要景观设计理论。

3.2.1 美学理论依据

美学是研究审美对象和审美主体及其关系的科学。能满足审美需要是景观的最基本也是最主要的特性，因此，旅游景观设计必须以美学理论为指导。下面是美学一些主要思想和理论。

1. 美与美感

1）美的本质与概念

关于美的本质，古今中外美学家做过深入探索，虽然至今没有形成统一的观点，但是已触及了美的本质，这些研究为后人认识美的本质奠定了基础或者提供了很好的线索。形成了"主观说"、"客观说"、"主客观说"等不同观点。从现实的分析看，审美现象与主观和客观都有关系。尽管美是客观存在的现象，但是必须符合主观审美心理才有美感。哲学家康德认为，"美是无一切利害关系的愉快的对象"。正如蔡仪所说，"美就是能引起人类美感的事物"。李泽厚认为，"美是自由的形式"。此外，客观事物并不是所有属性都美，而是事物的部分属性。能满足物质需要的那部分属性就不能令人产生美感，只能令人产生一般层次上的愉悦；而能满足精神需要的部分属性就会令人产生美感。例如，一只苹果，美味可口，可以充饥、满足食欲，也能令人产生愉悦，但是这是属于物质层面的属性；其形态和色泽具有观赏价值，令人产生超脱性的忘却功利的愉悦感受，是属于精神层面的属性，超功利性也是美感的重要特性。

有一种观点认为，美即生命或生命力的表现，这种解释也是颇有道理。按照这种观点，任何事物，凡是呈现生命的形式，能体现生命的精神，能显示生命的价值，那就是美的。生命力旺盛的植物，健康强壮的动物，健康的人都是美的。健康人的体型、肤色、眼神都具有美感，因为是旺盛生命力的表现。病美人是不够美的，健康的人脸色红润、神采奕奕，能显示出旺盛的生命力，人人都喜欢看；而病态的人面色无神采，萎黄、发青、变灰、目光无神，就没有审美价值了。

本书认为，美是感知对象具有的能印证人的生命精神，可引起人的超功利愉悦的属性。其实本质上看，形式美、神采美规律本身就是生命精神具有的状态。画作、音乐、风景不能当饭吃，却比饭还有滋味。客观事物的审美属性应当从四方面去把握：形式、神采、性质和内涵。形式美是对象符合人的美感心理的外在形式；神采美则是能印证生命力旺盛的欣赏对象的一种神态；内容美则是隐匿于形式中的内容蕴含着激发人积极向上的力量。

2）美感的概念

美感即人对于美的感受。美感是人感知到美的事物所引起的一种愉悦感受，是人对美的认识、评价。愉快是一种持续时间较长的对生活的满足和感到生活有巨大乐趣并自然而然地希望持续久远的心情。不过美的感受不同于一般的愉快感受。哲学家康德认为，"美（感）是对象所引起的愉快"；但非所有愉悦感受都是美感。满足物质享受和肉体的享受不属于审美感受。画不能当饭吃，音乐不能当衣穿，去可以令人乐此不疲，其中就是超功利的享受。视觉与听觉感受中也包含物质层面的愉悦。例如，当一个人肚子饿的时候，看到美味的食品，因其可以满足其食欲，可以产生愉悦。因为愉悦可以分成两个层次，而且这两个层次有明显的界线，如果将满足物质或肉体需要所产生的愉悦也当成满足精神需要所产生的愉悦，就会混淆或曲解美感的真正含义。因为前一种愉悦达不到悦神悦志、忘记自我的超脱境界。虽然有时美感需要以物质满足为基础，但它仅仅是一种相关因素，满足物质需要而引起的愉悦同时也可能包含精神层面的真正的美感和物质层面的所谓的美感，而其中包含的真正的美感应当是超功利的，是高层次的精神享受，可以让人的情操得到陶冶和升华，功利和超功利便是两种愉悦划分的界线所在，这样去理解美的超功利性就比较明确了。比如，绚烂的晚霞，明媚的春光，绚丽的花朵，累累的硕果，麦浪翻滚的丰收景象，这些都令人感到愉快，陶醉其中。这些事物中，有些与功利性无关，有些与功利性有关。也就意味着，美感与功利性既可以相关也可以不相关，相关，则是真、善、美相统一，但是，美也可以不依赖真和善而独立存在，这也是穷山恶水也具有观赏价值的原因。

2. 美感的特性

美感是一种特殊的感受，它突出的特性是具有直觉性、体验性、超功利性。

1）直觉性

审美感觉是直觉的，美与不美，不经过复杂的判断过程就能做出反应，或者判断的过程极为迅速，表现为快速性。直觉真正意思是没有经过分析推理的直观感觉，是意识的本能反应，不是思考的结果。但是，事实上直觉也是有意识的，是主体对客体整体性认知时做出的迅速而直接的综合判断。审美直觉它不止于对事物的感性认识，而是通过当下的感知来把握事物。审美直觉可以从两方面来理解：一是直觉没有经过分析推理的直观感觉，直觉是意识的本能反应，未经分析、综合、缜密逻辑推理，不是思考的结果；二是快速地对事物的整体性做出初步把握。美感的直觉性并非意味着美感中没有丝毫理性的东西，实际上，美感是以感性形式表现出来的感性认识与理性认识的统一。

2）愉悦性

美感的重要表现为精神上的愉悦，是一种心灵上的满足，它会使人变得开心，快乐、满足、兴奋。快乐我们触摸不到，但它却能够表现在人的脸上，那就是人的表情，有悦心悦意，有悦神悦志。追求快乐是人类自古就有的本能需要，是精神享受的需要。

3）超功利性

仅仅有精神愉悦，还不能体现美感的根本特征。布洛认为，美感是超功利的，功利性即事物对人有益、有利用价值。凡是各种欲望得到满足时，都能使人获得愉快的感受，但是并非所有愉快的心理体验都是美感的体验。只有超功利的愉快，才是美感的体验。审美感受具有可不受功利性影响的特点，可以忘却利害关系。即便是穷山恶水，依然具有审美价值。"穷山"为荒山，沙漠、戈壁虽然寸草不生，却具有雄浑、壮观之美；"恶水"为湍急的河流，除了湍急的河流以外，汹涌的潮水、势不可挡的瀑布，也算是恶水，并未因此而失去观赏价值，反而具有壮观之美。自然条件非常恶劣只是从功利角度去看的，而审美是超功利的行为，显然可以不考虑是否符合功利需要。

3. 美的事物具有的共性

美的事物具有共性特性，美的事物符合人的生命精神。任何事物、凡是呈现生命的形式，能体现生命的精神，能显示生命的价值，那就是美的。生命的本质在于运动、运动的明显特点是具有节奏性。人的心脏跳动有节奏、人的行走有节奏、人的生活起居有节奏。其实，本质上看，形式美、神采美规律本身就是生命精神具有的状态。历代美学家做了大量的研究，证明了这种特性的存在，这些理论对景观设计和欣赏都有指导意义。形式、神采、内涵上都具有一些美的规律，按照美的规律设计的景观才会具有较高的审美价值。

1）符合形式美的规律

人们在探索美的规律的过程中，发现了美的对象在形式要素上有一些共性，即形式美的规律，它是从美的对象中抽象出来的，客观世界普遍存在美的形式，与人的生理、心理结构相对应。若能深刻领悟并运用好形式美的规律，对景观的美化设计具有十分重要意义。形式美以多样统一为总原则，或者说是一般原则。也就意味着，要构成事物的视听要素既多样又统一，就是理想的美。多样、统一和多样统一是审美对象具有的三种不同的构成性质，属于三种不同的审美风格类型。多样指的是构成审美对象的形式要素差异很大，统一指的是构成审美对象的形式要素相同或相近。审美对象在形式上多样能给人以丰富的美感，统一也能给人以壮观的美感。例如，自然界的植物、岩石、山体、景物色彩等呈现出多样性，某些人工建筑形态等呈现出统一性，它们各自显示出不同风格的美。但是，如果只有多样而无统一，就会使人感到支离破碎、杂乱无章、缺乏整体感，不够完美；相反，如果只有统一，而无多样又可能导致呆板、单调，不耐看。多样统一即寓变化于统一，它是各种形式美法则的集中概括和总体把握，如同万物统一于阴阳。现实中，多样与统一两种因素未必都是均衡的，有时会以多样为主，有时会以统一为主。多样统一主要表现在以下方面。

（1）对比与协调之美。对比即变化，协调即统一，对比与协调是从多样统一规律中派生出来的。对比与协调是一对矛盾，能否处理好这对矛盾直接影响景观的美观。对比产生生动美，如果缺少协调因素又会失去和谐感，显得生硬；反之，如果过分协调，又会过于平淡。既要对比又要协调，才是理想的状态。对比属于变化范畴，视觉对象有多种对比要素，包括形态与色彩的对比。

（2）对称与均衡之美。对称和均衡是体现事物各部分之间组合关系的一种最普遍的形式美规律。在对称构成中，统一多于差异，稳、静的特点突出，故它给人以平衡、安稳、沉静、庄重的感觉(图3.2)。而均衡的构图差异多于统一，统一隐含于变化之中，因此给人一种动中有静、统一而活泼的感受，是一种含蓄的平衡，其内涵更丰富。

图 3.2　对称结构建筑的庄重之美

（3）比例与尺度之美。客观事物各部分形式要素之间，部分与整体的比例关系应当符合一定的关系，才具有美感(图3.3)，比例不恰当就会影响其美感。"黄金比"(1∶1.618)应用很广泛，被认为是一种最美比例。但是不能绝对地说只有黄金比才美，其他比例就不美。与其说它是最美的比例，倒不如说它是最适中的比例关系更为贴切。

图 3.3　比例、节奏与韵律之美

相对尺度是局部与整体的比例关系。绝对尺度是以人体生理尺度或心理(感觉)尺度作为度量标准，对物体进行衡量，表示物体的形体大小与人的使用要求之间相适应的关系，即物体与人之间的协调关系。因为审美主体是人，所以观察对象的尺度往往是以人为标准，把对象与人的某些尺度对比。比如，对于人来说，蚂蚁尺度小，大象尺度大。宜人的尺度有亲和感，易产生优美感；而非宜人的尺度，大得使人感到自己的渺小，以致产生恐惧，则易产生壮美感。尺度还与视距有关，同样大的物体，距离远会显得小。这些规律对景观设计来说，很重要。

（4）整齐与错落之美。整齐指的是构成感知对象的各部分形式要素基本上是单纯一致的，这是一种最常见最简单的形式美。整齐是单一、一致，能给人一种秩序、庄重感。感知对象的色彩或形体或声音的一致和重复，会形成整齐一律的美。以整齐为主，具有严肃、庄重之美，但会显得单调、呆板、造作之感，看多了会乏味。而集体舞蹈兼顾整齐和错落，以减少单调感，错落给人带来的是自然的气息。理想的形式是寓变化于统一之中，即有整齐又有错落。"夫物之不齐，物之情也"。正如黄宾虹所说："绘画要不齐之齐，齐而不齐，才是美"(图3.4)。

(a) 参差错落具有的丰富感   (b) 整齐具有的整洁感

图 3.4　错落与整齐之美

（5）节奏与韵律之美。节奏是一种连续的符合规律的周期性变化的运动形式。如建筑物的起伏，日夜交替等空间和时间上的节奏变化。节奏对于审美对象构成来说十分重要。韵律变化过程与节奏的变化过程有所不同，显得柔和。它们体现了不同的审美风格，节奏多刚性，韵律多柔性，节奏是刚中寓柔，韵律则是柔中寓刚。从本质上看，节奏和韵律都是审美对象统一因素的两种表现形式，它们把客观对象的杂乱的形式统一到一定规律上来，让多样中有统一。

（6）重点与层次之美。重点是指作品在形式上有要有明确的中心，要有主次对比，层次分明，不是无所侧重。如果主辅不分，就会杂乱无章。重点是构成中的统一因素，如同军队的首领，有了重点就意味着对象有了统一的基石，其他要素则是以它为中心，便形成环环相扣、相互联系、相互衬托、众星拱月式的有序体系。层次体现了有序性、统一性。对于景观来说，有主景和配景，重点与层次的形式表达是依靠景观元素的体量、高度、色彩来体现的，使景观成为主从相依、重点突出、层次分明的协调统一的整体。

2）符合神采美的规律

神采美也是景观物象意象呈现出来的美，也是艺术品追求的至高境界，因为它所传达的信息能够给人带来悦神悦志的高妙的审美享受。神采美是一个笼统的概念，具体描述有气韵生动、神采飞扬、神采奕奕、仙风道骨、格调高雅、气势恢宏等。前文已作论述，此处不再赘述。注重格调、品位的体现是最高目标。其实神比形更为重要，以形写神，形神兼备，或重意轻形，都是艺术追求的崇高目标。"妙在似与不似之间，太似则媚俗，不似则欺世"（齐白石论画）。

3）符合内涵美的规律

美是一种可以独立于真和善而存在的属性，是超功利的，它可以脱离功利而存在。形式的美可以脱离真和善而存在，不过内容的美与真和善存在一定联系。内容的美指的是通过形式表达出来的内容，通常是指艺术作品的内容。内容艺术品表达的内容指的是社会内容，有利于人类发展、社会发展，助长阳气，弘扬正气，宣传正义，宣扬自由的内容是美的。描写人的优良品德、高贵品质、英雄事迹等内容，就能令人产出美感。

4. 审美形态

审美形态是人对审美对象的表现形式与存在状态的特征及其分异规律的认识。美的形态可以根据不同依据来划分。从审美特征看，西方美学中将美的形态分为崇高、优美、悲剧、喜剧。按照中国文化可以将审美形态划分为阳刚、阴柔、中和这三种。有的学者按照存在方式将美的形态划分为艺术美和现实美，其中现实美又分为自然美、社会美。从审美对象成因及存在状态看，美的形态可分为自然美和人文美。客观事物审美形态的差异实际上是审美风格的差异。

1）基于审美特征的审美形态分类

从审美特征看，西方美学中将美的形态分为崇高、优美、悲剧、喜剧。优美与崇高是西方美学史上出现最早的两种审美形态，也是我们接触最多的两种审美形态。其中悲剧也可以归属于崇高，喜剧是风趣的一种情形。

（1）优美。优美即通常人们所说的狭义的美，是真正意义上的美。它是主客体相统一、内容和形式相协调所表现出的一种宁静和谐的美。平时我们说的美，多指优美。优美的事物主要特征：在形式上具有小巧、和谐、精致、轻盈、绚丽、清新、秀丽、柔性、优雅、安定、快乐、宁静等特征。优美的事物多表现为真、善、美相统一。

（2）崇高。崇高是指欣赏对象的物质形式或精神品质具有的伟大、出众的特征，类似于中国美学中的"壮美"。具有崇高感的对象粗犷、高大、壮阔、博大、强大、有力、雄伟，给人以心灵的震撼，使人感到惊心动魄、心潮澎湃，进而产生敬仰、赞叹、愉悦，从而提升人的精神境界。社会生活中的崇高更多地带有伦理内涵，给人以更大的伦理上的审美愉悦，显示出真与假、善与恶、美与丑、人与天英勇斗争的过程所表现出来的精神。崇高对象的审美过程表现为敬畏和愉悦两个阶段：先产生敬畏，深感自身的微弱渺小与无能为力，人的理想和追求经受着巨大的失败。此后，即刻转化成对心灵的莫大震动，内心奔腾着战胜一切的激情、信心和勇气，产生一种去战胜强大、征服邪恶、力争胜利与成功的心理上的优越感和精神上的自豪感。这样恐惧变成了愉悦，惊叹化为了振奋，自卑转为了超越，痛感转化成快感，使主体在争取真、善统一的严峻冲突过程中，获得一种向上、激动不已、矛盾的愉悦。悲剧审美形象能显示出人格的伟大和高尚，给人以美感，也有人将其归属于崇高。

（3）风趣。在审美形态分类中有喜剧这一类型，即表达的内容可笑或滑稽，它与悲剧是相对的一种审美形态，它所表现的是生活中荒谬、滑稽可笑的事物，用以表达某种哲理与思想。景观虽然没有那么多戏剧审美形态，但是现实中也有很多有趣事物，它们会触动人的审美情感，让人乐于观赏，如奇妙、有味、幽默、诙谐、可爱等，这些事物能使人们观赏后产生超功利的愉悦。比如，大熊猫笨拙憨厚、可爱等风趣的行为能使人心情愉悦。

2）基于成因及存在状态的审美形态分类

按照成因及感受效果的审美形态分为自然美和人文美。

（1）自然美。自然美是自然事物的美，是自然事物所具有的审美属性。自然事物的审美特征表现在三方面：一是自然性。自然事物的美主要表现在自然性，自然美，贵在自然。自然景观给人以心情舒畅、超然物外、超凡脱俗的感受。二是重形式。纯自然事物的美主要在于形式，缺少人文内涵，如果有的话，也都是人类强加的，并非原生。

（2）人文美。人文美这一名词虽然被很多人使用，但是目前在理论上并没有明确的定义。它是相对于自然美而言的一种审美形态，是人类活动及其所创造的一切事物所具有的美感，不仅有物质形式的美，还包括物质产品中内容的美，它融入了创造者自身的人品、人格、人伦、人性和人生观，而且还蕴涵着丰富的文化。人文美的核心是浓郁的人文气息，是人类思想、行为文化的产物，体现着人的伟大创造力，会使人产生亲切感、归属感、自豪感、文化感、温馨感、华丽感。人文美包括社会美、艺术美、科学美、技术美、功能美等形态。人文景观作为人类活动的产物，是精神文化物化的结果。人文景观之美不仅体现在形式上，而且体现在内容上。人为景观的一个重要特点是，处处印证着人类活动的过程和特征。

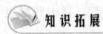 **知识拓展**

如何理解"江山如画"

画是按照人的构思来绘制的，是理想观赏对象，是以最美的构图和素材来构成的，审美元素高度集中，它来自现实，又高于现实，因此，通常比江山更美。但是也不能否认，现实中也有比画作还美的景观，或者与画作一样美的江山。说"江山如画"，完全合乎情理，只不过江山并非处处都那么美，有的地方很美，有的地方不是特别美。

5. 审美价值

客观事物的价值是相对于人类活动目的而言的，只要对人有用就有价值。客观事物的价值取决于它对人是否有利用价值和作用大小，取决于主客两方面因素。事物对人能产生的作用越大，其价值越高。同样，审美价值高低是审美对象符合人的审美需要的程度的体现。客观事物审美价值高低主要取决于人的审美心理结构，客观事物的特性固然重要，但是并不是主要的，假如人没有审美需要，客观事物也就无所谓审美价值。另外，客观事物审美价值是有高低之别的，越是符合人的审美需要，审美价值也就越高，也就是说，美感度越高。比如，一块普通石头显然没有一尊石质雕塑审美价值高，一块形态单调的石头又没有一块形态奇妙的石头审美价值高。

6. 审美心理

人类审美心理既有共性，也有差异性。

1）人类审美心理的共性

总体上，只要是人类，都具有相同的审美心理结构。比如，"爱美之心，人皆有之"就属于审美心理共性。

（1）审美需要的共性。按照马斯洛的观点，审美是人的基本需要之一，属于高层次的需要。马斯洛把审美需要看作潜在的审美欲望，它表现为对形式、结构、秩序、规律的一种把握与感受的欲望。人人都乐于欣赏美的事物，只是需要物质条件的满足为基础。

（2）审美态度的共性。人希望一切事物都具有欣赏价值。按照功能特性，艺术品可以分为两类：一类是欣赏艺术品，它只有欣赏功能，比如音乐、绘画、雕塑。另一类是实用艺术品，它兼具实用与欣赏双重功能，比如建筑、书法、陶瓷、服饰、地图等。就实用艺术品而言，即使同属一类，也会有审美功能与实用功能所占比例的不同。通常情况下，两种功能几乎是同等比例，不过，有时审美功能也会超过实用功能，比如时装，其审美功能一般会高于实用功能，有时甚至会完全脱离实用功能，成为单纯审美功能的艺术品，例如纪念性建筑、书法作品、古瓷器完全可能发生功能转化。

（3）审美观念的共性。据研究，人并非天生就是审美的主体，而是在长期的社会实践中积累了审美的经验，从审美意义上去感知、改造客体，然后主体才具备审美的能力，客体才能成为人的审美对象，主客体才能构成了审美的关系。也就是说，审美心理结构是在后天的实践中形成和完善的，是审美主体审美实践系统结构和客体审美结构系统内化的产物。由此可见，一个人对什么对象产生美感，不是人类天生具有的素质，而是与人类成长的自然环境和人文环境有着密切的关系。环境差异有大有小，人们的审美观念差异也有大有小。相似的大环境（地球环境和社会环境）造成了人类的共性。凡是地球上的人大多能观赏到平原、山岳、河流、植物、动物、阳光、蓝天、白云、日月、雨雪等，同时，社会基本要素相近，人们在审美实践中积淀和建构了相同的审美心理结构。审美观念的共性可以从以下两方面来看：凡是符合具有普遍性的形式美、神采美、内涵美规律的事物，人们会认为它具有美感，这种审美观念是人类最大的共性；审美观念还存在时代共同性，随着时代的发展，社会环境不断变迁，人们的审美心理结构随之变化，必定会打上时代的烙印。人类不仅喜欢自然环境，也喜欢人文环境，但对自然环境的青睐胜过人文环境。自然景观令人看不厌，而人文景观容易厌烦，城市生活会令人厌烦，原因就在这里。

2）审美心理差异

审美心理学研究证明：审美心理结构是一个复杂的多因素、多维度、多层次的动力结构系统；在个性审美心理结构的形成与发展中，虽然先天遗传具有一定的作用，但是起决定性作用的是个人所处的社会关系、学习经历、生活境遇，长期的审美实践、审美教育、艺术熏陶、技能训练，以及所继承的人类文化历史积淀和在审美创造美中对自己个性审美心理结构的自我调节、自觉重构。这就说明，人们的成长环境、人生阅历、职业背景、学历层次、知识结构、年龄、个性心理等因素不同，是导致人与人之间审美心理结构复杂多样以及审美趣味、审美经验、审美能力、审美理想等方面差异的主要原因。按照年龄、个性心理、文化背景、学历、知识结构等因素将审美主体进行分类。

3）审美心理过程

审美心理过程包括认识过程、情感过程和意志过程。审美认识是这个过程的开端，它包括美的欣赏中所产生的感觉、知觉、表象、联想、想象、理解等心理活动。这种心理活动最突出的特点是令人产生愉悦之情。审美主体以反映视觉感知为起点，视觉是审美感受的唯一通道。审美联想是人在审美中感知或回忆特定事物时连带想起其他相关事物的心理过程，是审美中和一般认识中的积极能动的具有关联性、拓延性、创造性的心理活动方式和状态。审美想象是在特定对象刺激和诱导下，审美主体将记忆的信息、表象加工并进行发散思维，从而创造新审美形象的心理过程。情感在审美心理活动中不仅处于核心地位，而且发挥着定向与动力作用。

3.2.2 艺术学理论依据

艺术学是研究艺术创造和欣赏现象的科学。旅游景观设计和建设是一种艺术创造活动，它与绘画有异曲同工之妙，只是创造方法、材料、成果形式不同。因此，旅游景观设计应当以艺术学理论为依据，才能提高景观的艺术性。旅游景观设计与多种艺术门类都有关系，是具有综合性的艺术。艺术创造中有许多规律性的东西，艺术理论就是从大量的艺术创作实践经验中总结出来的艺术规律，以符合人的需要为核心，可用于指导艺术创造者的创作实践。景观设计者如果能根据这些理论来认识景观作品，将有助于抓住景观作品的本质特性，因为景观艺术性越强，其观赏价值越高。艺术学中有很多理论，对景观设计都有指导或参考价值。为了便于抓住景观设计中的艺术本质问题，下面简要介绍艺术学的主要思想与理论。

1. 艺术学基本理论

1）艺术的本质与概念

关于艺术的本质，历史上曾经有多种观点，有模仿说、再现说、表现说、形式说、劳动说、技艺说、游戏说等。尽管至今没有形成统一的观点，但是这些观点或多或少地把握了艺术的本质。总体上看，不少观点都显示，艺术是人类所精心创造的，能印证人的生命精神的、具有美感的制品。从艺术创作本质看，它是人类借助特殊的形式，运用特殊的技巧，表达自己的思想情感，创造有欣赏价值的产品的创造行为。它是一种特殊文化创造行为，是人的意识形态和生产形态的有机结合体。这种行为所创造的产品中，表现出了生命力量和美的形式。从艺术产品本质看，艺术品体现着生命的力量，它能振奋人的生命精神，能满足人的增强生命活力的高级需要。因此，艺术都是紧密围绕人的需要来做文章，艺术品之所以能称之为艺术品，必定能满足人的审美、情感、娱乐等高级需要。艺术品主要是以能满足人的高级需要为主，以满足实用需要为辅，在不同的层面全面体现着人性化特点。由于艺术品蕴含了作者的思想情感，并具有审美性、趣味性、意蕴的丰富性，让人喜闻乐见。

从艺术学角度看，艺术是一种特殊的人类创造行为，一种精神产品的创造行为，艺术创造了精神财富，因此不可以金钱来衡量其价值，是无价之宝。精神产品具有娱乐人、教育人、鼓舞人、塑造人的功能。因此本书认为，艺术是人类借助一定的语言，运用一定的技巧，创造美的和有意味的形象，表达思想情感的创造行为。

2）艺术创造理论

艺术学家们从各种艺术中总结了艺术创造的基本原理与方法，可用于指导艺术实践。比如，艺术创造者应具备的素质、艺术创作过程、艺术创作心理、艺术创造方法、艺术美的规律等都是艺术理论中的基本内容，如果景观设计者能够全面系统地学习这些理论，可以提高艺术创造和鉴赏能力。

3）艺术品的特性

什么样的产品才算是艺术品，其界限在何处，其特性如何？艺术创造者认识这些问题，有助于创造出有较高艺术价值的作品。作为艺术品应具备以下特性。

（1）审美性。审美性是艺术品的共性，也是艺术品的最主要特性，缺失审美性的艺术就不是艺术，因此审美化在景观语言艺术化中具有举足轻重的地位。美的对象人人都喜欢，传媒工作需要懂艺术的人来做，正说明了艺术在传播信息方面更具有优势。

（2）形象性。形象性是指艺术语言在形式上直观而生动，能唤起人们感性经验和思想感情的属性。形象化是指语言形式与描述对象有相像之处。非物质文化是抽象的、无形的，设计者要力求将它们可视化或形象化，增强其直观性、生动性、易懂性，供公众欣赏。由于具有形象的表达方式，使人很易理解作者传达的思想、情感及其他信息。比如，音乐人人都爱听，小说书和哲学书同样都能表达某些哲理，但是小说更容易理解，也更让人乐于阅读。

（3）情感性。人是情感丰富的动物，需要通过各种方式来交流情感，艺术是人类交流情感的重要工具和方式。艺术是娱乐游戏的一种特殊方式，是人们进行情感交流的一种重要方式。历史上就有一种观点认为艺术产生于游戏。艺术之所以能够打动公众的情感，是由于作者将自己的情感融入艺术语言之中或者形式上符合人的情感心理。也正是因为这样，艺术的情感化问题成为学者们目前研究的热点，强化情感性可以提高景观的欣赏价值。

（4）技巧性。艺术创造离不开特殊的技术和技巧。如文学、绘画、雕塑、音乐、舞蹈、戏剧、电影、曲艺、建筑等每一种艺术都具有自己的表现技巧。只有巧妙运用艺术语言、各种技术条件及作者的知识和智慧，才能更好地传达思想情感，并使公众乐于接受又易于接受。以绘画作品为例，它是以现实为素材，采取浓缩、夸张、变形、抽象、打散构成、虚构等手法将最典型最美的多个形象集中在一张画中，而不是完全模仿现实形象，其中蕴含大量创作技巧。

（5）主体性。艺术品是人的一定思想观念、审美趣味、思想情感、创作技巧的物化。主体性就在于艺术创造者是创作艺术作品的主体，在创作的艺术作品之中必然会融入作者自己的思想情感、特殊的技巧等主观因素。主体因素对作品风格的形成起着决定性作用。

4）艺术分类理论

分类的意义在于便于了解各种艺术的异同点。按照艺术与主体感受方式的对应关系，艺术分为视觉艺术、听觉艺术、视听艺术、视听—想象艺术；按照自身的存在方式，艺术分为空间艺术、时间艺术、时空综合艺术；按照内容和存在形式，艺术分为实用艺术、造型艺术、表演艺术、综合艺术、语言艺术。了解艺术首先要了解艺术的分类知识，以便于把握各种艺术及其产品特性。有了这些系统的知识，就能更好地认识景观设计艺术及其产品的定位与特性。

2. 艺术的类型及其特性

艺术的类型较多，分类方法也有多种。下面按照感受方式的分类简要说明这些艺术的特性。

1）视觉艺术

视觉艺术是以视觉语言为载体，创造审美形象，表达思想情感的艺术。视觉艺术是运用一定的工具、材料，运用视觉语言创造形象，使作者心中的意象得以视觉形象化的一种艺术。这种物态化的形象是诉诸视觉感官，表现为一种空间的形式。视觉艺术常见的主要有工艺、建筑、雕塑、绘画、摄影等，景观设计也属于视觉艺术。

2）听觉艺术

听觉艺术是指运用声音手段来创造审美形象，表达思想情感的艺术。由于它诉诸听觉，所以称之为听觉艺术。欣赏者凭借听觉感官去接受音响，体验情感和意境。

音乐作为听觉艺术的主要形式，音乐艺术是通过声音的模仿、象征和暗示手法来表达情感，创造审美形象。音乐是声音变化过程的时间艺术，诉诸人的听觉，并通过联想和想象来建立形象。音乐表现的情感是抽象的、宽泛的，也是朦胧的、含蓄的。尽管如此，却最能拨动人的心弦，它能表现欢愉、抑郁、痛苦、惊怖、快乐、高兴、心神宁静等多种情感。抽象、朦胧的特性给表演者和欣赏者留下再创造的广阔空间，也可能引起人们的不同理解。用声音也可以表现色彩和图像，实际上指的是通过听者的联觉和想象来实现的，是基于知觉经验的感知。音乐具有表达思想、抒发情感、激发情绪、净化心灵、愉悦心情的作用，以声表情是音乐的本质属性。

3）视听艺术

视听艺术是利用人或拟人的事物及其行为以及相关景物为语言来创造审美形象，表达思想情感的艺术。视听艺术形象是同时作用于欣赏者的视觉和听觉的，因而又被称之为综合艺术。视听艺术的主要种类有舞蹈艺术、戏剧艺术、影视艺术。

4）视听-想象艺术

视听-想象艺术是利用语言文字来创造审美形象，表达思想情感的艺术。由于它的唯一工具是语言，故又被称之为语言艺术。在这类艺术中，语言只是一种媒介手段，必须通过感知、理解和想象才能形成形象，故被称之为想象艺术。视听—想象艺术的主要种类是文学、播音、说书等。

 知识拓展

美学与艺术学的联系与区别

美学与艺术学是两个不同的学科概念，它们研究的领域与内容不同。美学是研究所有有关美和审美问题的，其研究对象包括艺术品，也包括自然事物和非艺术创造的人文事物的审美问题。艺术学是专门研究艺术品创造与欣赏问题的，艺术品是人工制品，不包括自然事物和非艺术创造的人文事物的欣赏问题。艺术品比其他事物的审美含量充盈而集中，因此艺术是美学的主要研究领域。艺术学研究的主要问题是艺术创作和欣赏问题，很多美学理论都存在于文学、书法、绘画、音乐等各种艺术理论之中。其实美学与艺术学之间有很多交叉，只不过美学只研究艺术中有关美的创造与欣赏问题。很多具体美学理论往往都存在于各种艺术理论之中，因为每一种艺术还有自己的一些美的规律和创作方法。因此，美学家都研究艺术，艺术学家也研究美学。

➡ **知识要点提醒**

美学与艺术学知识对于景观的设计有着特别重要的理论指导意义，它可以指导设计者准确把握新设计的景观的观赏特性和品位，这是设计者必须具备的知识。

3.2.3　符号学理论依据

符号学是研究表征和意指方式的科学。德国当代哲学家恩斯特·卡西尔说，人是符号的动物。人类生活在自己创造的符号世界之中，把符号看成生存和发展的有力工具和武器，人类在创造符号的同时又在有选择地使用符号。景观设计者也在运用一些符号来传达信息，这些符号可称其为景观设计语言，也是景观欣赏者获取信息的媒体。景观设计者只有把握每一种事物的符号意义，才能更好地利用它来传达所要传达的信息。掌握符号学理论，对理解景观设计语言的本质，科学运用景观设计语言都具有指导意义。同时，对于欣赏者说，掌握符号学知识对理解景观的观赏特性，提高欣赏效果具有重要意义。

1. 符号的概念

人类无时无刻不在用符号来传递信息或接受信息，因此"符号"一词应用历史已久。但是在很长的历史时期一直没有人对它做出明确的解释，即概念不明确。直到20世纪初，符号才有了成熟的解释。被称为"现代语言学之父"的瑞士语言学家费尔迪南·德·索绪尔把语言符号解释为"能指"和"所指"的结合体，自此"符号"一词才有了比较确定的含义，人们对于"符号"的理解逐渐趋于一致。索绪尔认为，符号是"能指"和"所指"的二元关系。"能指"指的是语言符号的"音响形象"，"所指"是它所表达的概念。索绪尔把语言的"能指"和"所指"比做一张纸的两面，思想（概念）是纸的正面，声音是纸的反面，它们永远处在不可分离的统一体中（图3.5）。索绪尔关于符号的二元关系理论，使人们对"符号"概念有了清晰的理解。索绪尔所说的"能指"就是符号形式，亦即符号的形体；"所指"即是符号内容，也就是符号"能指"所表征的"事物"或"意义"。符号就是形式和内容所构成的二元关系。

图3.5　索绪尔对符号概念的解释

运用索绪尔二元关系的符号理论，可以很明确分清什么是符号，什么不是符号。例如，天安门是北京的象征，"天安门"是"能指"，"北京"是"所指"。交通路口的信号灯，汽车喇叭声，每个人的名字，自然语言，色彩等都是符号。由此可见，我们无时无刻不在制作和使用符号。

在索绪尔提出符号二元关系理论的同时，被称为符号学创始人的美国哲学家、逻辑学家、自然科学家查尔士·皮尔斯提出了符号的三元关系理论。皮尔斯把符号解释为符号形体、符号对象和符号解释的三元关系。符号形体是"某种对某人来说在某一方面或以某种能力代表某一事物的东西"，符号对象就是符号形体所代表的"某一事物"。符号解释也称为解释项，即符号使用者利用符号形体所传达的关于符号所指示的信息，即意义。皮尔斯认为，正是这种三元关系决定了符号过程的本质。索绪尔的"所指"和皮尔斯的"解释项"的区别在于，后者的含义比前者更为宽泛一些（图3.6）。池上嘉彦认为，"当某一事物作为另一事物的替代而代表另一事物时，它的功能被称为符号功能，承担这种功能的事物被称为符号"。

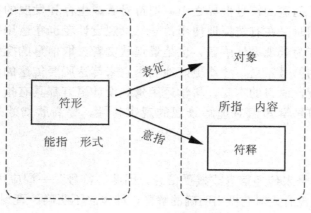

图 3.6　符号概念示意
（二元论关系论与三元关系论的关系）

2. 符号的功能

1) 承载信息的功能

符号现象自从人类诞生就已经开始，其承载和传播信息的功能也伴随着人类的发展而发展。最初人类是通过身姿、手势、表情和呼叫声符号来交流信息，这是人类最早使用符号的表现，后来逐步创造了人类所特有的语言符号。人类以符号为载体，揭开大自然奥秘，与自然交流，探索生命之谜，编制计算机程序，人机对话等等。信息不是物质，而是看不见、摸不着的思想或意义，它必须有自己的载体才能被认知。人们可通过符号形体来获取符号对象的有关信息，这个过程便是认知。

2) 传播信息的功能

交际就是人与人之间的信息交流。人际间的信息交流是通过发讯人的编码和收讯人的解码共同实现的。发讯人通过编码传达信息，收讯人则通过解码来理解对方所传达的信息，实现信息交流，从编码到解码，是信息传播的完整过程。艺术以它特殊的符号体系传递思想情感以及其他信息。自然事物也能"传播"信息给人类，比如，自然景观也能够使人们身心愉快，作为自然符号，诸如"梦笔生花""平潮秋月""象鼻山"等风景，能引发人的想象。

3. 人际信息交流过程中的符号行为

人类传达信息的过程就是从表达到理解的过程，即从编码到解码的过程。从符号学意义上看，景观设计与欣赏就是编码与解码的两个过程。景观设计有自己的符号体系，景观欣赏也有自己的认知规律。

1) 信息符号化——编码

表达者把信息符号化，以符号的形式呈现给接受者，这个过程就是编码。具体地说，编码包括制码和发码两个阶段，制码是使信息符号化。语言符号是人类最重要的交际工具，人类运用语言符号传达思想、交流情感离不开语言。语言符号的编码有自己一套约定的句法、语义、语用规则。人类的交际，除了用语言外，还用其他语言来传递信息，比如含情脉脉、眉来眼去也在传达信息。事实上，语言符号多半是与众多的非语言符号交织在一起共同完成交际任务的。国外一位研究非语言符号交际的学者认为，两个人在交际时，有65%的社会含义是通过非语言符号传达出来的，因此，编码的形式除了语言符号的编码外还有非语言符号的编码。

2）符号的解读——解码

理解符号的意义是把符号形式还原为信息的过程，这个过程也就是解码的过程。简言之，理解就是关于符号信息化的解码行为。在人类的交际过程中，解码者必须根据符号能指形式进行一定的联想和推理来获得所指信息。由于能指形式与所指信息之间的意指关系融入理解者的想象与推理，因而必然包含再创造的过程。编码者欲传达的信息和解码者所获得的信息之间未必相同。解码包括联想解码和推理解码，因而信息符号化与符号化中的信息有时并非完全相同。由于符号的多义性及解码者识别能力的不同，会导致编码者所传递的信息未必能完全被解码者获取，会出现全解、不解、别解、误解、多解、缺解等情形。

4. 符号的分类

符号是个大家族，为了科学使用和认识它们的特性，必须对符号系统进行分类。

1）基于综合性特征的符号分类

符号系统分类所根据的本质属性就是不同符号系统不同的能指和所指，以及它们的表征和意指方式。表3-1是按照综合特征划分的符号系统。

表3-1　按照综合特征划分的符号系统

符号	动物符号	同类动物符号	同类动物之间交流信息的符号		
		非同类动物符号	动物从客观世界获取信息		
	人类符号	自然符号	动物符号	动物及其行为等	
			植物符号	植物及其生理等	
			非生物符号	非生物自然事物	
		人工符号	语言符号	自然语言	各种语种
			非语言符号	语言替代符号	文字、盲文、手语、旗语、电码、其他
				形式语言符号	数理符号
				其他语言符号	图形、体态、艺术、其他

（1）动物符号。即动物使用的符号。例如蜜蜂发现蜜源时的"舞蹈"，鸟儿吸引异性时的"情歌"，都属于动物符号系统，这些动物符号也是某种意义上的"交际"工具。虽然动物符号不能跟人类符号同日而语，但在符号系统分类上应当有它的地位。

（2）人类符号。即人类使用的符号，分为自然符号和人工符号。

自然符号是相对于人工符号而言，它是利用天然事物作为能指，根据认知或交际的需要赋予特定意义之后而成为符号的。例如，"朝霞不出门，晚霞行千里"，是利用自然现象，获得天气信息，于是这些自然现象就成了符号。

人工符号种类很多，包括语言符号、非语言符号。

语言符号，苏珊·朗格说："迄今为止，人类创造出的一种最为先进和最令人震惊的符号设计便是语言。"语言符号最重要的特点是"透义性"，因为可以直接地理解它所传达的意义，而其他符号则必须翻译为语言符号才能被理解。语言符号系统在众多符号类别中占有特殊地位，因为它是人类最常用的符号系统。

非语言符号，非语言符号类型十分庞杂，有着众多的子系统，这些符号所指内容通常都必须转化为语言符号才易于被理解。文字是具有替代听觉语言功能的视觉符号，是语言替代符号中最为重要的符号系统。索绪尔说："语言和文字是两种不同的符号系统，后者唯一的存在理由是在于表现前者。"除文字符号以外，语言替代符号还有盲文、手语、旗语、电码、密码等符号。形式语言符号是具有精确规则的符号系统，例如数理逻辑所使用的形式语言。体态符号是用人体姿态传达信息的一种符号，包括面部表情、身姿、体动、体距符号等子系统。语言、文字、体态是人类最常用的三大交际工具。艺术符号的能指是艺术形象，例如文学、音乐、舞蹈、绘画、雕塑、摄影等艺术形象。它们的所指即是艺术形象所表达的人类感情或意蕴。文学被称为语言艺术，实际上语言是它的表达工具，塑造形象才是实质，所以归入艺术符号系统。人工符号还有其他一些类型，如：信号、标志、礼仪、占卜等符号系统。

2）基于表征方式的符号分类

皮尔斯依据符号符形与对象之间的关系把符号分为肖似符号、指索符号和象征符号三种类型。由于这一分类体现了符号的不同表征方式，因而最有价值、最为实用，影响也最为广泛。

3）其他符号分类方法

根据人对符号的感受方式，符号分为视觉符号、听觉符号、嗅觉符号、触觉符号、味觉符号。

不同专业都有自己本专业的符号系统，但是很难说得完整。比如语言符号、艺术符号、数学符号、化学符号、地图符号、交通符号、公共符号、动物符号。

5. 符号学学科理论构成

美国哲学家莫里斯最早把符号学的研究分为三个组成部分，即符形学、符义学和符用学，成为符号学基础理论之一。

1）符形学

符形学研究符号的形式，研究一个符号系统内部符号的形式与形式之间的关系。符号形式即是能指，符形学只研究符号能指之间的关系，而不是研究符号的整体。符形学不仅研究人工符号，还研究自然符号。

2）符义学

符义学研究符号能指和所指之间的意指关系，研究符号的意义（不依赖于符号情境的意义）。符号是传递信息的，每一个符号都是形和义的结合体，符号学中的符义学就是研究符号意义的科学。莫里斯和卡尔纳普说符义学不研究符号的"解释者"或"使用者"。更为准确的说法应当是，符义学不研究符号情境，不研究符号情境中的意义。因为符号的解释者或使用者都可以看成符号的情境因素，而符号情境除解释者或使用者之外还有其他因素。符号意义生成以后并不是静止不变，会随着时代的变化而演变：增长、延伸、变

异。符号的意义具有复杂性，诸如内涵意义与外延意义，理性意义与情感意义，真实意义
与虚拟意义，等等。

3）符用学

符用学研究符号和解释者之间的关系，即研究符号应用情境中的意义。符义学和符用
学都研究符号的意义，但是它们有区别，符义学的研究不考虑符号应用情境，而符用学必
须考虑符号应用情境。符号情境既包括符号的解释者或使用者，也包括符号的形成、应用
与效果，而且远不止这些因素。符号情境是指交际过程中符号使用者之间应用符号传达思
想感情的具体环境，意义问题是符号学的核心问题。

总而言之，研究符号学就是为了更好地让传达符号发送者准确传达信息，让符号接收
者准确理解符号的意义，获取所需信息。从这个意义上说，符号学就是意义学。意义问题
是多学科所关注的，然而语言学、逻辑学以及哲学等学科所研究的意义问题，本质上都是
符号的意义问题。

➡ 知识要点提醒

景观设计也是一种视觉传达设计，即要解决用什么符号，传达什么信息，要达到什么效果等一系列
问题，符号学知识对于景观设计语法体系的构建及具体的景观语意的表达有着重要的理论指导意义。

3.2.4　视觉心理学理论依据

旅游景观是视觉对象，必须符合视觉心理的特点和规律，才能获得理想的设计效果，
因此视觉心理学是景观设计的重要理论依据。视觉心理理论很多，也很复杂。视觉心理研
究成果，尤其是图形、色彩、质地视觉心理研究成果，对旅游景观设计有着十分重要的
作用。

1. 视线移动规律

视线移动顺序时间有先后。美籍德裔格式塔心理学派艺术心理学家鲁道夫·阿恩海姆
说："视觉是一种积极的探索，是具有高度选择性的"。视线移动的先后顺序有一定的规
律，一般的顺序是：图形→背景；大尺度对象→小尺度对象；具象对象→抽象对象；暖色
→冷色；高低纯度色→低纯度色；动态对象→静态对象。郭茂来认为，视觉先后顺序还有
以下规律：人物→动物→人为形态→植物→非生物自然形态；明确的形态→含蓄的形态；
熟悉的形态→不熟悉的形态。这些视觉心理规律，对旅游景观重点与层次设计具有重要指
导意义。

眼睛沿水平方向的运动比沿垂直方向的运动快，即眼睛在观看物象时，先看到水平方
向的物象，然后看到垂直方向的物象。视线习惯从左向右，从上向下和顺时针方向运动。
因此，眼睛在偏离视觉中心时，在偏离距离相同的情况下，眼睛对各象限的观察率从优到
劣依次为左上象限→右上象限→左下象限→右下象限。

2. 视觉平衡感心理

鲁道夫·阿恩海姆认为："维持人体平衡是人类最基本的需要，观看时会自我关照"；
"平衡的构图使人称心愉快"。平衡可以产生美是形式美的规律之一。因此，让景观构图具
有视觉平衡感是改善视觉效果的重要方面，设计中需要根据影响视觉重力的因素——尺

寸、形状、明度、方向等来处理好各要素平衡关系。

3. 视觉组织图形心理

鲁道夫·阿恩海姆认为："观看是赋予现实以形状和意义的行为"。这就意味着，人在观看图形的时候，会积极地做出反应，立即调动自己的知觉系统来判断、组织所观察的对象，如归类、组合、连接等，以赋予一定的意义，而不是机械地复制。比如，人面对所见的对象会自动处理图形与背景的关系；按熟悉的事物图形来构想图形(图3.7)；图底对比度大易识别图形。

图3.7　按照熟悉事物来组织图形

4. 视觉通觉心理

通觉指的是认知主体将不同感官的感觉沟通起来的心理现象。也就是说，人借联想和想象，以一种感觉而连带出其他感觉。人的视觉、听觉、触觉、嗅觉等各种官能会不由自主地进行沟通，是人类共有的普遍存在的一种认知心理现象。视觉通觉心理指的是人的视觉感受某种事物时会与其他感觉串通起来，得到对该事物触觉、听觉、嗅觉等感觉具有的感受效果。通觉现象的发生与效果和人的生活经验和生理特点分不开。比如，由于通觉作用，看到不同色调色彩会有温度不同的触觉感，看到不同深浅的色彩会有重量不同的质感，看到石头、铁器会产生触觉的冰冷感和沉重的质感，听到流水声会浮现流水的视觉形象。如说"光亮"，也说"响亮"，仿佛视觉和听觉相通，如"热闹"和"冷静"，视觉、触觉和听觉相通。景观欣赏中也会出现各种感觉器官间的互相沟通的现象。景观设计中可运用某种形态、色彩、肌理等外观特性，赋予对象的某种质感。不同的对象形态及表面处理可能给人以软硬、轻重、滑涩、韧脆等多种质感效果，尽管是一种虚拟的效果，但是依然可以传递这些信息。比如，方形的坚硬感，圆形的柔软感，红色的温暖感，蓝色的寒冷感。

5. 视觉整体感心理

由不同对象组成的图像，应该当成一个整体来看待。格式塔心理学认为，整体不等于部分的总和，整体大于部分之和，整体先于部分而确定部分的性质和意义。格式塔心理学认为，任何"形"都是知觉进行了积极组织或建构的结果或功能，而不是客体本身就有的。"完形"必须是一个整体，各个部分之间有一种内在的联系，形成不可分割的有机整体，没有多余的东西，没有令人不舒服的地方。

6. 视错觉心理

当人观察物体时，由于生理或心理原因，而导致对观察对象特征误解，这种现象被称为视错觉。由于知觉心理原因导致的错觉更多。视错觉现象普遍存在，主要分为形状错觉和色彩错觉两大类。景观是诉诸人的视觉的，掌握和利用好视错觉规律，对于景观设计有重要意义。掌握视错觉规律的目的是为了科学利用它或避免不利的视错觉现象。

1）图形错觉

由于视觉对象背景或附加物的干扰，会造成长短、角度、面积、远近等方面的图形错觉，了解其产生的原因，对景观设计者很有用处。

（1）线段长短错觉。由于线段的方向或附加物的干扰，便会产生使本来实际长度相等的线段而感觉长短不等的错觉（图 3.8）。

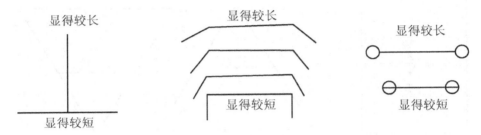

图 3.8　长度错觉举例

（2）面积大小的错觉。由于形、色（明度影响为最大）附加线形干扰、方向、位置等的影响，会使同面积的图形给人以大小不等的感觉，同时也会产生图形实际面积也影响图形大小的错觉（图 3.9）。

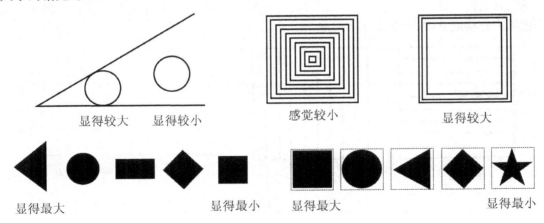

图 3.9　面积大小错觉举例

（3）远近错觉。所谓远近错觉，一般指视物远小近大以及由于空气透视有远虚近实一类的错觉（图 3.10）。

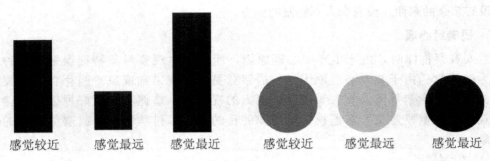

感觉较近　　　感觉最远　　　感觉最近　　　感觉较近　　　感觉最远　　　感觉最近

图 3.10　远近错觉举例

（4）高低错觉。因为人的视野是一个竖向较窄、横向较宽的椭圆形。因此，在观察物体时，尽管它的高度和宽度相同，但总会感到高度要比宽度大些，这就是高低错觉。在高低错觉中，还有一种视觉中心比几何中心偏高的错觉（图 3.11）。

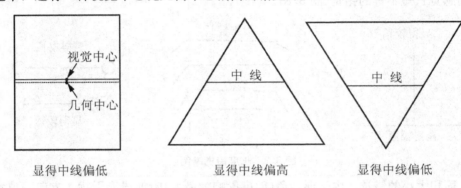

显得中线偏低　　　　　显得中线偏高　　　　　显得中线偏低

图 3.11　高低错觉举例

（5）分割错觉。形状相同、面积相同的两个几何面，会因为采取不同的分割方法，使人感觉到它们的形状和尺寸不同，这就是分割错觉。一般地，间隔分割越多，几何面会显得比原来宽些或高些（图 3.12）。

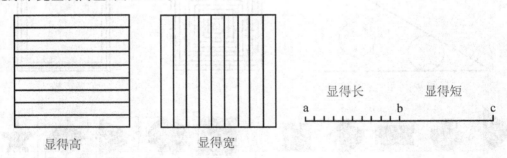

显得高　　　　　显得宽

图 3.12　分割错觉举例

（6）图形变形错觉。图形变形错觉是指由于外来干扰或互相干扰，使某线条具有歪曲的感觉，使本来是平行的线变得不平行，本来是直的也变得不像直的（图 3.13）。

（7）视觉动感错觉

有些静态物体能给人以运动的视错觉。比如物体的姿态也能令人产生动感，比如雕塑

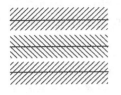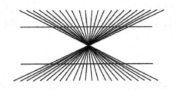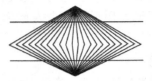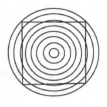

图 3.13　变形错觉示例

的动作、线条形态(图 3.14)。

图 3.14　具有视觉动感的形象

2) 色彩错觉

色彩学是一门重要而复杂的学问，它是景观设计者必须掌握的基础理论。色彩错觉也是普遍存在的色彩视觉规律，对景观设计有较高的应用价值。

(1) 色彩的对比错觉。不同的色块同时观察时，会互相干扰，产生色相、明度和纯度等种种错觉现象，而且非常明显。比如，同一种酒绿，在浅灰色背景上显得纯度较高、明度较低；在翠绿色背景上显得纯度较低、明度很低；在红色背景上显得纯度较高、明度较高。(见彩图 11)。

(2) 色块的大小错觉。因视觉光渗的作用，同样大的色块，白的显得大，黑的显得小。

(3) 色彩的轻重错觉。黑色色块感觉重，白色色块会感觉轻。

(4) 色彩的远近错觉，在同一距离观察不同的色彩，暖色感觉近，冷感觉远。距离错觉以色相和明度造成的影响为最大。一般高明度的暖色系色彩感觉凸出、扩大，故称为近感色或前进色；低明度的冷色系色彩感觉后退缩小，故称后退色或远感色。黄和白的明度最高，凸出感也最强；青和紫明度最低，后退感最显著；绿色在较暗处也有凸出的倾向。

(5) 色彩的明度错觉。色彩在照度高的地方，明度变高，彩度增强。如中国古建筑的配色，墙、柱、门、窗多为红色，而檐下额枋、雀替、斗拱都是较亮青绿色，使檐下不致昏暗。

(6) 色彩的味道错觉，色彩有很强的味道表现力。因为人们在长期的生活中常常是用色彩来判断食品的味美程度，也往往做出错误的判断。比如，同一种食品配以不同的色彩，其味觉效果不同，用暖色可令人产生味美感。红瓤西瓜比黄瓤西瓜感觉甜些，其实未必。

知识要点提醒

景观是视觉欣赏的对象，因此只有按照视觉心理规律来设计，才能获得比较理想的效果，才能符合观赏的需要。

即学即用

观察现实生活中的视觉错觉现象，并分析其心理学原因。

3.2.5　人体工程学理论依据

人体工程学(Human Engineering)，也称人类工程学、人间工学或工效学。按照国际工效学会所下的定义，人体工程学是一门"研究人在某种工作环境中的解剖学、生理学和心理学等方面的各种因素；研究人和机器及环境的相互作用；研究人在工作中、家庭生活中和休假时怎样统一考虑工作效率、人的健康、安全和舒适等问题的科学"。景观设计中的尺度、造型、色彩及其布局形式都必须符合人体生理、心理尺度及人体各部分的活动规律，以达到安全、实用、方便、舒适、美观的目的。符合人体工程学规律设计可以减轻人的疲劳，有利于人的身心健康。

1. 眼睛视觉生理现象

1）眼睛视阈

视觉在人类各项活动中占有十分重要的地位。人们在认识世界的过程中，有80%以上的信息是通过视觉得到的。空间视阈是指头部和眼睛不动时所能观看的空间角度范围。空间视阈一般分为水平空间视阈和垂直空间视阈。

（1）空间视阈

水平空间视阈。水平方向辨别物体最清晰的视区为自然视阈，即最佳视阈，在10°以内，1°~3°为最优。超出此范围，则需相当专注才能辨认事物，最大视阈大约在120°以内的范围。其中能辨别复杂文字的视区在20°的范围内，能辨别简单文字的视区在30°的范围内。很短时间内即可辨清物体的视区为瞬息视阈，其范围在20°以内。集中精力才能辨认的视区，其范围在30°以内(图3.15a)。

垂直空间视阈。视水平线以上60°和视水平线以下70°的范围为最大视阈。自然视阈，即称最佳视阈，人的自然视线一般都低于视水平线。在一般状态下，站立时的自然视线通常低于视水平线10°，坐着时低于15°。视水平线以上10°和视水平线以下30°范围为良好视阈(图3.15b)。

（2）色觉视阈

视阈区的边缘地带为色盲区，只能区分对比强烈的明暗而不能区分色相，视水平线附近的辨色能力最强。色觉视阈分为水平色觉视阈和垂直色觉视阈。据相关研究表明，人眼对白色的色觉视阈最大，对黄色、蓝色、红色的色觉视阈范围逐渐减小，而对绿色的识别视阈最小。图3.16为人眼水平方向和垂直方向的色觉视阈范围。

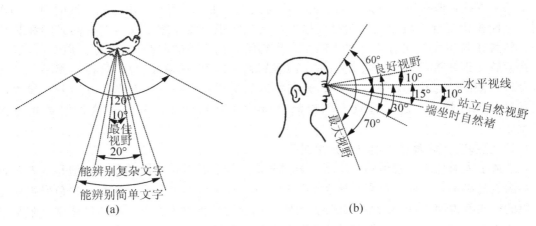

图 3.15　眼睛水平和垂直空间视阈范围示意图

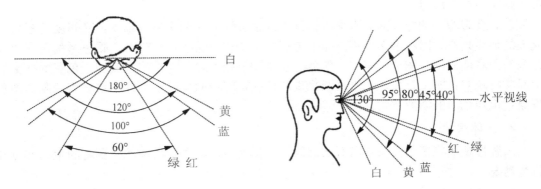

图 3.16　不同色相的水平和垂直色觉视阈示意图

2）视觉残像现象

当眼睛持续注视某物体后，在眼睛视网膜上的影像感觉不会马上消失，这种现象的发生是由于神经兴奋留下的痕迹作用，称为视觉残像，也称作视觉后像或视觉暂留，它有两种即正后像和负后像。正后象是一种与原来刺激性质相同的感觉印象。电影就是利用的正后像原理。负后像则是一种与原来刺激相反的感觉印象。比如光亮部分会在视网膜上留下黑暗的残像，黑暗部分会在视网膜上留下光亮的残像；看过一种色彩后会在视网膜上留下该色彩的补色（如看了红色留下绿色残像）。同一灰色，当置于紫色中间时，感觉有偏黄的倾向，置于黄色中间时，则产生偏紫的印象。视觉残像，也是一种人人都有的生理现象。

3）视觉光渗现象

在黑色或暗色背景上的白色（或浅色）对象，其反射光具有扩张性的渗出感，这种现象叫光渗，这是一种由视觉生理引起的视觉现象。可见光中包含红、橙、黄、绿、青、蓝、紫七种色光，它们具有不同波长，红色最长，紫色最短。当各种不同波长的光同时通过晶状体后，成像点并非全都能精确地落在视网膜上，因此在视网膜上所呈现的影像的清晰度就有一定差别。长波长的暖色成像点落点不准确，影像模糊，会有扩散性感；短波长的冷色成像点落点准确，影像清晰，会有收缩感。所以，人们在凝视红色的时候，时间长了会产生眩晕现象，似有扩张感觉。如果将红色与蓝色放在一起着看，由于色彩同时对比的作用，其面积错视现象就会更加明显。另外，视觉膨胀、收缩感不仅与对象的光的波长有关，而且还与明度对比有关。对于两个大小相同、色彩不同的圆形（一黑一白），由于人眼在明暗图形轮廓界限部分会发生对比加强的光渗现象（马赫效应），凝视白圈稍久，便可发现白圈的边缘比中部更光亮些，光亮物体的轮廓外似乎有一圈光圈围绕着，显得比实际尺寸大。相反，白色背景上的黑圈会有比实际尺寸小的错觉，这种错觉叫光渗错觉。

4）色彩的视觉敏感度和视觉疲劳现象

总体上人对色彩非常敏感，正常人眼可分辨大约七百万种不同的色彩，但是受着各种客观因素的影响，比如当色彩对比度不足时，就难以区分两种色彩，还有各种色彩视错觉现象的存在都说明了这些问题。此外，人眼不同视觉区域对色彩有不同的敏感度，眼睛中央对色彩和动态十分敏感，但眼睛边缘的色彩敏感度则较差。不同色彩中，人对红、绿和黄色则比对蓝色敏感。

色彩会影响人的神经的兴奋度，设计不好也会使人易于疲劳。第一，高彩度色彩可引起人的神经兴奋，因此过多使用高彩度色彩容易造成视觉疲劳。第二，暖色系的色彩比冷色系的色彩使人易于疲劳。第三，明度差或彩度差较大时，也易使人疲劳。色彩的疲劳能引起彩度减弱，明度升高，色彩逐渐呈现灰色（略带黄）的现象，这种现象称为色觉的褪色现象，也叫色彩的疲劳错觉。

2. 人体尺寸

旅游景观中有很多构筑物具有实用的一面，景观设计中应当考虑旅游者的生理特点和行为需要。

1）人体尺度差异

（1）人体尺寸的变化规律。人的身体随着年龄的增长会发生变化。身高增长时限，男性一般在 20 岁左右，女性一般在 18 岁左右。手脚尺寸的定型，男性一般在 15～17 岁，女性一般在 13～15 岁。因此，在景观设计中，如果某些设计对年龄段有明显的要求，应结合该人群的具体特点进行设计。

（2）人体尺寸的性别差异。男性与女性在人体的各部分的尺寸与比例都有明显的差异。男性的人体尺寸一般要比女性的大些。但在胸厚、臀宽的尺寸上，女性要比男性的大。

（3）人体尺寸的种族差异。由于地区和种族的不同，人体尺寸也存在着差异。一般来说，在中国，北方人比南方人身材要高大些，寒冷地区的人比热带、温带地区的人身材要高大一些。

（4）人体尺寸的时代变化。由于生活条件改善，人体平均尺寸都呈增长的趋势。

（5）人体尺寸的职业差异。由于职业差异，一般体力劳动者身体的平均尺寸与比例要比脑力劳动者稍大些。

2）人体结构尺寸

人体结构尺寸是人体工程学研究的最基本的数据之一。人体结构尺寸主要包括人体基本尺寸、人体立姿尺寸、人体坐姿尺寸三部分。

3）人体动作域

人体活动范围的大小，即动作域，它是影响景物空间尺度设计的重要依据之一。以各种计测方法测定的人体动作域，也是人体工程学研究内容。

3.2.6 其他相关学科理论依据

旅游景观设计涉及的学科理论，除了上述理论以外还与很多的学科理论对旅游景观设计都有指导意义，只不过上述理论在景观艺术设计中发挥的作用更大。如果要解决技术问题，还需要更多的理论支持。比如旅游学、建筑材料学、建筑力学、园林学、地理学等能帮助解决设计中的一些技术问题。

1. 旅游学

旅游学将旅游作为一种综合的社会现象，以其所涉及的各项要素的有机整体为依托，以旅游活动和旅游产业问题为核心对象，全面研究旅游的本质属性、各种要素的关系、社会影响和发生发展规律的新兴学科。旅游行为学、旅游心理学、旅游规划学、旅游形象设计学、旅游经济学等理论对旅游景观设计都有一定参考价值。

2. 地理学

地理学在景观分布规律和演化过程及其成因机理，景区自然条件及人文环境分析方面具有独特的优势。其研究手段和成果对旅游景观设计有重要价值。

3. 建筑材料学

景观建筑中的各种材料的特性不同，用途也各不相同。常见的材料有胶凝材料（硅酸盐水泥、特种水泥、沥青等）、混凝土及砂浆（混凝土组成材料、普通混凝土、建筑砂浆、沥青混凝土和特种混凝土等）、岩土及其制品（石材、土、烧结制品和熔融制品等）、增强改性材料（钢筋、其他增强改性材料等）。设计者必须依据各种材料的理化特性，力学性质，热、声、光、电学性质，表面特征，耐久性来进行各项设计。

4. 建筑力学

建筑结构和构件在各种条件下的强度、刚度、稳定性等方面知识。静力学的基本知识、基本构件的强度、刚度、稳定性；平面结构体系的平衡条件及分析方法，平面结构的几何组成规律，平面静定结构的内力分析和位移计算，平面超静定结构体系在各种条件下的受力分析方法和相应的近似分析方法。

➡ *知识要点提醒*

学科之间是没有绝对的界限，只有相关程度或重要程度之别，因此上述几种学科知识只是对景观设计相对重要些而已，与旅游景观设计相关的学科还有许多。如果站在更高的层次去看待学科之间的关系，学科知识到了更高层次共性越多，而哲学则是指导一切学科的思想纲领。

章首案例回眸

通过本章学习我们都知道，美是有一定规律的，只有符合美的规律风景观赏价值就高。如本章首案例所述某村别墅建筑群构成上美中有不足，即过分追求整齐一律，缺少错落，而显得单调、呆板，理想的构成设计应当是整齐与错落兼顾。此外，建筑造型、色彩、肌理等方面没有新意，更会让人感到乏味。这些需要我们在实践中去体悟。

本 章 小 结

本章是要说明旅游景观设计的依据，解析设计原理的，换言之，是对景观设计的影响因素进行论述。内容将旅游景观设计的依据分为实践依据和理论依据。本章着重特别对几种最重要的理论美学、艺术学、符号学、视觉心理学、人体工程学等学科理论作了具体介绍，因为这些学科理论对旅游景观设计者必备知识。美学理论主要介绍了美学的研究对象、美的本质、美感及其特性、美的事物具有的共性、美的形态分类、对象的审美价值、审美心理等知识；艺术学理论主要介绍了艺术和艺术学的概念、艺术创造、艺术作品及其基本特性、艺术的分类、景观设计与艺术的关系等知识；符号学介绍了符号的概念、功能、分类及符号学的学科体系；视觉心理学介绍了各种与景观欣赏相关视觉感受心理规律；人体工程学理论主要介绍了与景观设计相关的人体工程学知识。

关键术语

美学（Esthetics）

美（Beauty）

艺术学（Artistics）

艺术（Art）

优美（Grace）

崇高（Sublime）

风趣（Funny）

审美心理（Aesthetic Psychology）

审美形态（Aesthetic Form）

符号（Sign）

能指（Signifiant）

所指（Siglified）

肖似符号（Image Symbol）

指索符号（IndexSymbol）

象征符号（Symbol）

视觉心理学（Visual Psychology）

视觉错觉（Visual Illusion）

知识链接

[1] 张法，吴琼，王旭晓. 艺术哲学导引[M]. 北京：中国人民大学出版社，1999.

[2] 李长莪. 美学艺术学与哲学讲义[M]. 南昌：江西人民出版社，2006.

[3] 陈晶.艺术概论[M].武汉：湖北美术出版社，2006.

[4] 郭茂来.视觉艺术概论[M].北京：人民美术出版社，2000.

[5] 黄华新，陈宗明.符号学导论[M].郑州：河南人民出版社，2004.

[6] [德] 库尔特·考夫卡.格式塔心理学原理[M].黎炜，译.杭州：浙江教育出版社，1997.

[7] [美] 鲁道夫·阿恩海姆.艺术与视知觉[M].滕守尧，译.成都：四川人民出版社，1998.

[8] 余晓宝.氛围设计[M].北京：清华大学出版社，2006.

[9] 俞孔坚.景观：文化、生态与感知[M].北京：科学出版社，1998.

[10] 李延龄.建筑设计原理[M].北京：中国建筑工业出版社，2011.

练习题

一、名词解释

美学　美　艺术学　艺术　优美　崇高　审美形态　符号　能指　所指　肖似符号　指索符号　象征符号　视觉心理学　视觉错觉

二、填空题

1. 旅游景观设计的实践依据是指设计中需要考虑的旅游地当地景观建设实际情况，主要依据有_____、文化依据和_____，其中_____又可细分为_____、符合旅游业的需要、_____；文化依据又可细分为_____、_____；其_____又可分为财力条件、_____、_____。

2. 当人观察物体时，由于生理或心理原因，而导致对观察对象特征误解，这种现象被称为视错觉。视错觉普遍存在，主要分为_____和_____两大类。

3. 色彩错觉也是普遍存在的色彩视觉规律，具有一定的应用价值其主要分类有：_____、色块的大小错觉_____、_____、色彩的明度错觉_____。

4. 人体工程学，也称人类工程学、人间工学或工效学。符合人体工程学规律设计可以减轻人的疲劳，有利于人的身心健康，其主要的研究对象是_____，_____。

5. 旅游景观设计涉及的学科理论，除了上述理论以外还与很多的学科理论对旅游景观设计都有指导意义，比如_____、_____、_____等能帮助解决设计中的一些技术问题。

6. 艺术作品具有_____、_____、_____、_____、_____等基本特性。

7. 从审美特征看，美的形态可分为_____、_____、_____。

8. 符号学由_____、_____、_____等学科构成。

9. 从符号学意义上看，景观设计与欣赏就是的两_____和_____的过程。

三、问答题

1. 简述美学与艺术学的联系与区别。

2. 什么是符号学，符号的主要功能有哪些？

3. 论述实际应用时，旅游景观实践依据与理论依据相比是否更应该首先被考虑？

4. 说明美的事物具有共性。

5. 按照艺术与主体感受方式的对应关系，艺术分为哪几种？分别说明它们的特性。

6. 举例说明自然符号、人工符号、语言符号和非语言符号的概念。

7. 为什么说景观设计与建设是一种艺术创造行为？

四、应用题

以某建筑物为例，说明它符合美学、艺术学、符号学的哪些规律。

第4章　旅游景观构景元素设计

本章教学要点

知识要点	掌握程度	相关知识
旅游景观抽象与具象构成元素的概念与意义	掌握	艺术学、美学、园林学、旅游学、地理学、认知心理学
旅游景观构景元素设计原则	掌握	艺术学、美学、园林学、旅游学、地理学、认知心理学、符号学、信息学
旅游景观意象的概念	了解	认知心理学、美学、艺术学
旅游景观意象的构制原理	了解	
点、线、面、立体、色彩、动静元素的视觉特性	熟悉	艺术学、美学、认知心理学、绘画构图理论、符号学、信息学
景观中点、线、面、色彩、动静元素的设计方法	掌握	
具象旅游景观元素的构景价值	熟悉	艺术学、美学、园林学、认知心理学、绘画构图理论、符号学、旅游学、地理学
自然性具象旅游景观元素设计方法	掌握	
人文具象旅游景观元素设计方法	掌握	艺术学、美学、园林学、认知心理学、绘画构图理论、符号学、文化学、旅游学、地理学、历史学
旅游景观材质、肌理元素的视觉特性及设计方法	掌握	艺术学、美学、园林学、认知心理学、符号学、旅游学、地理学

本章技能要点

技能要点	掌握程度	应用方向
旅游景观意象构制能力	掌握	景观设计、园林设计、建筑设计、城乡规划、各种艺术创意设计
旅游景观抽象构成元素创新设计能力与技巧	掌握	
旅游景观具象构景元素创新设计能力与技巧	掌握	

导入案例

颇有新意的建筑为何不招人喜欢

当今世界也有不乏新颖的建筑设计作品，试图以新奇来创造奇观，但是往往得不到大众的认可，有的建筑甚至被称作最丑建筑，比如，宜昌稻花香集团和宜宾五粮液集团的两栋"酒瓶"大楼对比图在网上被疯传（图4.1，注：图中两幢大楼均设有如同真实酒瓶一样的重彩）。贴文中称稻花香酒瓶办公大楼近日竣工，试与五粮液大楼一比谁更"雷"。宜昌"稻花香"工作人员介绍，这栋大楼2011年11月建成，楼高56.2米，共13层，既为丰富企业文化内涵，又能成为园区抢眼的风景。可是事与愿违，这两座大楼均被网友当作"中国十大最丑建筑"之一。相信，通过本章内容的学习，你会真正理解各种景观设计成败得失的真正原因，你的艺术鉴赏力也会因此而得到提高。

图4.1　宜昌稻花香集团和宜宾五粮液集团的两栋"酒瓶"大楼

资料来源：http://hebei.sina.com.cn/news/shwx/2012—11—07/153315808.html

旅游景观视觉元素设计是将景观的各个构成部分分开来设计，为景观元素组合设计创造条件。旅游景观构成元素可以从两个层面来观赏，即抽象层面和具象层面，而设计也是从这两个层面入手。绘画构成不仅要从抽象点、线、面、色彩等构图语言来构成图像、传达信息，同时，还要用具象构图语言来构成图像、传达信息。旅游景观设计同样如此。

4.1　旅游景观构景元素设计原则与意象构制方法

景观建设过程大体包括这样两个阶段：即设计阶段和施工阶段。设计阶段又可分为意象构思设计阶段和具体方案设计阶段。

4.1.1　旅游景观构景元素设计的原则

做好旅游景观构景元素设计工作的前提是明确它的原则。在一定的设计原则下进行景观要素设计，才不会偏离方向，获得理想效果。

1. 以提高观赏价值为目标

旅游景观是供观赏的，因此景观元素构成设计应当以提高观赏价值为目标，这是旅游景观设计的核心问题。景观元素不但要符合形式美和神采美的规律，还要赋予更多的内涵、情调意味，这样就会具有很高的观赏价值。

2. 以风格定位和主题为导向

景观设计首先要有明确风格定位和主题，然后围绕风格特征和主题进行意象构思，并确立具体构景元素。也就意味着，风格定位和主题决定着意象构思的方向，意象构思又决定着具体景物的落实。因此风格定位和主题导向是景观设计成功的关键。风格的类型十分多样，可按照审美风格和区域风格来选择定位，比如用自然和人文，国内与国外，现代与古代，朴素与华丽，崇高与优美等来定位；景区的主题也多种多样，通常是以某种文化来确定主题。

3. 以设计理论和景观设计语法为依据

以艺术学、美学等理论为依据进行景观艺术设计，能提高成果的艺术品位。每一种艺术都有自己的艺术语言，景观设计也有自己的语言。景观设计语言包括抽象形式元素和具象形式元素语言。每一种语言都有自己的视觉特性和表意功能，只有按照设计语言语法规律设计，才能表达所要表达的语意，赋予景观更多的意味与内涵，更好地实现设计目标。

4.1.2 旅游景观意象的构制

意象是客观物象在主观情感作用下而形成的带有某种意蕴与情调的印象。简单地说，意象就是寓"意"之"象"，就是寄托着主观情思的客观物象，它是借物抒情、触景生情的产物，是具有一定的抽象性、情感性、主观性的形象。景观设计的一般程序为，先要进行景观总体意象构思，从宏观上、艺术风格上进行定位或把握，再着手具体内容的设计，因此意象构思对景物形式起着的决定性作用。旅游景观设计的最终目的是要如何创造特定意象，营造一种特定的景观氛围，是对景观结构的整体特征把握，而具体的构成要素则是为实现意象物态化提供具体素材的。有了意象构思，那么，景观格调的大框架也就确定了。景观意象构思是景观设计的核心环节。

1. 景观意象构制的方法

在意象构思阶段，设计者运用创造性的想象，将以往积累的表象素材，进行思维加工，即通过素材集中、概括、想象、联结、组合、整合、变形等心理过程，情感与意象交融，抽象与具象相结合，构成一个新意象，完成某种意味、意境的创造。意象依靠想象孕育，情感是设计构思的动力。"立象以尽意"（《周易·系辞上》）。立象的目的是尽意，象为意立，意靠象现，意寓象中。艺术形象构思的方式在头脑中进行，意象表象形成后，通过绘制意象图表达出来。景观意象可以有多种多样风格，除了自然景观意象与人文景观意象之分以外，自然和人文景观又分别能分出很多审美风格或地域风格的景观意象，比如壮观、优美、浩瀚、雄浑、自然、轻松、缥缈、空灵、寂寞、孤独等审美风格，欧洲风格、中国风格、藏族风格、傣族风格等地域风格。

2. 景观意象的构制模式

景观的风格需要通过一定的语言来表现，不但与具象形式语言有关，而且与抽象形式语言有关，因为这些都是直接感染欣赏者心理的因素，欣赏者观赏正是从这些方面去观赏景观的。景观的抽象视觉元素指有一定抽象性的点、线、面、色彩等形式元素，是对具象外观抽象化后具有的形式，是对景观抽象意味的表现，是视觉艺术欣赏意义上的要素；景观的具象视觉元素指的是未经抽象化的具体景物，是景物的具体外观及性质写实性描述。从欣赏意义来看，两种形式从不同层面来传达了景观的意象。着眼于抽象元素构景，如同写意画创作，注重于神采的表现；着眼于具象元素构景，如同工笔画创作，既重神也重形。抽象和具象形象传达的信息是不同的，抽象和具象兼顾更有益于构成理想的景观。因此，从观赏心理以及视觉对象所传达的信息来看，景观视觉元素应分为抽象视觉元素和具象视觉元素。

3. 景观意象的物态化方法

意象构思是心理活动，构制的是虚拟形象，将虚拟的意象转化为可感知的形式被称为意象物态化，它是以某种物质形式为媒介，把构思方案转化为物态产品。艺术创造是运用一定对象创造一种形象，而每种艺术都有自己独特的语言来传达思想情感。景观设计艺术凭借专业技术，特殊的物质材料和形式语言来创造景观艺术产品。景观意象氛围靠的是形式来暗示、渲染，有什么样的物质形式，就有什么样的景观意象。景观设计的语言分为抽象语言和具象语言，是作者用于传达达思想、情感、信息的工具，包括形状、线条、色彩、质地、声音抽象形式和各种物质材料，这些语言决定着景观的风格特征。

对于景观营造来说，从构思到图纸方案形成的设计阶段都是虚拟的建设方案，还不是真实的景观，图纸上的方案已经是接近于现实的作品，但是仍然属于设计阶段。景观视觉构成元素设计可以按照抽象元素和具象元素两个层面来进行，但最终方案必须是具象元素。景观意象的物态化过程必须经过施工阶段才算彻底实现。施工只是执行方案的过程，因此方案落实后，景观面貌基本上就定型了。从设计和施工对于景观观赏价值来说，设计起着关键性的作用。设计乃是决定景观的风格、观赏效果、创新性的关键因素。

4.2 旅游景观抽象构景元素设计

赏景如赏画，它们在观赏特性上具有共性。要让"江山如画"，就要将绘画构图原理运用于景观设计。需要说明的是，这里的抽象形式并非指看不见的意识形态，而是指将具象景物形态抽象为点、线、面、体、色彩等形式，是暂且舍弃景物的具象形式特征的一种观赏方式。抽象构景元素千变万化的组合，可以产生各种具有多种意味的构图。它们是表达情感的符号，会影响物象的情调、趣味、风格、神采。平面和立面都有点、线、面、色彩等形式问题，而且还有多角度多观赏点的构图问题，因此把握形式语言的视觉特性和表意功能，对景观设计具有重要意义。在理解点、线、面概念时，应当注意景观中的点、线、面的概念并非固定不变，它是以某一视野、某一视距状态下来定义的。只有在视点视角确定后，才能明确对象是点，是线，还是面。比如，一棵树，从远看可以当作一个点，近看可以当作一个面。

4.2.1 点元素设计

点可以分为实点与虚点。能被感知到，但又不实在的点为虚点，比如，线的折角处、线的交叉处，线的中点，几何形的中心等。视觉上有明显位置、大小和形状的点为实点。在景观设计中，点是一个相对的概念，不应用数学方法来界定。面和点的区分取决于视觉尺度，或者说从局部与整体的关系中来确定。一个形象被称之为点，是因为在特定视野中它相对尺度小。

1. 点的视觉特性与表意功能

点的视觉特性决定了它的表意功能。点在视觉构图中有以下三个重要的视觉特性，合理利用这些特性来设计景观，可以获得理想的效果。

1）点是画面节奏形成的重要视觉要素

单一的点有集中或凝固视线的作用，点的注目性和点的凸显程度有关。两个以上的点会使视觉产生有节奏地在这些点中停留的作用。当两点有大小之别时，视线就会由大的流向小的。点的密度关系到点的节奏快慢，点的尺度、轻重、密度都关系到视觉节奏的轻重、快慢。

2）点的排列方式影响构图的审美风格和情调意味

点状景物的排列状态能暗示景观属于人文的还是自然的，显示风格特征等。点的排列方式可分为规则排列和随机排列（表 4 - 1），前者的人为性显著，后者的自然性显著（图 4.2）。

表 4 - 1　点排列方式具有的视觉感受效果

点的排列方式			视觉感受效果
规则排列	线状	直线排列	刚强、坚实、明确、肃穆、单纯
		曲线排列	韵律、优雅、流畅、柔和、轻盈、丰满、灵巧、自由
	面状	等距排列	严肃、权威、肃穆、单纯
		不等距排列	整洁又自然
		排成直线面	人为性、条理性、严谨、端庄、整洁、做作
		排成曲线面	优雅、流畅、柔和、丰满、含蓄
		均匀排列	严肃、权威、整洁
		不均匀排列	朴素、自然
随机排列			自由、朴素、自然、潇洒、杂乱

(a) 不规则点的自然、轻松感　　　　　(b) 规则点的端庄、严谨感

图 4.2　点的排列形式具有的观赏效果

3）多个点的连续排列会产生构成虚线或虚面效果

多个点的连续排列可以产生虚线或虚面效果，点的距离越近，这种特性就越显著，比

如行道树大多呈现等间距线性排列具有线状效果。

2. 景观中的点元素构成设计

景观设计中的点指的是景物或景物中的点状视觉要素，是视觉构图意义上的点，意为尺度较小，具有抽象意义，即不考虑其内部结构和具体是什么性质的物体。以景观元素设计原则为指导，依据点的视觉特性来设计景观，可以获得理想的效果。

点的观赏效果可以从平面、立面、侧面等多角度透视来获得，同一个物体远近不同，可导致点、线、面的属性的互相转化。因此，在景观设计中，应当从多角度，不同距离来审视景观设计所能产生的点的观赏效果，以提高景观的观赏价值。

景观中点要素设计应以景观风格定位为指向，以此来设计点的尺度、轻重、密度、排列方式，言须达意。比如，华美的景观需要点的数量多，轻重皆有，密度要大，排列方式多变；庄严的景观，点的数量、密度适中，要有相同尺度的点，排列方式规则。构成景观的树、石块、建筑、动物、人等景物的排列方式，应当根据意象风格的构建需要来布局。如果要赋予自然的气息、氛围，就应当让点状视觉元素随机分布；模仿自然界的物体分布来布局植物、动物、块石景物，可以给人以自然、自由、活泼、随意、轻松的气息，不过需要防止杂乱。如果要赋予人文的、庄重的、修饰的气息、氛围，就应当让点状视觉元素按照几何线或面规则排列。不过只有规则，又会给人单调、呆板、压抑的感觉。如果行道树、花坛布局、建筑物呈现规则排列，能给人以庄重的视觉效果，点的强化可以获得节奏感。如果景观元素过于单纯，就可以布局一些植物、动物、块石、建筑等景物来丰富景观内容，点可以连成线、也可以组成面和体。还会因为视距远近而产生属性变化，可能远看是点，近看是面。善于运用点的视觉特性，能使景观变得生动活泼，富于时间和空间节奏。

4.2.2 线元素设计

线可以看成是点的移动轨迹，或者是面或体轮廓。画面构图中的点、线、面的概念也是相对的，以多宽的线可称为面，应当以其构图意义为准。线的最重要特征是长与宽的比例差别较大。线有长短、粗细、曲直之分，线也有明线、暗线之分，明确可见的为明线，不可见的为暗线。景观欣赏中线是景观构图意义上的线，不限于平面和立面，还可以是其他角度观赏所产生的线感。

1. 线的视觉特性与表意功能

线的视觉特性比较多，不同的线条有不同的特性和语意，总体上有三个重要的视觉特性：

1）具有一定的方向性

线的最重要特征是长与宽的比例差别较大，因此具有方向性，也就会引导视线沿着线条延伸方向移动，或随着线条起伏而起伏，或纵向，或横向，或斜向，或向内，或向外。

2）具有丰富的表情性

线的形态关系构图的审美风格和情调意味。线的最基本形态可以分为直线与曲线，曲线又可以分为两类，即几何曲线与自由曲线。各种不同的线能显示出不同的表情，如含蓄、坚硬、柔弱、欢快、苦涩、直爽、饱满等等（表4-2，图4.3）。

表4-2 不同线条视觉感受效果

线条类型		视觉感受效果	
形态	直线	刚强、坚实、明确、严肃	
	曲线	韵律、优雅、柔和、轻盈、丰满、灵巧、柔软、间接、含蓄	几何曲线：人为、条理、严谨、优雅、圆满
			自由曲线：自然、自由、随意、浪漫、韵律
	折线	节奏、动感、焦虑、不安	几何形折线：人为、条理、严谨、端庄
			任意形折线：焦虑、不安
方向	垂直	高洁、权威、庄严、肃穆、向上、强力、崇高、伟大、傲慢、孤独、寂寞	
	水平	平静、和平、永久、舒展、疲劳、死亡	
	倾斜	生动、活泼、惊险、刺激、不安定	
粗细	粗线	朴实、厚重、粗犷、坚硬、豪放、强劲、紧张、刚强	
	细线	轻柔、尖锐、纤细、精致、高贵、单纯、敏感、高速	
虚实	实线	明晰、凝重	
	虚线	轻巧、虚幻	

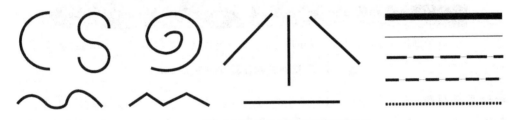

图4.3 不同形态线条特征具有的观赏效果

3）具有重要的构图意义

线会分割画面，造成各种趣味的块面组合，如重复分割、黄金分割、放射分割、自由分割等，其风格特征不同；多条线的连续排列构成虚面效果，而且线与线之间的距离越近，这种特性就越显著，这时的线只是起着显示面的肌理作用；线条的形态及排列方式有利于造成画面的韵律感，在构图中具有特殊的意义。

2. 景观中的线元素构成设计

线也是重要的景观构图语言。以景观元素设计原则为指导，巧用线条语言的表意功能，才能获得理想的效果。

利用各种线表情特点可以表达出各种情调，因此成功的设计有赖于线条语言的科学应用。景观中的线指的是景观中的线状景物或景物轮廓或内部结构线条。线的视觉效果可以从平面、立面、侧面等多角度透视产生，在景观设计中，应当从多角度来审视景观设计所能产生的线条效果，提高景观的观赏价值。景观设计中要科学合理地利用线条的表意功能，如河流、水岸线、交通线、房屋和树冠的轮廓线、光影等。正是由于景观构图线条这种形态的丰富性为景观构图增添了更多的魅力。

利用景物的线状排列方式及景物轮廓线特征，可以表达景观的风格。线的构成可以用点连成线，比如人工河流、水岸线设计成直线或几何曲线，就会失去自然的特性，而显示出人工气息。公路、步道等交通线的形态关系到景观风格。中国园林中的道路喜欢用自由曲线，以求优美自然、曲径通幽的情趣，正是利用了线条的表情性；西方园林中的道路喜欢用几何线，增加了人文气息，具有简洁、谨严、端庄意象特征。建筑的轮廓线同样可以利用线的特性表达某种意象。不论是平面的还是立面的，如果要造成庄重、严肃的景观风格，应当多用直线、折线、纵向线；如果要造成温柔、优雅的景观风格，应当多用曲线。中国传统建筑的屋顶喜欢用曲线构成飞檐翘角，具有流畅、飘逸、丰富、流畅的视觉效果，比运用直线优美；欧洲建筑总体线条以纵向直线为主，具有崇高、庄严、肃穆、伟大的视觉效果(图 4.4)。

(a) 中国传统建筑屋檐多飞动的曲线　　　　(b) 哥特式建筑多庄严的纵向直线

图 4.4　不同线条特征具有的观赏效果

➡️ **知识要点提醒**

由于不同民族思想文化背景及思维方式不同，导致造物模式上的不同，一种现象的存在都有其深刻的渊源，主要根源是在思想上。这也是值得每个景观设计专家研究的课题。

4.2.3　面元素设计

面是重要的构图要素之一。线的移动可产生面，线的分割作用也产生面，构图意义上的面意味着面积较大。这里讲的面指的是视觉构图意义上的面，它既可以是平面的，也可以是立面的和其他角度感受到的面。

1. 面的形态视觉特性与表意功能

根据成因及视觉特性，面的形态可分为人工形态和自然形态。面的形态有自身的视觉特性，不同形态特征会显示出不同的审美风格和情调意味。

1）自然形态及其视觉特性

可以分为生物形态和非生物自然形态。自然形态为自然所造，其主要形态视觉特性在于自然性和不规则性(图 4.5)。

（1）生物形态及其视觉特性。生物形态是指生物体所具有的形态。它是生命的象征，蕴含着生命力，给人生机盎然、生命力旺盛、自然、舒畅、神奇的感觉。生物形态的面由

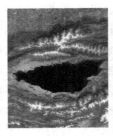

(a) 生物形态　　　　　　　　　　　　　(b) 非生物自然形态

图 4.5　自然形态的观赏效果

具有一定强度与韧性的曲线所组成，富有内在的力感，是自然界外力与生物体内力相互作用下形成的形态，符合生命规律，如花瓣、叶片、果实、动物体形等。动植物的有趣形态具有很高的观赏价值，经常被用于建筑和园林造型设计，具有很好的效果，具有纯朴、丰满、圆润、充满生命的活力等视觉特征。生物形态在设计界得到广泛应用。

（2）非生物自然形态及其视觉特性。非生物自然形态是自然力鬼斧神工作用下形成的不规则形态，其形态具有随机性，不是人能控制的形态，具有其他形态所不具备的自然、潇洒、神奇的视觉特征，具有特殊的趣味，有一种天趣，也被称为无机形。如陆地、岛屿、湖泊、山形、石头、瀑布、云彩、极光等各种图形，它们的形态朴素自然，耐人寻味，自由自在。

2）人工形态及其视觉特性

人工形态可分为几何形态和非几何人工形态（图 4.6）。人工形态是人类创造的形态，蕴含大量的人文信息。

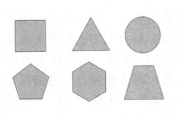

(a) 几何形态　　　　　　　　　　　　　(b) 非几何人工形态

图 4.6　人工形态的观赏效果

（1）几何形态及其视觉特性。几何形态的面是能用数学公式表达的图形，其造型分直线、曲线及直线与曲线二者结合这三类。几何形态多为人为形态，几何形态的面具有人为、简洁、明快、秩序、整齐、端庄、严谨和理性等视觉特性，但也有单调、呆板的一面。不同的几何形感受效果也有不同的风格。正方形能给人一种端庄、严谨、厚重、匀称的感觉；长方形显得俊秀；竖置的长方形给人以高耸、雄伟、坚毅的印象；横放的长方形具有稳固、坚实、安定的特点。在梯形的构成元素中，具有三角形和长方形的部分特点。正梯形在稳固、坚实的感觉中，又增加了一种生气和向上集中的动势；倒置的梯形可造成活跃、开阔和扩张的视觉效果；圆形给人一种温和、亲切、丰满、活泼、运动、圆满的感受效果；与圆相比，横向的椭圆形在活泼、亲切的共性中多了一种自由、松弛的感觉；纵向的椭圆形运动感增强，但是有不稳定感；半圆形有一种内涵丰富又视觉明快的感觉。三角形可分为等边三角形、等腰三角形和任意三角形。除角的性质给人以尖锐扩张的共性感外，不同形状的三角形以及三角形的不同重心安排方式都能给人不同的感受效果。等边的正三角形可给人以庄重、稳固、严谨、崇高的印象；等边的倒三角形动感强烈，给人以威胁、强刺激的印象；任意三角形最具变化特征，自然、不呆板，神秘莫测，也最耐看。画家黄宾虹说，"不齐之弧三角最美"，这种观点颇有美学哲理。悉尼歌剧院建筑正符合这种形态特征，或许这正是其魅力所在有（表4-3）。

表4-3　形态的视觉感受效果

形 态 类 型			视觉感受效果	
人工形态	几何形态	直线几何形	人为、亲切、庄重、简洁、整齐、理性、有序、严谨	刚强、坚实、权威、庄严、肃穆、节奏、朴实、厚重
		曲线几何形		圆润、圆满、动感、活泼、装饰、韵律、柔和、优雅、丰满、含蓄
	非几何人工形态	曲线直线并用的几何形		刚柔相济、富有装饰性
		多种形态结合		人为、亲切、新奇、人情
自然形态	生物形态	对称形	自然、亲切、圆润、丰满、纯朴、弹性、活力、生机	端庄、严谨、理性、有序
		非对称形		自然、自由、神奇
	非生物自然形态	折线随机形	自然、朴实、原始、自由、随意、散漫、大气、潇洒	刚强、坚定
		曲线随机形		自然、稚拙、动感、韵律、优雅、含蓄

（2）非几何人工形态及其视觉特性。人类不但创造几何形态，而且根据几何形态或自然形态创造出新的形态，或根据自己需要重新创造出新的形态。人工形态指人类造物所创造出的形态。它是人类有意识、有目的的创造活动所创造的结果。人类造物出于两个目的：实用和观赏。造物形态中大多都围绕这两个目的，有时两者兼顾，有时偏重实用，有时只是为了观赏需要。如建筑物、汽车、轮船、桌椅、服装、鞋帽、花瓶、饭碗、雕塑等。其中建筑、汽车、轮船等是从实用和观赏两种功能需要来设计其形态的；而雕塑则是从欣赏功能需要，根据实物形态或经过抽象设计出形态的。非几何人工形态围绕人的需要来创造，富含人情味，能体现人类的创造力，能传达很多人文信息，比几何形更有意味。

2. 景观中的面元素构成设计

以景观元素设计原则为指导，巧用形态语言的表意功能，有利于做好景观形态元素设计。形态也是景观设计语言之一，因为在一定的角度观赏景观的时候，可以将景观看作是各种抽象化形态的平面构成的，是视觉意义上的面。面的形态也会影响景观意象风格。块面的观赏效果可以从平面、立面、侧面等多角度透视等产生。因此，在景观设计中，也应当从不同角度来透视景观所能产生的块面构成效果，以获得理想观赏效果。

1）自然形态的应用

自然形态的主要特性在于不规则性。其中的生物形态和非生物自然形态在景观设计中都具有很高的应用价值。

（1）生物形态的应用。生物形态是生物适应环境，提高自身生存能力所造就的。它与非生物形态有一个很大的区别是能显示生命的力量。生物结构中有许多高度符合力学原理的实例，对人类工程设计颇有借鉴意义。模仿生物形态设计在现代景观设计中非常广泛。如花瓣、叶片、果实、贝壳、海螺、龟壳形态等均能看到应用的案例。同时，地球上动植物种类异常丰富，其形态也是千奇百怪，变化万千，是取之不尽的造型设计素材来源。动植物的奇妙有趣的形态具有很高的观赏价值，经常被用于建筑和园林造型设计，具有新奇的效果，比几何形多了许多韵味，具有独特的观赏效果。生物形态比几何形态活泼、自然、神奇，但又比自然形态规整、简洁。此外，人是一种特殊的生物，其形态蕴含很多情感和美感因素，具有较高的应用价值。当代建筑师都纷纷将研究对象转向从自然事物形态中寻找有价值的造型元素。如贝壳、海螺、龟壳、骨骼、昆虫、叶脉、树枝、种子、果实等，被广泛应用于景观建筑（图4.7）。

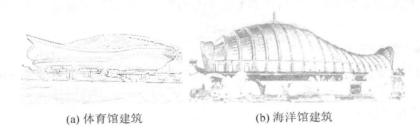

(a) 体育馆建筑　　　　　　　　(b) 海洋馆建筑

图4.7　生物形态在建筑中的应用案例

（2）非生物自然形态的应用。人类在创造景观中可以对非生物自然形态进行模仿。如果要获得自然气息，必须依靠自然形态。如果要获得自然、潇洒、神奇、有趣的视觉特性，必须向自然学习，从自然界获得设计素材，如陆地、岛屿、湖泊、山形、溪流、石块、云彩等各种图形。

2）人工形态的应用

几何形态和非几何人工形态在景观设计中均具有应用价值。

（1）几何形态的应用。几何形态多为人为形态，能显示浓郁的人文信息，有修饰感。如果要表达庄重、严谨、理性等意象，应当用几何形态，尤其是正方形、对称形状效果更为明显。如果要表达峻拔、险峻、庄重的意象，适宜用立面长方形来表达。如果要表达优雅、活泼、欢快的意象，应当多用曲线面。如果要表达刚柔相济、形态丰富的意象，应当用直线面和曲线面相结合来表达。如果要表达稳固、坚实、安定的意象，应当用横向的几何形、正三角形。如果要表达温和、亲切、丰满、活泼、运动、圆满的意象，应当用圆形。

（2）非几何人工形态的应用。非几何人工形态，除了器物自身有意义以外，还具有互相借用的意义，用于传达某种思想和寓意。不同人工形态造型元素可以互相借鉴，比如轮船、饭碗形态可以用作建筑物的造型。不过这些造型元素的利用不宜完全照搬，关键在得其神、得其味，而不在于酷似，太似则俗媚。正如本章导入案例中的建筑，观赏价值不高的主要原因就在于此。在景观设计中，除了利用现有器物的造型以外，还应当从几何形态、自然形态等中获取灵感，重新创造出新的形态。1956年丹麦建筑设计师约恩·乌松选取了切开的橘子瓣为造型元素设计了悉尼歌剧院外观造型，被澳大利亚采用，因其造型独特，成了世界著名的建筑景观。该设计方案形态丰富多变、节奏感强，寓意深刻(图1.1)。

4.2.4　立体元素设计

景观可以当作平面画作来欣赏，但在现实中却是立体的"画作"，立体事物才是构成景观的素材，可以从多个角度欣赏是景观区别于画作之处。体也有具象的体和抽象的体之分，这里所讲的是抽象的体。景物经过抽象以后得到的形体有规则和不规则形，这些形态在不同的角度观赏仍然具有原有的特征。立体形态设计主要通过形态、体量、布局等方面体现出来。

1. 景物形体的视觉特性与表意功能

景物立体形态分类及其视觉特性与面的形态相近，其表意功能也很相近，只是多了一种空间感。

2. 立体元素构成设计

以景观元素设计原则为指导，巧用体态语言的表意功能，可以创造出各种风格的景观空间。

1）景物形体设计

立体形态类似于面的形态，可分为自然形体和人工形体。不同形体能够表达出不同的景观风格从而营造出不同的氛围。几何形体的人文气息浓郁，生物形体和随机形体自然气息浓郁。若要创造人端庄、平稳、理性、整洁的景观，宜采用方形、圆形、八角等严谨规整的几何形体，如建筑、整形的绿地；若要创造随意、自然、无拘无束的景观环境，宜采用不规则的形体。矩形形态规整严肃，适合于端庄的建筑物；多面体，富有活力，能使空间增添动感，适用于多种场所景观；曲面体能给人以温和、柔婉、优美的感觉，适用于轻松景观环境。营造自然景观，应当采用随机形体的石材、植物等材料；营造人文景观，应当采用规则或生物形体，如长方体、球体、圆柱体、动植物形体。营造整洁、单纯、理性、趣味的景观，如果用随机形体作为景物造型易造成烦乱感；营造丰富多变的景观，应当用随机形体的自然石和植物；营造活泼、轻快、流动的景观，应当用流线型的形体(图4.8)。

2）景物体量设计

营造雄伟、壮观、有气势的景观，应当用大体量的景物。营造精致、秀丽、灵巧、活泼、幼稚、可爱的景观宜用小体量的景物。景物的尺度关系人的感受效果，比如绿篱的高度太高，人就有下沉感、压抑感；绿篱低于胸部，又会有轻松感。主体建筑应当以最高的高度和最大的体量来显示其重要地位。不同景物之间需要有高低错落之变化，又能主次分明，以获得步移景异、多样统一之美。古老、宁静的景观氛围需要用遮天蔽日的树木来营造；气势宏大的景观需要靠宽广的景物来构建；崇高、肃穆的景观需要高耸的景物来营造，亲切、朴实的景观需要采用低矮的景观空间，营造自由、活泼、欢快的景观，适合采

(a) 生物形的建筑（新加坡建筑，王宗英摄）　　(b) 模仿自然岩石形态

图 4.8　不同自然形态的应用设计

用开敞式的空间，现代城市广场设计宜采用自由活泼的形式，强调空间的穿透性和流动性，以营造出轻松自在的休闲景观氛围。大小错落的景物构成，可造成变化无穷的效果。比如宗庙、神殿、纪念馆等都采用了大的空间尺度，以营造宏伟、崇高的景观氛围；西方教堂的内部空间设计都采用与人的尺度较大反差的大尺度空间，这种尺度关系的大反差更能营造神秘、崇高的宗教氛围；中国古代的园林景物设计则采用了亲切尺度，营造了一种闲适、和谐的景观氛围。营造宁静、有序的景观氛围，适合采用封闭的小空间。四合院住宅是典型的封闭式空间，中轴线的对称式平面布局和封闭的外观，营造了一种稳定、有序、宁静的景观氛围。

3）景物布局设计

景观的整齐或错落状态取决于景物的布局形式。构筑物、动植物、人物个体排列方式不同，能构成各式各样的景观。景物的布局形式可分为规则型和不规则型布局，直线型和曲线型布局。欲构成庄严、肃穆的景观，应当整齐布局景物；欲构成轻松，自由的景观，应当曲线或自由布局景物。景物水平布局与景物高度设计结合，更能构成富于变化感和韵律感的空间。经过各种聚集方式会显示各种效果，比如，阅兵式的士兵、车辆的整齐布局显得壮观。公园中的树木随机种植排列，显得轻松、自由。

4）景物个体数量的设计

景物个体数量多少与观赏效果关系很大，量变会导致质变。个体景物包括建筑物、动植物、人等。营造壮观、气派的景观，需要聚集数量很多个体景物，才能产生这种效果。热闹、繁华的场面应当有大量的人群、车辆，可造成车水马龙、人气很旺的景象。

▶ **知识要点提醒**

造型设计一直是设计界研究的重要课题，作为景观设计者，也需要不断研究造物形态的美化与创意设计。设计者要善于观察、勤于思考，发挥想象力，从各种事物形态中获取灵感，发现美的造型元素，为自己的创意设计提供素材。

4.2.5　色彩元素设计

色彩可分为无彩色与有彩色两大类。黑、白、灰属于无彩色，只有明度变化。任何有彩色都具有色相、明度和纯度三种视觉属性。任何景物都会有一定的色彩，而且色彩对景

101

观风格特征的形成具有很大的贡献，因此，对于景观设计者来说，它是一种十分重要的设计语言。

1. 景物色彩的视觉特性与表意功能

色彩是一种特殊的视觉元素，它依附于物体而存在，但是具有独立的视觉属性，可以构成独立的色彩视觉语言体系，它对人的认知系统能产生很大的作用。因此，认识色彩的视觉特性和表意功能，对于景观设计者巧妙利用色彩，充分发挥色彩的表意功能十分有益。色彩的视觉特性表现在：

1) 具有显著的注目性

有形有色的事物多会通过人的视觉感知引起心理反应，而色彩对人的视觉心理作用更为显著，人对色彩的反应比形状来得敏感、强烈。色彩的视觉通觉现象也普遍存在。对于色彩的物理特性大致由冷暖两个色系产生。波长长的红光和橙、黄色光有暖和感，相反，波长短的紫色光、蓝色光、绿色光有寒冷的感觉。正是这种心理反应赋予了色彩丰富的内涵，使其具有丰富表意性和表情性。春季姹紫嫣红，夏季郁郁葱葱，秋季层林尽染，冬季银装素裹，是色彩所具有的魅力。如果没有色彩的作用，世界就会单调许多。人感觉到色彩以后会引起联想、联觉、想象等一系列心理活动，因此，它所引起的心理感受比较复杂。

2) 具有很强的风格特征表现力

艺术心理学家鲁道夫·阿恩海姆说：色彩的表情作用胜过形状一筹，运用色彩得到的表情不能通过形状而得到。这就说明，色彩在传达情感方面作用力很强，具有其他语言所不可替代的特殊作用。用色彩来表现景物的风格特征、情调意味会十分明确、直观。色彩本是没有情感的，只是一种物理现象，但是观察色彩的人会移情于它，引起联想和想象，这是因为人们长期生活在一个彩色的世界中，积累着许多视觉经验，使色彩与社会经验之间形成了约定关系，这就使色彩具备了能传达人的思想情感的功能。对于人类来说，色彩语意有共性之处，也有民族或地区差异。

3) 具有很强的文化信息传达能力

色彩的语意丰富而深刻，具有文化性。色彩的象征意义和情感意味是以文化为背景的。人类自古就懂得使用色彩来形象地表达某种意义，在长期的实践中人类赋予色彩很多文化意义，与自然语言一样具备了一定的色彩语言体系。不同民族都拥有自己色彩语言体系。色彩象征意义及特定语意是各民族在不同历史、不同地理及不同文化背景下的产物，既有共性又有一定差异性。由于历史文化背景不同，不同民族（地区）对色彩好恶有所不同，即使同一种色彩对不同民族来说，会有不同的象征意义。在中国黄色象征着皇权，红色象征着革命、喜庆。这种语言现象已经成为景观色彩设计的重要依据。表4-4、表4-5是有关色彩的视觉特性，从中可以看出，色彩的语意非常丰富，表意功能很强。用色彩来表达设计者的意象和渲染景观氛围有着特殊的意义。正是这种心理反应丰富了色彩的内涵，使其具有表意性和表情性。景观设计者不仅可以利用色彩的这种视觉特性来传达自然和文化信息，而且可以用于传达某种情感和审美信息。色彩的这种复杂的特性对景观构图来说，是重要的设计语言，颇有利用价值。

表 4-4 部分的色彩视觉感受效果

色彩	具 体 联 想	抽 象 感 受 效 果
红色	太阳、火焰、鲜血	喜庆、热烈、活泼、光辉、热情、兴奋、危险
橙色	秋叶、黄土、柑橘	温暖、明亮、热烈、喜悦、堂皇、富贵、烦恼、焦躁
黄色	光线、柠檬、油菜花	明亮、素雅、欢乐、光明、豪华、忠义、衰败
绿色	森林、树木、草地	青春、宁静、温柔、新鲜、生意、和平、复苏
蓝色	天空、水面、大海	朴素、宁静、镇定、清雅、理智、洁净、凄凉、悲伤
紫色	鲜花、葡萄、蔬菜	高贵、庄严、豪华、优雅、神秘、柔和、阴暗、险恶
白色	雪地、盐、白云	朴素、高雅、纯洁、纯真、明快、寒冷、衰亡
黑色	黑夜、煤炭、铁	坚固、高雅、庄重、沉重、悲哀、恐怖、绝望
灰色	乌云、淤泥、灰	朴素、高雅、安定、镇定、平淡、空虚、沉闷

表 4-5 色彩视觉三属性的通觉和视觉感受效果

感受效果	色彩纯度或明度	感受效果	色彩纯度或明度	感受效果
冷暖感	灰、白、绿、青、蓝	冷	红、橙、黄	暖
轻重感	高明度	轻	低明度	重
软硬感	高明度、中纯度	软	低明度、高纯度	硬
强弱感	低明度、高纯度	强	高明度、较低纯度	弱
明快阴郁感	高明度、高纯度、白色	明快	低明度、低纯度、黑色	阴郁
兴奋沉静感	高明度、高纯度、红色	兴奋	低明度、低纯度、青色	沉静
华丽质朴感	高明度、高纯度	华丽	低明度、低纯度	质朴

2. 景观中的色彩元素构成设计

以景观元素设计原则为指导,巧用色彩语言的表意功能,有利于做好景观色彩元素设计。

景观色彩设计要为体现风格服务,并符合观赏者视觉喜好。景观色彩构成与绘画色彩构成具有相同的原理。景观色彩的运用是为了表现意象风格特征。景观的风格多种多样,如高雅、古朴、现代、传统、浪漫、可爱、庄重、典雅、豪华、朴素、粗犷、精致、潇洒、活泼、热烈、雄伟、自然等意象。无论是建筑、设施还是植物都应围绕风格来设计景观色彩构成模式。比如,用单一色彩,而且面积很大,会给人以壮观的感觉。要想获得活泼的视觉效果需要采用色相丰富的色彩构成;如果要想获得庄重的景观效果需要采用色相少、纯度低的色彩构成;自然景观中人工构筑物色彩通常以协调色为宜,如灰色、白色、低纯度色及绿色,不宜太突兀。无彩色与其他任何色彩搭配都容易协调。绿色调、灰色调能使人心情平静;儿童活动场所景物的色彩宜用高纯度色彩、多色相色彩搭配,以适应儿童活泼、天真的心理。城市构筑物应当按照城市色彩规划来设置，每个城市的建筑都有自己的主色调，同时还要适当运用其他色彩来点缀，大多数色彩应当设置低纯度的色彩或灰色调。乡村建筑物适宜采用朴素色调（见彩图12）。

景观设计者要善于利用色彩对人的生理和心理作用所产生的联想和情感的效果，从而在设计中能精确地创造出具有某种风格特征的景观。例如，暖色调容易取得光彩华丽、热烈、庄重的效果，而冷色调常可构成安静、高雅、明快、清爽的效果；豪华的效果可用金、红、灰、黑等色来渲染；表现朴实的效果则可以自然色为主。另外，适当使用高明度、高彩度色，可以获得光彩夺目、热烈兴奋的效果。浅色调可使整个空间显得明快、开阔，氛围高雅。而在住宅居室、旅馆客房、医院病房、办公楼等房间，则采用各种低色调暖色和灰色以获得安定、柔和、宁静的景观氛围。这种单纯的、柔和的、中性色系应用在博物馆、展览馆等的室内色彩设计中比较常见。米灰、紫灰、青灰等各种灰色调的和谐和相互之间微妙的变化赋予人从容、高雅、宁静、和谐的氛围；土黄、土红、土绿、赭石、生熟褐色等各种土色的配合，给人淳朴、稳重、持久和无矫揉造作之感（见彩图12）。合理的配色可以创造出富有诗意的氛围。处理色彩设计问题的关键在于把握好色彩的协调和对比关系。协调统一的色彩，可以避免产生杂乱无章的感觉，但只有统一，缺少变化，会趋于单调。色彩对比太强，会使人感到刺激、跳跃、不安、眼花缭乱。

色彩的心理感受效应来自物理光刺激对人的心理发生的影响。事实上，心理反应与生理反应有着密切的联系。按照中医学思想，红入心，青入肝，黄入脾，白入肺，黑入肾（《黄帝内经》）。红色入心，能激发心脏之气，提高人体组织中细胞的活性，能使人情绪激动。心在五行中属火，因此红色给人一种有如火焰般的感官刺激，产生热烈的心理反应。青色入肝，益肝气。肝开窍于目，故青色能缓解视觉疲劳，能养眼，能使人心情平静、舒畅。现代心理学家所做的实验也证明，在红色环境中，人的脉搏会加快，血压有所升高，情绪兴奋冲动。而处在蓝色环境中，脉搏会减缓，情绪也较安定。但是其成因机理还是用中医思想来解释显得深刻。

从成因来说，用于景观的色彩可分为自然色和人工色。自然色是指自然物质所表现出来的色彩，如天空、水体、植物等的色彩。人工色是指人工技术手段创造出来的色彩，如塑料、金属、瓷砖、玻璃、涂料等各种人工材料的色彩。它们所传达的信息各不相同。由于人看到色彩后会产生生理反应及联想、想象等心理反应过程，使色彩的这些属性会引起观赏者的多种心理感受效果。生理反应会导致心理反应，难以截然分开。同时，地域文化也会赋予色彩一定的文化属性，使各种色彩具有特定的文化象征意义。

▶ **知识要点提醒**

色彩在景物设计中具有重要意义，色彩设计也是设计界研究的重要课题。作为景观设计者，必须提高自己的色彩美的鉴赏力，尤其是色彩的格调的把握能力。不能轻视色彩在构景中的作用。限于版面，本书对色彩的基础知识没有介绍，如果你要从事专业设计，至少要掌握色彩基础知识，如色彩混合、三属性、色彩对比设计、色彩协调设计等。

4.2.6 动静元素设计

客观世界有静止的物体，还有运动的物体，看似寻常，但是对景观设计来说，景物的动静状况决定着景观的风格特征。景观设计中，需要根据景观的风格定位来考虑景物是以静为主，还是以动为主，还是动静结合。动静适度才是景观设计的理想模式。动态景物可以活跃气氛，但是过分强调动，也容易使人疲劳；静态现象可以造成幽静气氛，但是过分强调静，也容易使人产生窒息感。

1. 景物的动静状态的视觉特性及表意功能

总体上，动和静可引起截然不同的感受效果，对景观风格特征形成的影响很大。动态事物能给人以生动活泼感，静态事物能给人以宁静庄严感。

1）景物的动静状态对景观风格特征影响很大

（1）静态事物具有宁静庄严感。静态的物体会给人以安定、稳定、静穆、永恒、可靠、松弛，但是也有沉闷、消极、懒惰等感受。静态物体尽管是不动的，但是也可以通过感受者知觉而产生运动错觉，比如人物或动物雕塑的姿势能造成动感，有些线条也能产生动感等（表4-2）。不同方向的动势也可给人不同的感受。向上的运动趋势常使人联想到上升、前进、辉煌、崇高、伟大、神秘；向四周扩张的运动趋势能让人感受到开放、热情、大方、亲切、爽朗、接近、发展、雄壮、进攻、扩张、敌对；向下沉降的力给人感觉稳定、坚毅、向心、牢固、被动、消极等。立方体显得很稳定，重心高的、上大下小的物体动感强；重心低的物体，上小下大的物体，有稳定感；轮廓线曲直变化丰富物体的动感大于轮廓线曲直变化单纯的物体；轮廓线长短变化丰富的物体的动感大于轮廓线长短变化单纯的物体；轮廓线转折急缓对比强的立体，动感大于轮廓线急缓对比弱的物体；肌理对比强的物体的动感大于肌理对比弱的物体。

（2）不同动态事物具有生动活泼感。运动状态事物有活泼感、自由感，能表现旺盛的生命力，可以活跃景观氛围，增强节奏与韵律感。不同的运动状态、移动方式会有不同的视觉效果，不同方向的动势也可给人不同的感受。看到蠕动的动物的移动方式，会令人不舒服。天上飞翔的动物最能表示自由自在的意味。

动态物体应当分为快速和慢速，它们的视觉效果存在很大差异。高速运动的物体会造成心潮澎湃、兴奋不已的感觉。慢速运动的物体具有悠闲、轻松的感受效果。动感强的事物，注目性强、具有外向的性格，有助于表达旺盛的生命力，向周边的扩张。特使人联想到男性的粗犷、豪爽、奔放和健壮的体魄、充沛的精力。物体的运动感越强、所造成的视觉吸引力也越强。物体的剧烈运动会给人以危险、紧张、恐怖、不安、威胁等感受。因此，把握运动物体数量以及运动速度对景观设计来说很重要（表4-6）。慢速运动的事物具有悠闲、亲切、柔和、坚韧、可爱，以及女性的温柔、含蓄、内向的性格等视觉特性。看到行动笨拙的大熊猫，有可爱的感受；看到骏马奔驰，给人以精气神；快速行驶的列车，令人惊骇。

2）动态事物比静态事物注目性强

与静态事物相比，动态事物注目性强，即比静态事物容易引起视觉注意。如果想要强调或突出某种事物，让其动起来是一种有效的方法。

3）动态事物易造成视觉疲劳

静态事物可让人心里平静，而动态事物能使人兴奋，如果人的兴奋时间过长，则过犹

表4-6 事物运动方式与速度的视觉感受效果

运动状态			视觉感受效果	
运动方式	直线		水平：畅快；上升：崇高；下降：自由；斜线：不安放射：热情、发展、扩张	
	曲线	几何曲线	韵律、优雅、柔和、轻盈、灵巧、含蓄	人为、条理、严谨、端庄
		自由曲线		自然、自由、随意、浪漫
	折线		节奏、动感、焦虑、不安	
	连续		流畅	
	跳跃		节奏、不安、躁动	
	飘动		自然、悠闲	
	圆圈		圆满、单调、永久、等待	
速度	快速		热烈、活泼、有力、兴奋、不安、紧张、危险、浮躁	
	慢速		悠闲、轻松、亲切、柔和、坚韧、舒展、温柔、含蓄、内向、软弱	

不及，就会导致视觉疲劳，正所谓的"性静情逸，心动神疲"（周兴嗣《千字文》）。如果是需要长时间逗留的场所，不宜设置很多动态景物。

2. 景物动静状态构成设计

以景观元素设计原则为指导，巧用动静语言的表意功能，有利于做好景物动静状态的设计。

景观中少不了动态事物与静态事物，关键是要做到动静适度。在设计中，需要根据景观风格定位来确定动静要素设置，比如，要创造幽静的景观环境必须以静态物体为主体，减少动态景体；要创造热闹的景观环境必须有一定量的动态景物。

利用动态事物来创造生动活泼景观，利用静态事物创造宁静庄严的景观。主景观可以安排动态元素来突出其地位，宁静的景观不可安排许多动态景观元素。要想引起观赏者注意，应当将此事物设置动态，但是不能太多，太多容易乱，可以将重点的景物赋予动态元素。

人可以操纵的可动景物有水、机械、车辆、动物、人、光、烟火、旗帜等，可以利用的可动景物有云、植物（风动）等。这些都是景观设计中可以利用的动态元素，还应当知道，这些元素除了具有运动以外，其性质还会传达出其他方面的信息，在不同的场景可设置适当的动态景物，来创造特定的景观氛围。静中要有动，动中要有静，动静适度，只有动静适度及景物运用得当，才能达到理想的效果。比如在没有动态景物的景区设计流水、喷泉等，可以避免过于寂静而导致的沉闷（图4.9）。

即学即用

观察一些自然和人文景物的结构形态，分析其造型与色彩特征，品味各自的意味，分析对景观构成有什么意义。

(a) 跌水　　　　　　　　　　　　(b) 喷泉

图 4.9　动态景物的设计示例

4.3　旅游景观具象构景元素设计

具象景观元素指的是具体的事物，是从事物的本质属性来定义的，而不是从抽象形式来定义。每一个事物的属性都非常多，这要看你是从什么角度去看，比如物理、化学、生物、文化、地理等属性。景物的物理属性、生命属性、内涵属性等是与人视觉、听觉、嗅觉感受及情感关系密切，是对景观设计有价值的属性。比如岩石、水、植物、人、建筑、道路等都会散发出各种具有欣赏意义的信息，来刺激人的视觉神经。不同性质的景物，语义不同，显示出的观赏特性，对景观情调的渲染，氛围格调的产生具有十分重要的意义。具象景物与抽象形式语言有着不同的语法体系。世间万物的构景元素很多，每一种景物既可以当作构景元素，也可以当作主景来欣赏，这取决于观赏者的关注焦点和取景方式。人类创造的景观不仅仅只考虑纯人文景观元素的设计，经常还需要改造、利用、创造自然景观元素，这里也算是设计工作的一部分。具象景观元素设计可以分为两部分：人为自然性景观元素和人文景观元素等。

4.3.1　人为自然性具象旅游景观元素设计

人类对自然有着特殊的情感，在造景时总忘不了将自然景物引入人造景观中或者仿造自然事物，以满足自己的情感和审美需要。由于人类利用、改造和模仿自然景物，就出现了人类改造或仿制的"自然景物"，尽管不是自然生成，但是部分或完全具备自然事物的视觉特性，比如人造的山体、河流、植物、天空等景观能达到足以乱真的程度。这种景观的出现给分类带来了麻烦，这种人改造或创造的"自然景观"，从观赏效果看，也可归入自然景观。然而，从成因上，凡是人为的景观应属于人文景观，因此这里不妨称之为人为自然性景观。自然景物的引入或创造不仅可用于人文旅游景区构景，而且可用于自然旅游景区构景，可以弥补原有景观构景元素的结构缺陷（如缺山或缺水或缺植物等）或美化景观，对丰富景区景观元素结构，改变景观的风格特征，提高景观的观赏价值都具有重要意义。

1. 地形景观元素设计

地形景观设计是制定人工地形的改造、创造方案。

1) 地形的构景价值

地形是重要的景观构成元素，很多自然景观是山景，它也是景观的"骨架"。地形包括山体、谷地、平地、洞穴等地表形态。从观赏意义上看，地形景观无论是天然的还是人工的只要有自然气息，都可以当作自然的地形看待，主要看效果，可以不管成因。人造地形并非做无用功，而是具有重要意义的。不过，很多地形通常不需要设计，只需利用，即只要进行改造或创造。人对地形的创造能力是有限的，只限于小范围。园林中的叠山理石，就是创造地形元素，是对富有意味的自然山体进行模仿，以提高景观的观赏价值。地形设计主要是解决如何堆积小山体或洞穴问题。地形的构景价值主要有两方面：

（1）丰富景观构成元素和景象形态。如果在没有山体的平坦地区，加上有起伏的山体，景区中就因此而多一种观赏对象，多一种情感的寄托物，也丰富了景观元素结构及景观的结构线条，减少景观的单调感。

（2）山体既可作为主景，也可作为配景元素。这取决于山体的观赏价值高低。

（3）山体具有隔景的作用。山体的隔离作用能使景区形成自然性分区，也使景区空间感扩大。

2) 地形景观的设计思路

地形景观元素设计是对自然地形的模仿，是丰富景区景观元素的手段之一。地形的设计是按照欣赏的需要，制定对自然地形起伏、岩石、洞穴的形、神、质进行模仿的方案。地形的形态设计应做到：形态丰富、奇异，极尽自然地形之形之神之美之趣。地形构筑可用天然材料，也可用人工材料，不管材料如何，以做到足以乱真的程度为好。

（1）山体设计。山体可用天然泥土、石堆砌，也可用混混凝土仿造。现在人们能够用混凝土模仿假山，是一种增加景观元素的有效方法。不过自然山体的模仿看似容易，想要做得乱真却不容易，其中较难的是对自然岩石的形、质、神模仿。而我们要做的就是要以假乱真。古代中国园林设计理论中"叠山理石"就蕴含着造山的思想。就山体设计而言，如果用土堆积，只能堆出形态平缓、单调的山体，而用奇石堆积的山体形态就丰富得多。为了体现配景效果，需要对山的高度、体量、形态进行设计。如北京的景山公园的煤山和北海公园的琼岛、苏州的有些园林中的假山等都是人工山体。景区内建设地形、放置天然岩石景观，相当于将自然"搬回家"，会多一些自然的气息，使人文景观不再那么单调，能调节人的情绪状态。由此可见，一个小的设计会带来很大的效益。

山的设计要处理好假山体量与其所在环境及人的尺度的比例关系。一方面，使人观赏"山"有近景、中景、远景不同效果。另一方面，山所处的空间宜宽敞、高大，不能有狭小感。此外，假山本身的体量不宜过小，体量太小就失去山的气势。

山形处理上要主次分明，山峦的处理也应起伏有致，上下层次要有高低错落之势，左右层次要有大小之差，给人以层次的丰富感。按山石的脉络、岩层的走向、峰峦的起伏布置，相互呼应。山形处理上要有挺拔、险峻之势，山崖石挺拔陡峭，垂直而要有起伏变化，宜上大下小，使之造成"险"的效果，同时要注意平衡，造成稳中求险、险中存胜的自然形态。而两崖之间出现的"一线天"，更能增加悬崖峭壁之险峻感。山峰之险峻，山峦之起伏，沟壑之深不可测，山洞之幽幽，山矶之悬石，山坡之平缓无不展现大自然造化之美。置石叠山目标在于模仿自然，应当以自然界的山为模本，从中汲取营养(图 4.10a)。

（2）石洞设计。叠落的山石，偶开石洞，既增加野趣，又增添自然气息。山之石洞，设在山腰、山底有观赏与使用之别。观赏者宜小宜巧，给人以奇趣；使用者要根据使用的度量大小，同时要注意，山洞与山体的大小比例关系（图4.10b）。

(a) 堆石   (b) 人造洞穴

图4.10 叠山理石（苏州园林狮子林）

（3）岩石设计。山石的形态以"瘦、漏、透、皱"为美。所谓"瘦"即石形要细长、挺拔；"漏"即有凹凸变化，坑洼不平，轮廓曲折多变；"透"即洞多而通透，空间变化丰富；"皱"即指山石的表面有褶皱，"石令人古"的意境。零散的石头散落于园之中，或置于池岸湖边或露出水面，或嵌入地面，立于草坪。在组织散石时要主次分明、大小有别、三五成群、错落有致，创造出自然、随机的意趣。

知识链接

中国古代园林设计理论专著《园冶》

　　《园冶》由明代计成所著。它是中国古代留存下来的唯一一部关于园林设计的著作，全书共三卷，分为兴造论、园说、相地、立基、屋宇、装折、门窗、墙垣、铺地、掇山、选石和借景等十二个篇章。计成，字无否，号否道人，明代杰出的造园艺术家，生于明万历壬午年（1582年），自幼倾心艺术，擅长书画。天启三年（1623年），计成到武进为罢官文人吴玄造园，营造了一处仙境般的园林——"东第园"，从此名声大振，后又设计建造了常州的"吴园"，扬州的"影园"，仪征的"寤园"，后经安徽太平府又鞍山名士曹无甫提议，用文字图样把造园的方法记述下来，以传后世。1631年开始写作一本取名《园牧》后改《园冶》的专著三卷，该书不但影响我国，而且东渡传播到日本及西欧，成为造园学的经典著作。《园冶》，又名《夺天工》。刊行于明崇祯七年（1634）。《园冶》是理论性与实用性都很强的著作，对园林设计、景观设计有重要指导意义。

（资料来源：http://baike.baidu.com/view/1077010.htm）

---

2. 水体景观元素设计

水体景观元素设计是要按照欣赏的需要，制定人工水体景观元素建设方案。水可以通过动静状态、流动形式、形态、色彩、声音的设计为景观添色。

1）水体的构景价值

水体是重要的景观构成元素，世间很多景观是水景。"游山玩水"一词说明了山和水在景观中的地位。水性阴柔、易动，山性阳刚、宁静，水与山结合，可得阴阳互补、动静结合之妙，一处景观如果只有山而没有水，似乎就不完美。古人把水当作景观中的"血液"、"灵魂"。在中国园林景观几乎是"无园不水"。因此，水的构景意义是很大的。水的可塑性很大，因此水景观的创造比地形模仿来得容易些，水体的流动模式也可以多样化，因此可做的"水文章"也比较多。可见的水体状态有固态和液态。水体景观设计主要是指液态水景观的设计。液态水景常见的形式有四种：静水、流水、落水和喷水，其中流水、落水和喷水合称为动态水。水体元素在构景方面的价值主要有如下两方面。

（1）丰富景观构成元素内容。在没有水景的区，加上水元素，可以起到弥补其景物元素结构的缺陷作用，多一种情感的寄托物，也丰富了景观元素结构及景观的结构线条。

（2）可以活跃景观氛围。山不能动，而水能动，动态事物具有活泼、有生气的特性，我们可以利用它来为景观添加动的因素，能使景观变得滋润、有灵气。

2）水体景观设计思路

水体景观设计应按照景观元素设计的原则，按照不同水体的构景价值和景区风格需要来进行，做到动静适宜，提高水景的观赏价值。

（1）静水景观设计。平静的水能使人心情安定；它还能形成物象的倒影，增加空间的层次感，易使人产生幻象美妙的视觉感受，激发人的想象力；同时，静水通过透光、反射周边景物的光线，呈现美妙的色彩。由于静态水线条单一，作为主景会比较单调，更适宜作为配景元素。

自然界的水面很难做到绝对的平静，这里的静态水并不是指绝对平静的水面，而是指从视觉意义上的平静，即没有明显动感的水，以心理感受为标准的静水概念。自然界中有静态水体(如湖、池塘等)和水流缓慢的水体(如平静时的河、海等)。不过这里只讲各种人工静态水体，也就是人工蓄水形成的水体，不包括天然形成的水体，因为天然的就不能算人工的水体，也就不存在设计问题，只有利用问题。人工静态水体规模可大可小，比如三峡水库很大，小水库很多。

人工静水可设计成两种形式：一种是自然形式静水(图4.11)。即仿照自然水体的状态来设计，其形态应设计成非生物自然形态，水岸材料用沙、土、鹅卵石、(仿)岩石为材料，为的是不露任何人工痕迹，如同自然形成，"虽由人作，宛自天开"。另一种是规则形式静水。其形态可设计成所需的形态，可为规则形或有一定含义的不规则形(生物形态等)，可以利用形状来赋予文化意义，水岸材料可以为人工材料或半人工材料，为的是提高水体的实用价值和赋予文化内涵。这两种形式的人工静水在审美风格和内涵大不相同，前者自然，后者严谨，应当根据需要来妥当选择。

（2）流水景观设计。流水是由于河床落差而流动的一种水体形式。流动的水是一种动态构景元素，可使人产生畅快、悠闲的感受，对景观构成具有一定价值。自然界有很多这样的水体，自然溪流、河流。这里只讲是人工流水景观设计。人工流水景观主要通过控制河床形状、河床材质、水量、水深、宽度来体现风格特征。流水作主景和配景均可。

人工流水也可以设计成两种形式：一种是自然形式流水。即仿照自然河流的状态来设计，其岸线应设计成非生物自然形态，河床用沙、土、鹅卵石、(仿)岩石为材料，为的是不露任何人工痕迹，如同自然河流。另一种是规则形式流水，即典型的人工水渠。其岸线

(a) 安徽南陵小格里风景区   (b) 江西庐山如琴湖风景区

图 4.11 静水景观设计

可设计成所需的形态,可为规则形或有一定含义的不规则形(生物形态等),也可以赋予形状某些文化意义,水岸材料可以为人工材料或半人工材料,为的是提高水体的实用价值和赋予文化内涵(图 4.12)。

(a) 仿天然河床与岸线   (b) 规则河床与岸线

图 4.12 人造河流河床与岸线处理方式及其效果比较

(3) 落水景观设计。落水是河床有大的落差条件下形成的一种水流形式。自然界中存在许多这种流水形式,常见的有瀑布、叠水等。大瀑布落差、水量、声音很大,给人震撼的力量感;小瀑布则有亲切感。人类可以模仿小瀑布,主要通过控制岩床形状、岩床材质、水量、宽度、水形态、跌落形式来体现风格特征。跌落的水是一种动态构景元素,可使人产生畅快、神奇的感受。落水本身观赏价值比较高,适合于作为主景。人工落水是为了丰富景观元素而设计,按照其形式,人工落水分为两种:自然形式落水和人为式落水。前者是为了赋予自然特性,后者是为了满足特殊造型需要,赋予人文气息。在进行人工落水的设计时应注意以下要点。

① 流水量设计。流水量不同关系落水的效果,在设计时应确定落水所要达到的效果,确定蓄水量。如果要体现壮观效果,必须提供大的水流量;如果获得秀美效果,只需中等或小水量。

② 落水口设计。落水口的处理,直接关系落水形态,是整齐还是错落。如果是设计自然式落水,其落水口的设计需要与自然状态一样,在平面上和立面上都要有变化,以使水在跌落时有宽窄、薄厚之变化,切忌过于整齐、规则,其材料也必须仿造自然岩石。如果是设计人为式落水,其落水口形状可以是规则的,水的形态也可以是规则的。不过总体

上自然式比人工式更为耐看。

③ 落水形式设计。落水部分是观赏的主体。落水的形态是由落水所依附的落水口的形态决定的。在设计时应根据景观风格、题材要求，选择适宜的落水形式。按照其跌落方式的不同，落水可以分为线落、布落、挂落、层落、叠落等。从观赏角度看，以形态丰富、奇特者为佳。

④ 落水潭设计。落水的下面应当设计一个瀑潭，用来盛接跌落下来的水，一般来说，其横向宽度应略大于落水体的宽度。如果是设计自然式落水，其落水潭形态应当设计成非生物自然形态，潭床用沙、土、鹅卵石、(仿)岩石为材料。如果是设计人工式落水，其落水潭形状可以是规则的(图 4.13)。

(a) 天然跌水　　　　　　　　　　　　(b) 仿天然跌水

图 4.13　跌水景观设计效果比较

（4）喷水景观设计。喷水是水体在压力的作用下从低处向高处喷涌，再在重力的作用下从高处向低处跌落的水体形式。喷水是一种很活跃的动态构景元素，可造成各种节奏、韵律，可使人产生畅快、充满生机的感受。喷水本身观赏价值比较高，适合于作为主景。自然界中不存在这种流水形式，而且只有现代技术才能造就，因此喷水景观具有浓郁的人文气息和现代气息(图 4.14)。

(a) 喷水造型比较丰富　　　　　　　　(b) 喷水造型比较单调

图 4.14　喷水景观设计效果比较

喷泉是喷水的主要形式之一，也是现代景区动态水景的重要形式，常与声、光效果配合使用。由于水的可塑性很大，加上先进的科学技术的作用，加大了人对水的控制能力，可以造成形式变化万千的喷泉景观，比如音乐喷泉、程控喷泉、摆动喷泉、跑动喷泉、光亮喷泉、游乐趣味喷泉、超高喷泉、激光水幕电影等。

喷泉的喷头是完成喷泉艺术造型的主要工作部件，它的作用是把具有一定压力的水，经过造型的喷头，形成绚丽的水花，喷射在空中。各种不同的喷头组合配置，更能创造出千姿百态的水花，产生奇妙的艺术效果。喷头的种类很多，按照结构形式不同，可分为直射、旋转、水膜、吸力、雾化等多种类型；按照所喷水流的花形不同，可分为蒲公英、喇叭花、牵牛花、蘑菇、冰塔、开屏以及喷雾喷头等多种类型。

3. 植物景观元素设计

植物景观元素设计是要按照欣赏的需要，制定植物景观元素构建方案，也有些人将植物景观设计称之为绿化景观设计。人类对植物有着特殊的感情，喜欢用植物来装扮自己的家园。因为植物具有很好的实用和观赏功能，功利性和超功利性的需要都能从中得到满足。从功利性角度看，种植植物可以改善气候，减少自然灾害，防止水土流失，净化空气等。从超功利性角度看，形态、色彩的审美价值都比较高，植物是有生命的东西，使环境显得有生气。从景观角度看，植物可以分为陆生植物、水生植物、海洋植物。景观设计主要涉及陆生植物、水生植物。

1）植物的构景价值

植物的构景价值主要有四个方面。

（1）植物在美化环境中具有特殊的作用。植物是生命体，是生命力的象征，能给景观环境带来生机，哪个地方有植物，哪个地方就显得优美，植物几乎成了优美景观的标志物，如果一处景观没有植物的点缀将会逊色许多，几乎所有景区的美化都少不了植物的功劳。

（2）丰富景观构成元素内容，决定景观风格特征。在人工构筑物中配以各种高度、形态、色彩的植物会使景观线条变得参差错落，形态、色彩特别丰富，情趣无限。植物是柔性景物，可赋予景观以柔情，在人工建筑之间配置植物，就不会再显得生硬、冷漠。植物能引来动物栖息，能增加景区新的动态的视觉和听觉元素。植物能散发宜人的芳香气味，在嗅觉上都给人以良好的感觉，使一年四季色彩丰富。植物的高度设计在构成景观风格中发挥着重要作用，比如高大植物能创造出古老、幽静景观环境。

（3）植物可用于组织空间。在景观中常常利用绿篱或乔木等来限定与分割空间，以阻隔视线、分割区域空间。

（4）植物既可作为主景，也可作为重要配景元素，这取决于植物的观赏价值高低。

2）植物景观设计思路

植物景观设计应按照景观元素设计的原则，按照不同植物的构景价值和景区风格需要来进行，尤其要重视科学性与艺术性结合。植物景观设计必须考虑各种植物生长所需的光照、气温、土壤、水分等环境因素，在生长环境允许的情况下，考虑高度、形态、色彩等观赏因素。植物景观创造方式主要有两种：种植和制作（假）植物。从观赏效果来说是以种植为佳，假植物往往缺少真植物那种神采（生命的活力），形似易做到，而神似难做到。植物的观赏特性主要从高度、布局、形态、色彩、年龄等方面体现出来，因此植物景观的设计主要从这些方面展开。

（1）植物高度设计。植物会随着季节的交替而变化，也会随早晚、阴晴、风雪、雨雾等自然条件的变化而变化。植物种类繁多，数不胜数，根据高度及生长方式，陆地植物可分为乔木、灌木、地被植物、藤蔓植物等几种。乔木可分为常绿和落叶两种。乔木按高度可分大乔木（高 20m 以上）、中乔木（高 10～20m）及小乔木（高 5～10 m）。灌木的高度矮小，主干不明显，通常是低于 5m 的木本植物，枝干不超过 0.5m 者为小灌木。地被植物高度通常在 1m 以下，一般为年生草本植物或一些低矮灌木或藤本植物。

如果要创造古老、文化底蕴深厚、幽静的景观，需要有高大粗壮的植物。因为树的高度、粗细与树龄有关，它可暗示其生长的历史久远，同时高大的树木可以造成郁闭的空间。高大树木单独欣赏时能给人以雄伟壮观的感受，还有很好的隔景作用。中低等高度的植物显然没有这样的效果。低矮植物也有其用途，可作为柔软的地面材料。低矮灌木可以作为绿篱，草可以用于种植草坪，用于创造宽敞的景观。采用单一草种、高度相同的草的草坪效果较好。每一种高度的植物都能发挥其自身的作用。景观中的植物正好也需要高低错落、变化多样，以符合形式美规律。

（2）植物布局方式设计。植物排列布局方式分为规则和随机排列两种，前者是为了获得整洁、庄重或与其他景物协调的效果，后者是为了获得一种自然的气息。如果在人文景观中，应当两者兼顾；如果是在自然景观中，应当选择后一种。

不规则式配植。孤植也称单植，指单株植物孤立种植。对于观赏价值高或高大树木，孤植便于单独欣赏或配景。孤植常用于大片草坪中、花坛中心、小庭院的一角。孤植的树木应当形态美观且高大、树冠开阔。丛植：三株以上同种或异种植物不等距地种植在一起属于丛植。这是园林中普遍应用的方式，可用作主景或配景，也可用作背景或隔景，具有随机分布特点，能表现植物的自然丛生状态。群植：多种植物组合成较大面积的植物群，一般以乔木居多，也可配以灌木。群植应属于构图上的主景之一，群植要体现自然组合形态的参差错落感。组成群植的单株植物的数量一般在 20～30 株以上。群植应选择在开阔场地上，如小岛屿、宽广水面的水滨、大草坪边、小山坡上等。在树群前方至少要留出树群高度 4 倍的空地距离，树群宽度 1.5 倍的空地以供游人欣赏。群植以分为纯种树群和混交树群两种，后者应用较多。群植内植物要用随机布局，有疏密变化，常绿、落叶、观叶、观花的树木应采用复层混交、小块混交与点状混交相结合的方式。附植：有些植物本身无法直立生长，要靠缠绕或攀附其他物体才能向上生长，对于这种植物需采用附植，附植一般分为攀援和悬吊两种。不规则带植：自然式林带就是带状的树群，如防护林带。

规则式配植。对植：按照一定的轴线关系配置相互对称或均衡的两组树木，每组植物一株或多株，同种或多种植物。对植主要用于公园、建筑、广场等的入口以及道路两侧，起着平衡构图的作用。行植：在规则式道路、广场上或围墙边沿，呈单行或多行的，株距与行距相等。几何形种植：行列等距的正方形排列；行距大于列距的长方形排列；株行距按等边或等腰三角形排列；按一定株距把植物圆环形排列。规则带植：可用于屏障视线，分隔景区空间，作背景，庇荫，隔音等，如绿篱、绿岛、行道树、防护林带。

（3）植物形态设计。植物外观形态容易修剪改造。人类为了满足自己的需要，有时候会对植物形态进行修剪造型。植物形态配置可采用两种方式：利用植物原有形态特征进行有目的的组合，对植物原有形态特征进行有目的的修饰造型。不过，未经修剪和修剪过的景观其审美风格和蕴含的意味会大不一样。未经过人工修剪造型的植物形态具有朴素、自然、浪漫之美；经过人工修剪成几何体的植物形态具有整齐之美、艺术装饰之美、人文之美，并融入文化和情感内容（图 4.15）。

(a) 形态、层次丰富   (b) 整洁、静穆（王宗英摄）

图 4.15   植物形态设计

　　若要丰富景观层次、形态，获得植物的自然形态美，在种植植物时需要利用多种植物的形态来混合种植，如按照高与矮、横与竖、邪与正等特征进行搭配。若要获得整齐、简洁、统一之形式美，需要将植物外形修剪成主观需要的形态，如修剪成圆球形、方块形、动物形、器物形等。两者各有所长，也有所短。过犹不及，只讲究整齐，会导致呆板而缺少趣味性；只讲究错落，会导致乱而无序。这就需要根据场所不同来平衡使用这两种处理方法。由于不同国度的人的审美情趣不同，对植物形态的偏好有明显区别。中国人植物造型倾向于喜欢保留植物原有的形态；而西方人倾向于喜欢将植物按照人所需要的形态进行修剪加工。在现代城市植物景观设计中往往这两种手法都用，以获得多样与统一兼顾、自然美与人文美兼备的效果。

　　树冠形态还关系到氛围的营造。比如尖塔形的树形可产生庄严肃穆的气氛；线条圆润流畅的树冠，尤其是垂枝形的树种常形成柔和轻快的气氛；规则的树冠可产生庄重的气氛（图 4.16）。

(a) 植物形态与景物的呼应   (b) 整形过的树枝的特殊意味

图 4.16   植物整形的意义（泰国玉佛寺，王宗英摄）

　　（4）植物色彩运用。植物色彩是显示其美感的重要方面，对景观风格形成也具有举足轻重的地位。植物的色彩特征是通过叶子、花朵、果实的色彩来体现的，尤其是花的色彩具有更高的观赏价值，因此配置植物的时候需要充分考虑植物的生理属性和外观属性。植物色彩应当从空间和时间两个维度进行合理的组合配置。从空间上看，通常以丰富多变性为佳，配置植物时需利用植物叶子、花朵、果实色彩来体现多样化，避免过于单调。不过有时候大面积单一色彩也能产生壮观之美，如大面积油菜花，数量可观的黄、红叶树，大面积的草坪（见彩图13）。从时间上看，植物的色彩随季节的不同而有所变化，花的色彩更加值得重视，可分区分段配置，使每个分区或地段突出一个季节植物景观主色调，在统一中求变化。应使四季皆有景可赏，就避免某一时段太单调。

（5）植物种类配置。植物种类配置必须考虑植物生理特点、实用功能、观赏特性及象征意义四个方面因素。例如行道树，为满足主要功能蔽荫、隔音，要求选择树干高、生长快、耐修剪、耐烟尘的树种。而绿篱要求选择上下枝叶茂密，耐修剪能组成屏障的树种。种在山上的植物，要求耐干旱，并要能绿化山体。水边植物要求能耐湿，且有利于构景。在树木种类配置上，还应兼顾快长树与慢长树，常绿树与落叶树，乔木与灌木，观叶树与观花树等的搭配。在植物配置上还要根据不同的意义和具体条件，确定树木花草之间的合适比例。如纪念性公园，就可多种植些常绿树比较有利于营造氛围，寄托寓意。有时候需要单一植物，可以构成壮观的景象。比如大面积的桃树、梨树、石榴树、油菜、梅花，开花时节就会显得特别壮观。混合树种，可以构成茂盛的景象。此外，种植稀有植物或本地特有植物，也可以提高植物景观的观赏价值。

4. 动物景观元素设计

动物景观元素设计是要按照欣赏的需要来制定动物景观元素构建方案。人类与动物共同生活在一个地球上，同属于动物，都是地球上能活动的生物。与植物相比，动物能自由活动，具有较强的行为能力，并能表达喜、怒、哀、乐等情绪，其行为与人类具有可比性，与人沟通能力也比较强，因此，将其作为欣赏对象，除了形态、神采、行为等方面便于进行情感交流，现实中，人类对动物有着特殊的感情，喜欢观赏动物，与动物亲密接触。不过动物与人之间既有友好的一面，也有竞争的一面，有些动物对人类生命有威胁。从景观角度看，动物可以分为陆生动物、飞行动物、水生动物。

1）动物的构景价值

动物的构景价值主要有以下几方面。

（1）能体现自然和谐、生机无限的环境特点。人类与动物共处，比如人类生活区有动物出现，这显示出人对动物的爱护，动物对人的信任，显得人与自然非常和谐；动物又是能动的生命体，生命力的象征，能给景观环境带来生机。

（2）丰富景观构成元素内容，影响景观风格特征。作为动物构景元素，关键是动物的性质与其他景物不同，对景观构景元素是一种重要的补充，而且景观变得活泼，主要不在于其形态与色彩之美。

（3）动物具有较强的趣味性与情感性。动物的相貌、形态、色彩、行为具有趣味性；动物表情能力胜过其他事物，还便于与人沟通情感。

（4）动物既可作为主景，也可作为重要配景元素，这取决于动物相貌及行为特征的观赏价值高低。

2）动物景观设计思路

动物景观设计可以分为直接性和间接性设计。因为动物是可以自由移动的，我们很难限制它们的行为。如果要观赏它们，除了到自然界去观赏以外，还可以将它们控制起来，或将它们引到人类活动区域，即创造它们愿意到此生活的环境。自然界的动物，属于自然景观，最好不去干预。作为景观设计者只要考虑如何控制和引导动物行为。

（1）动物景观的直接性设计。动物景观的直接性设计是研究如何利用一定的强制性措施控制动物行为。陆生动物、飞行动物可用笼子或坚固的屋舍圈定，水生动物在特定的水域养殖，也就是动物园的做法。相比而言，水生动物比较好控制，而且观赏效果也比较好，因为没有复杂的设施阻挡视线。对于难以控制和具有危险性的动物用笼养是不得已的办法，不然的话，很多动物是无法让更多的人欣赏。但是对于欣赏者来说，在这种欣赏场所的观赏效果并不理想。在这种矛盾中，只能在场所设计上做文章，其原则是让动物具有足够的自由活动空间，防护网不挡视线，便于接近观赏，还要有安全性。对于凶猛动物的场所设计做到这些更难，应当全面考虑这些因素，以便获得理想效果。相对来说，水生动物观赏场所设计比较好做，水里养鱼观赏，水族馆都可以，观赏效果也比较理想。总体上看，限制动物的行为本身就不是最佳的创造动物景观的方法，因为在限定的空间内，动物的行为会不自由，不能显示其天性，观赏价值会大打折扣。从观赏效果来看，动物景观的观赏最好是在自然状态下观赏。

（2）动物景观的间接性设计。通过引导或驯化动物行为方式来创造动物景观，属于间接性设计，这里没有特别强制性措施，只是为动物自由的活动创造环境或条件。主要的设计思路有：①设计在一定的区域内放养动物。我们很难做到让动物满街跑，但是在一定的区域内放养动物，主要是放养温顺不伤害人的、观赏价值高的动物。②建立措施，保护动物、保护环境的措施(绿化环境，减少水、空气污染)。筑巢引凤，让某些动物如鸟类、温顺的动物愿意到某景区活动，愿意与人接触。绿化环境，引来鸟类和蝴蝶。③驯化某些动物，让动物能做某些表演。间接性设计属于长远的工程，需要相关法律和制度的支持，并非设计师一人所能做到(图 4.17)。

图 4.17 动物景观设计(王宗英、李传璋摄)

知识点醒

动物景观在传统景观设计中很少提及，不过将其排除在景观构成元素之外也是不妥的，因为确有其独特的构景价值，现实中也确实存在，比如建设动物园就是一种动物景观设计。

5. 天空景观设计

一切自然景观都具有观赏价值，人类对任何自然景物都试图模仿，除了山、水、动植物景观以外，还有云彩、天空、星星都有模仿。天空景观元素设计是要按照欣赏的需要，制定天空景观构建方案。

1）天空的构景价值

天空的构景价值主要有以下几方面。

（1）丰富景观构成元素内容，影响景观风格特征。天空是远大、浩瀚的象征，只要是在室外，经常都能看到天空，天空经常是作为背景元素呈现在视野中。即便是配景也具有一定的语意，是晴天还是阴雨天，是白天还是黑夜，是满天星还是月圆时刻。

（2）具有情感性。月之阴晴圆缺，日之升起下落，都蕴含一定的情调意味。

（3）主要作为重要配景元素，有时候也可以作为主景。

2）天空景观设计

人做不到改天换日，但是有办法模仿天象与气象。天空太大，不可能原样仿造，主要利用光学原理来虚拟实现。这在小范围内是可以实现的，比如香港威尼斯水城就成功模仿了天空景色（见彩图 14）。天空景观都是建在封闭的室内，用现代高科技，利用光学原理进行模仿。比如天文馆模拟天象，游乐场中的太空场景。

6. 海底景观设计

海底世界对人类来说是一个神秘、令人向往的地方，可惜一般人很难接近它。如果能将其展示给大众，确实很有意义。

1）海底景观的构景价值

海底景观的构景价值主要有以下两方面。

（1）可独立成景。海底是独立的，而且主景不易突出，人们要感受的是海底的综合气象。

（2）可构成神秘而美丽的场景。海底世界生长着各种植物，其丰富程度胜过陆地，其色彩更是精彩绝伦，而且至今还有很多秘密未能被人类揭开。其观赏价值很高，遗憾的是普通人很难深入观赏和了解。

2）海底景观设计思路

海底景观具有很高的观赏价值，可是普通人却难以欣赏到。为了便于观赏，人们想了很多办法，主要是通过设计潜水器、建设通向海底的观赏通道、建海洋馆等方法来实现观赏目的，最常见的是建海洋馆，相比而言，它的技术难度是比较小的。建海洋馆是将海洋环境"搬到"陆地上来，建设技术难度很大。海底景观建设方案应尽最大可能体现海底世界的空间和生态的自然特征，展示不同海洋环境的自然状态。如海洋极地馆中，将整个馆体的展陈空间模拟自然环境，设计成海水环绕的效果，让人置身其中便感受到海洋的深邃与震撼，使观赏者对大自然的认识更接近于原有状态（见彩图 15）。

4.3.2 人文具象旅游景观元素设计

人文性具象旅游景观元素指的是人类创造的并且仍然保持人文特征的景观元素，是相对于自然性人为旅游景观元素而言。它给我们创造的是人文美景观。它所包含的内容很多,如建筑、雕塑、道路、设施、物品等。

1. 建筑景观元素设计

建筑是建筑物与构筑物的总称,是人类为了满足生活需要,采用物质材料,运用所掌握的技术,按照一定的思想观念、科学规律和美学法则创造的物体。建筑景观设计是要按照欣赏的需要,为建筑景观建设制定一个方案。建筑设计包括技术设计与艺术设计,其中艺术设计是针对观赏需要的设计。由于建筑是人类生活和社会活动的主要场所,是地方文化的符号,也是人文景观的最主要构成元素,因此在景观设计中具有特别重要的地位。

1)建筑的构景价值

建筑的构景价值主要有四个方面。

(1)建筑是人文景观的最重要构成元素。从实用功能上看,建筑为人类提供了生活、学习、工作、娱乐等活动场所。在人类居住地,最重要的景物是建筑物,无论是城市还是乡村,凡是有人居住的地方基本上都有建筑,是人类活动场所标志性景物,因此也是最重要人文景观构成元素。世界上著名的人文景观大多是建筑物。

(2)建筑风格是决定人文景观风格的主导因素。在人类所造之物中,建筑的体量、高度都很大,出现的频率也高,因此建筑在一处景观中对景观风格形成往往发挥着主导作用。

(3)建筑可用于隔景。建筑物的高度很大,阻隔视线、分割区域空间。建筑既可作为主景,也可作为重要配景元素。

(4)具有较高的观赏价值。建筑的创造行为及其产品都具备艺术所应具备的属性,自古就被美学家们当作艺术来看待。建筑是记录人类文明和文化的符号,也是人类社会发展和进步的标志,因此蕴含着很多文明历史信息。

2)建筑景观设计思路

建筑景观要按照景观构景元素设计的一般原则来做,同时,建筑景观化设计应当强调风格化、特色化、审美化、内涵化思想,这样才能提高建筑的观赏价值。相反,风格同化、没有特色、没有美感、没有内涵的建筑就会缺乏观赏价值。建筑景观通常按照两种思路来设计:一是继承传统风格,二是设计全新风格。不管是观赏建筑、纪念建筑,还是实用建筑都要以体现风格特征为目标。

(1)传统风格建筑设计。建筑外观是建筑风格的决定性因素,也就意味着,建筑景观的外观特征决定着建筑的观赏特性。传统建筑风格的类型多种多样,比如中国风格、欧洲风格、阿拉伯风格、传统风格等在造型上差别很大,每个国家或民族还有地区风格差异。不管采用什么风格,设计者首先必须进行风格定位。建筑的风格主要从建筑外观特征表现出来,即主要从造型结构、表面装饰手法、色彩构成、材料选择体现出来。其中造型结构是体现建筑风格和特色最主要最基本的标志。比如,飞檐翘角式的中国建筑、哥特式建筑、阿拉伯建筑很容易被识别,主要是由于造型结构上的显著差异。四合院式建筑、徽派建筑、福建土楼等建筑在造型结构上也有很大区别。传统风格建筑在这些方面都有一定的模式,不需要专门设计,只需要将其应用到新建筑景观设计之中。在传统建筑的仿制或修复设计中,还要妥善解决现代生活必须设施与仿古建筑之间的不协调问题,做到修旧如旧。避免现代卫生、供电、电话、照明等设施或建材太显露。当前，由于人地矛盾比较突出及人类生活方式的变化，而传统建筑不利于空间集约利用，也不能完全适应现代生活方式需要，尤其是现代城市人口高度集中，使得传统建筑风格的传承很困难。传统建筑只能在局部景区范围内建设，只是作为一种代表地方文化特色的符号保留下来。正是这些原因，城市建筑风格的同化和现代化现象非常明显，比如上海的建筑与北京的建筑没有明显区别，国内与国外建筑区别不明显（见彩图 16）。社会经济的发展使得乡村建筑也悄然发生了变化，有些乡村也出现了现代化的趋向。这些现象的存在，不利于提升建筑的观赏价值，需要政府和专家共同来解决这些新问题。

（2）新型风格建筑设计。新型风格建筑设计可以不考虑地方传统建筑风格，但是要与地方文化或相关文化相结合。新建筑设计，不但需要有创意，不落俗套，又要有寓意，符合审美规律，有趣味性，这样才能得到公众的喜爱，才能成为不朽的作品。造型风格设计是建筑设计家们研究的重要课题。世界上很多独具特色的建筑成了著名的建筑景观，体现了造型设计的价值。例如悉尼歌剧院、"鸟巢"、"水立方"等都是设计大师们的杰作，吸引了世界各地观光客前来观赏。建筑设计的创新主要从造型结构、材料选择体现出来。几何形、生物形与随机形都是很好的造型素材，尤其是自然界的生物形与随机形更受到建筑设计师们的青睐。建筑风格多样化、新奇化也成为建筑设计的一大趋势（图 4.18）。

(a) 新加坡港口建筑（王宗英摄）　　(b) 法国埃菲尔铁塔（李传璋摄）　　(c) 法国卢浮宫（李传璋摄）

(e) "鸟巢"体育馆建筑（王宗英摄）　　　(f) "水立方"体育馆建筑（王宗英摄）

图 4.18　建筑造型创意设计案例

2. 雕塑景观元素设计

雕塑景观指的是以雕塑为主体所构成的景观。雕塑是指为装饰环境或纪念某人某事而雕刻塑造的立体观赏物和纪念物的艺术行为。具体地说，雕塑是指按照一定目的，用各种可塑材料或可雕刻的硬质材料，创造出具有一定空间的可视、可触的形象，借以反映现实，表达作者的思想情感的艺术行为。雕塑又称雕刻，是雕和塑的总称，其作品也称为雕

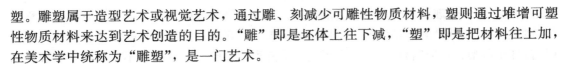

塑。雕塑属于造型艺术或视觉艺术,通过雕、刻减少可雕性物质材料,塑则通过堆增可塑性物质材料来达到艺术创造的目的。"雕"即是坯体上往下减,"塑"即是把材料往上加,在美术学中统称为"雕塑",是一门艺术。

1) 雕塑的分类

(1) 按照雕刻作品形式,雕塑可分为圆雕、浮雕和透雕(图4.19)。圆雕是指不附着在任何背景上,可以从各个角度欣赏的立体雕塑,浮雕是在材料表面一定深度范围所做的单面雕塑,呈现半立体的形象,只能供一面欣赏。根据雕刻深浅浮雕可以分为神龛式、高浮雕、浅浮雕、线刻等几种形式。透雕又称为镂空雕,是介于圆雕和浮雕之间的一种雕塑,镂空材料所形成的两面雕塑,可以两面观赏。

(a) 圆雕　　　　　(b) 浮雕　　　　　(c) 透雕

图4.19　圆雕、浮雕和透雕

(2) 按照材料及表现形式,雕塑可分为传统雕塑和现代雕塑。传统雕塑是用传统材料塑造的实体、静态的三维艺术作品;现代雕塑则用新型材料,利用声、光、电等制作的反传统的四维、五维雕塑、声光雕塑、软雕塑、动态雕塑等。

(3) 按照形象的抽象程度,雕塑可分为具象雕塑、半抽象雕塑和抽象雕塑。这种分类类似于工笔画、写意画、抽象画。具象雕塑是真实再现客体形象特征的雕塑(如蜡像,西方雕塑);半抽象雕塑依然再现客体形象,但是不注重表现细节,在似与不似之间,重在神似和意味的表达;抽象雕塑不再现客体的具体形象特征,仅仅保留意象,使人看不出具体的是什么,似是而非,只能感受其中的意味(图4.20)。

(a) 具象雕塑(蜡像)　　(b) 半抽象雕塑(李传璋摄)　　(c) 抽象雕塑

图4.20　雕塑形象抽象程度比较

(4) 按照功能,雕塑可分为纪念性雕塑、主题性雕塑、装饰性雕塑、功能性雕塑、架上雕塑。纪念性雕塑是以历史上或现实生活中的人或事件为题材,用于纪念。主题性雕塑是对某个特定地点、环境、建筑的主题作说明,点明主题,它具有纪念、教育、美化、说明等意义。装饰性雕塑是专用于观赏的雕塑，起着装饰环境的作用，应用广泛，也被称之为雕塑小品。功能性雕塑是依附于实用品的雕塑，是将观赏与实用功能相结合的一种雕塑（如台灯座雕塑、垃圾箱雕塑）。架上雕塑又称陈列性雕塑，尺寸一般不大，用于摆设。以上所说的五种分类不是绝对的，雕塑分类间有交叉，如纪念性雕塑也可能同时是装饰性雕塑和主题性雕塑，装饰性雕塑也可能同时是陈列性雕塑。

（5）按照所用材料，雕塑可分为木雕、石雕、泥塑、蜡像、沙雕、冰雕、雪雕、金属雕刻、陶瓷雕塑、植物雕塑。

2）雕塑的构景价值

雕塑的构景价值主要有四个方面。

（1）装饰环境的作用很强。雕塑属于艺术作品，观赏价值很高，如果有它的存在，能立刻提升景区文化品位。也是将非物质文化转化为物质文化的有效方法，因此当代景观设计中经常将其作为重要构景元素来考虑。

（2）能提升景观的文化含量。雕塑是重要的物质文化产品，它浓缩了思想、艺术、技术、人类活动历史等方面的信息，是记录人类文明和文化的重要符号，因此，它的文化含量很高，能为景区增色。

（3）影响景观的风格特征。西方建筑喜欢用雕塑来装饰建筑的外观，已成为西方建筑风格的典型特征。

（4）雕塑适宜作为主景来欣赏。如纽约的自由女神像，丹麦海上的美人鱼，四川省的乐山大佛，龙门石窟都是具有代表地方特色的景观，独立成景。

3）雕塑景观设计思路

雕塑景观设计是为满足观赏的需要，为雕塑制作制定方案的行为。景区雕塑设计应当考虑以下问题。

（1）场所选择。雕塑适用的场所很多，绝大多数人文旅游景区都适用，能起着提升景区文化品位的作用。圆雕需要有足够的空间，适合于空间较大、缺乏可视性景物的景区，作为景区的重要景观来对待。如果景区空间不太大，则可以作为一种景观元素的补充，其体量可以缩减。如果景区空间不大，而且景物种类很丰富，就可以不放圆雕，而采用浮雕和透雕，因为它是附属于建筑平面或用具器物上，不需要专设空间。不能小看雕塑的作用，产生的效果却非同一般，一块石板或木板上有无雕塑，其观赏效果却有着天壤之别。圆雕通常应放在空间节点上或中心点上。

（2）尺度设计。雕塑的尺度需要考虑总体立面高度对比以及园区平面尺度（视距远近），有利于立面观赏构图，这就意味着，小景区宜用小尺度雕塑，大景区宜用大尺度雕塑。作为景区主体的圆雕应当要有足够的高度，以便突出其主体地位。要显示雕塑的雄伟气象，就需要加大其尺度；相反，如果要显示雕塑的亲切感，应当缩小其尺度。

（3）题材设计。题材设计要与景区主题相协调，宗教文化景区雕塑应当以宗教文化为题材，体育文化景区雕塑应当以体育文化为题材，儒家文化景区应当以儒家文化为题材等等，可以起着渲染景观氛围的作用。

（4）造型和色彩设计。雕塑的造型关系其情态、力感、意象特征，因此雕塑设计应当注重造型语言的运用。形态的抽象性与色彩设计关系雕塑风格。雕塑与绘画一样，其形态与色彩形态未必是接近于客观对象才是最有艺术性，关键在于神态的表现。蜡像接近于真实客体，未经过抽象化处理。事实上，雕塑的魅力不在于其是否与对象相似，贵在似与不似之间，关键在于神态、意象的表达。景物对客观事物的模仿也要像绘画一样，"妙在似与不似之间，太似则媚俗，不似则欺世"。将实物抽象以后，能显示实物美的本质属性，具有更高的观赏价值，从抽象层面来看待景观元素，能提升景观的品位。此外，要处理好圆雕色彩与背景色彩的配合关系。比如有的背景为深色，如果雕塑也用深色调色，就会影响雕塑的显示。

（5）材质合理选择。材质对雕塑的主题、神采、趣味、品质的表现有重要影响，因为材质本身就是一种艺术语言，就能表达一定的语意。材料的观赏特性与材质的强度、弹性、韧性、透明度、光洁度等物理和触觉属性有关。同一个雕塑形象如果用不同的材料来雕塑，效果会大不一样。如木雕、石雕、泥塑、蜡像、沙雕、冰雕、雪雕、金属雕塑、陶瓷雕塑、植物雕塑等不同材质，木雕显得温和、朴素；石雕显得凝重、朴实、粗犷；玉雕、冰雕冰清玉洁、玲珑剔透，如琼阁玉宇；蜡像精致细腻；金属雕塑坚固、细腻。同一类材料还有不同质地的差异，会显示不同的观赏效果。比如木料有松软的杉木、泡桐、松木等，还有坚硬的紫檀、红木、黄花梨等，石材、金属也有质地的差异。设计时，应当根据表现的主题、神采、趣味、品质而有所选择。材料的选择除了要考虑材质的观赏特性以外，同时还要考虑可塑性、抗风化、抗老化、抗腐蚀等理化特性。比如青铜的可塑性好，耐腐蚀性强，其表面所特有的斑驳的古朴的肌理颇具历史感，可以表现出微妙的细节，适合于表现历史性、纪念性主题的形象；铸铁浑厚古朴，细节变化也很丰富，但其耐腐蚀能力较差，一般不适宜在露天环境中做雕塑；颇具现代感的不锈钢和各种合金材料，它们表面光滑、质轻、易拉伸，但这些材料表面有刺眼的反光，无起伏的肌理，只适合塑造简洁的雕塑；由素胎直接烧成的陶瓷雕塑，表面粗糙，具有苍劲古朴的效果；加有釉面的陶瓷雕塑，表面光亮，显得典雅细腻、华贵（见彩图3）。

3. 设施和物品景观设计

人类生活和生产中还会用到各种各样的设施和物品，它们也会经常出现在我们的视野中，如果出现的适当的场所会有协调感，能增强氛围感，相反，则会打乱景观的风格特征。从景观欣赏角度看，设施和物品不只具有实用功能，同时也具有观赏价值。在景观设计中将其设计成景观小品，极大地提高了它们的观赏价值。不过如果没有按照欣赏需要去设计设施和物品设计，未必具有观赏价值。这就需要设计师为此作出努力。设施和物品在人类活动区域普遍存在，种类十分多样，比如公交车站、过街高架桥、街灯照明、灯笼、护柱、防护栏、电话亭、广告牌、幌子、橱窗、商亭、垃圾箱、变压器、输电线、电话线、饮水器、厕所、空调器、座椅、导向牌、告示牌、消防设施、交通标志、交通工具、劳动工具、工业产品、农业产品、文化用品、家用物品、装饰物品，这些都有可能成为景观构成元素。这些东西本是为了实用的需要而不得不让它们存在，其中有些兼具实用和观赏价值，不过其中些是不该出现在景观中，甚至是令人厌恶的。比如垃圾箱、变压器、输电线是人们不愿意看到的东西，它对景观构成没有贡献，可是现实中又少不了它（图4.21）。

1）设施和物品的构景价值

设施和物品的构景价值主要有三个方面。

(a) 船只（观赏价值高）　　(b) 船只、桥梁、灯笼（观赏价值高）　　(c) 电缆（无观赏价值）

图 4.21　设施的观赏价值比较

（1）设施和物品是人文景观不可忽略的构成元素。从实用功能上看，设施和物品对于人类活动是不可缺少的，是人类活动的标志性景物。比如道路是人类活动不可缺少的设施，是人流车流的主要通道，无论是城市还是乡村，凡是有人居住的地方都有道路。

（2）可以渲染景观风格。每一种场景都有标志性设施和物品，能为观赏者提供很多相关环境的信息，因此它对景观风格形成发挥着一定作用。比如古文化环境、宗教环境、商业环境都有自己设施和物品，如果除去这些东西，这些环境就变味了。

（3）设施和物品多以配景元素存在。设施和物品大小尺度不等，观赏价值也高低不均，但是大多体量不大，被当作"景观小品"看待。

2）设施景观设计思路

设施和物品景观设计是为了观赏的需要，对可进入我们视野的各种设施和物品进行协调化、景观化处理，将它们转化为欣赏对象或为景观增色，防止某些煞风景的东西出现在景观中。从某种意义上看，颇有几分城管局的工作性质，城市设施和物品外观做美化处理。这种设计行为设施和物品是在不影响其实用功能的前提下来进行美化处理。

（1）性质的协调化设计。一定的场景应当有相匹配的设施和物品，保持和谐性。交通设施、专业设施、劳动工具、工业产品、农业产品、武器、文化用品、家用物品、装饰物品等，需要按照景观风格与场景时代来设置，与场景相吻合，避免乱象。比如，某个朝代的场景只能出现相应朝代的设施和物品，不是那个时代的设施和物品就不应出现；西方风格的场景只能出现与西方文化相关的设施和物品，不宜出现东方文化的设施和物品；乡村风格的场景只能出现与乡村文化相关的设施和物品，不宜出现城市文化的设施和物品。只有相匹配，才能获得好的观赏效果，否则会煞风景。

（2）排列的整洁化设计。设施、物品多了，就会显得乱，排列的整洁化，有助于提高景物的观赏价值，比如车辆、家具的整齐摆放，道路的等宽处理等（图 4.22a）。

（3）外观的协调化设计。虽然设施和物品是为了满足旅游者生理和行为的需要，但是不能让其成为视觉环境中多余的东西，或者不协调的东西，而是要尽量使它们与景观环境、文化景观有机融合在一起，当设施和物品性质与某种景观不协调或其不具备观赏价值时，还有一个可以弥补的办法，即对外观进行处理，避免这种不和谐（图 4.22b），也就是说对设施和物品的造型、材料、色彩、位置、体量进行和谐化处理。或者将其"伪装起来"，防止不和谐因素的出现。比如，古代房子里可以用现代性质的设施和物品，但是需

(a) 街面的整洁化　　　　　　　　　　(b) 公厕景观化设计

图 4.22　设施、物品景观化设计

要做伪装处理。再比如，照明设施，古代用蜡烛或油灯，可以用在外形处理上与此相同；厕所外观可以做成某种美观的造型；垃圾桶可以做成与景观协调的树桩形、岩石形、雕塑形等，这都是很好的外观协调性处理方法，也是很有必要的；如果要建设索道，应当考虑如何让它更隐蔽。

（4）外观的景观化设计。并非所有的设施和物品都需要伪装，有些完全可以景观化处理。其实，有些设施和物品本身就可以景观构成要素，也可以独立成景，比如桥梁、船只、马车、灯笼等设施都具有观赏价值。古木船本身就具有观赏价值；照明灯具设计成传统的红灯笼，可以提高观赏价值。因为红灯笼的文化内涵很丰富，不仅可以象征中国文化，还具有喜庆的意味。

3）设施景观设计举例

设施和物品涉及面很宽，限于篇幅，仅以道路景观设计为例来说明。道路景观设计具有重要地位，道路是串通景区的线条，是景观构成中的骨架，是一种重要的构成要素。人类活动离不开道路，不同宽度的道路发挥着不同的功能，有的用来行车，有的用来步行。从景观欣赏角度看，道路不仅具有实用功能，同时也具有观赏价值。道路景观设计也成为道路设计专家需要关注的一个方面。

（1）道路形态设计。道路形态设计需要考虑使用与观赏效果的结合。从实用角度看，直线更有利于减少行程，从观赏角度看，曲线更有韵味，直线显得单调。它们之间有矛盾之处，总体上应当两者兼顾，主要看谁更为重要，具体情况具体解决。如果是园林设计应当强调曲径通幽；如果是城市道路，或者交通主干道应当以便捷为重。中国古典园林道路讲究峰回路转，曲折迂回，强调的是优美与含蓄；而西欧古典园林，讲究几何形状，强调的是严谨与便捷，设计理念起着决定性的作用。盘山公路虽然降低了车辆通行速度，但是曲曲弯弯、富有韵律的线条，看起来比直线公路更有意味。

（2）道路宽度设计。应优先考虑实用功能，公路宽一般在 7m 以上，主要考虑有利于生产、救护、消防、游览车辆通行；次要道路用于沟通景区各节点，宽一般在 3～4m，便于轻型车辆及人力车；步道供人步行，双人行步道一般为 1.2～1.5m，单人行步道一般在 0.6～1m。道路宽度与欣赏也有一定关系，步道是偏僻、宁静的标志，公路是发达、喧嚣的标志，比如乡村多小路。

（3）道路色彩设计。色彩与材料有关，如沥青的黑色、水泥的灰色、石板的青色、泥土的黄色，从这些色彩中感受不到多少美感，如果能在材料色彩上做些文章，也能使人耳目一新，提高道路的观赏价值，那么道路不再只是交通设施了。

（4）道路材质设计。不同材质的道路具有的情调有明显不同。如果要设计成朴素而自然，具有乡村味、古朴味的景观，就适合用泥土、鹅卵石、条石、木板等天然材料来铺路；具有城市味、现代味的景观，就适合用水泥、地砖、沥青等人造现代材料来铺路（图 4.23）。

(a) 乡村道路　　　　　　　(b) 城市道路（意大利罗马街道，王宗英摄）

图 4.23　道路材质设计

4. 人类行为景观元素设计

人类不仅是景观欣赏的主体，也是被欣赏的对象，能构成景观，而且是一种动态的景观，比如劳动、礼仪、生活、宗教、曲艺表演等活动都具有不同的观赏价值。在进行景观设计研究时，不能忽略它的作用。人类行为景观设计是一种特殊的设计对象，属于行为设计范畴。

1）人类行为的构景价值

人类行为的构景价值主要有三个方面。

（1）人类行为是普遍性的人文景观。人类行为天天都在发生，随时可以欣赏到，只不过异地的人类行为比较新奇。

（2）人类行为是活动的人文景观。人类行为是动态景观，可以活跃景观氛围。

（3）人类行为适宜作为主景。人类行为观赏价值高低不均，其中有不少人类行为具有很高的观赏价值，比如竞技、节庆、曲艺表演等。

2）人类行为景观设计思路

行为是视、听两种信息的景观元素，具有观赏价值的行为景观有劳动、礼仪、竞技、生活、节庆、宗教、曲艺表演等。

（1）行为的景观化设计。舞蹈产生于人类的劳动行为，换句话说，人的生产劳动行为是一种未经提炼的舞蹈，具有观赏价值。劳动的动作本身具有美感，如果对动作进行艺术化设计，可进一步以提高其观赏价值。例如，千岛湖居民对打渔收网动作进行美化，提高了观赏价值。各地都有自己的传统工农业生产活动，可开发的景观资源很多，比如还有节庆、食品、用品生产过程都可以开发成旅游产品供旅游者观赏。

（2）行为的景观化利用。人类行为观赏价值也高低不均，观赏价值高的容易受到重视，一般劳动、生活行为景观对当地人来说司空见惯，容易被忽略。比如，当地居民劳动行为、生活方式、语言、服饰等都是观赏元素，都是表征旅游地文化特征的符号。每个地方的居民的生活和劳动行为与当地自然环境、历史文化有密切的联系，值得旅游者品味，因此，它具有较高的观赏价值。打鱼、采茶、犁田、插秧、摘果等，工人加工产品、食品等都是可观赏的景观。尤其是具有很高观赏价值的某些产品的传统生产工艺技术，应当努力挖掘、提炼，并现场表演，让旅游者观赏。服饰可以成为展示地方特色的一个亮点。服饰可以让旅游者感受到一种浓郁的地方文化氛围。在古村落里，如果服务人员和居民穿着传统服装，说古代汉语，做古人做的事，则"古"的氛围更浓。古村落里服务人员可以穿古代服装，更能让旅游者感受得到古代居民的生活环境。各个国家、各个民族、各个地方都有自己的民俗、宗教和艺术活动。比如，各地的斗牛节、婚礼习俗、祭拜祖先、佛事活动、基督教活动、文艺表演等都是可以被利用的景观资源（图4.24）。

(a) 新疆牧民的生活（李传璋摄）　　　　(b) 傣族泼水节习俗

图4.24　人类行为景观设计

（3）行为景观的旅游产品化设计。有些行为本身就具有很高的观赏价值，可直接用于旅游观赏。比如礼仪、竞技、曲艺表演等行为不是日常的活动，而只是在特定的季节或节日才会有。为了发展旅游必须有意识地安排表演活动，变成旅游产品的一部分，让旅游者一饱眼福。

➡ 知识要点提醒

人类行为在传统景观设计理论中通常不被列入设计范围内，但事实上这是一种重要的景观，应当将其作为一种构景元素来设计，不能忽略。

5. 照明景观元素设计

照明源于夜间商业、文娱和节日活动等实用性需要。但是后来人们发现，建筑物经过灯光的照射具有不同于白天的特殊视觉效果，于是就有意识地利用灯光来装饰建筑物，创造夜景，使得灯光的功能从实用转为装饰，用于构景。电灯照明技术的发明和发展为这种装饰提供了十分有利的技术条件，尤其是当今照明技术十分发达，丰富了灯光装饰手法，提高了装饰效果。照明景观具有特殊的视觉效果，对美化景区、丰富景区旅游项目都具有重要意义，因此备受设计者的青睐。

1）灯光的构景价值

灯光的构景价值主要有三个方面。

(1) 用光能创造新的美景。照明虽然依附于其他景物而创设，但是却能造就新的景观。夜间对物体进行光照装饰，尽管景物还是白天那些景物，但是却产生了与白天截然不同的景观，具有琼楼玉宇、美轮美奂的效果，仿佛另外一个世界，比白天观赏效果美得多。很多城市或景区都在照明景观上做文章，以此来塑造新景观。

(2) 灯光可以渲染景观。新的照明技术可以设计成各种各样的造型、色彩，并能产生动态变化，能改变原有景物的观赏效果。

(3) 照明景观多为主景。夜间照明景观的形成有赖于光的作用，因此照明具有独立的特性，没有光也就没有照明景观。

2) 照明景观设计思路

人眼能看到东西是因为有光。黑暗的夜间，为用光造景创造了极好的条件，光在此时可以发挥强大的作用。照明景观（夜景）效果全赖灯光的设计，需要采用多种照明光源的强弱变化和照明方式配合来获得丰富的层次效果，一般包括光的隐现、抑扬、明暗、韵律、流动与色彩的配合等方面的设计来实现（见彩图 17）。

(1) 用光造形。在夜间，形成形态的决定性因素是光，而不是建筑物。利用灯布置来勾绘图形轮廓，可创造各种景物的形态、尺度。其构图方式应当按照形式美的规律来进行，以造成多样统一的效果为基本原则。比如符合参差错落、对比协调、均衡、节奏、韵律、层次、虚实变化等形式美规律。线条要有方圆曲直之变化，造型要丰富多彩。用轮廓照明方式最能醒目地将景观的轮廓勾画出来，线条比较硬实，适用于需要重点突出的景物形态。设计上需要根据构图来确定需要勾绘的景物，甚至可以根据主题需要，不按照物体形态另外添加形态。轮廓照明适合于显示景物大框架，层次感、虚实变化不明显，还需要其他光的配合来进行造景。

(2) 用光显形。投射照明（泛光照明）和内透光照明也是显示景物的方法，能显示景物原有形态细节和色彩，视觉上比较柔和，景物比较虚。凡是造型结构美观或需要突出细部的景物都应当采用投射照明和内透光照明。以灯光的强弱和照明方式来显示景物的层次感。

投射照明是利用投光灯照射物体的表面，使物体具有一定亮度的照明方式。投射照明适用于一些美感度高的公共建筑或纪念性建筑等的立面照明及一些珍贵植物。在进行投射照明设计时，一般需要考虑以下方面：将灯具安装在物体上，应注意物体上的亮度要有一定的变化，避免大面积相同的亮度引起呆板的感觉；灯具安装在物体本身内有难度时，可以考虑灯具安装在临近或对面物体上。如果灯具放在被照物体附近的地面上，不能使人看到灯具的发光面，以免形成眩光，一般可采用绿化或其他设施加以遮挡，如隔栅、遮光板等；灯具安装在灯杆或专门的支架杆上，杆的高度应在 2m 以上，以避免灯光对行人造成影响。宾馆、住宅、医院病房等建筑最好不采用投射照明方式。

内透光照明是指光源发射的光线经过透光介质向外透射的照明方式。在现代建筑里，许多建筑采用的是玻璃幕墙，一般采用内透光的照明方式，它是利用在室内安装灯具透过玻璃向外透光的方式，常见的设计方式有室内灯光反射、光带支架照明、灯光直接向外照明等。内透光照明有许多优点：使灯光显得更柔和；内透光照明容易控制光的照度，照明均匀，能够减少光污染；内透光照明的管理维护更方便；内透光照明保证了建筑外观的均

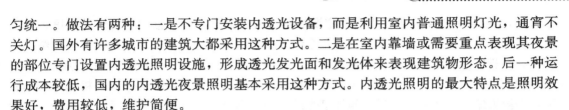

匀统一。做法有两种：一是不专门安装内透光设备，而是利用室内普通照明灯光，通宵不关灯。国外有许多城市的建筑大都采用这种方式。二是在室内靠墙或需要重点表现其夜景的部位专门设置内透光照明设施，形成透光发光面和发光体来表现建筑物形态。后一种运行成本较低，国内的内透光夜景照明基本采用这种方式。内透光照明的最大特点是照明效果好，费用较低，维护简便。

（3）用光赋彩。夜间的景物色彩显示有赖于光色的运用。照明景观中色彩有两种，即灯光色彩和物体色彩。夜间物体显示的色彩是物体原色与光色混合所产生的。因此，灯光色彩设计也需要按照景观色彩构成需要来设置，色相、亮度、彩度均需要符合设计目标，还要参考物体原有的色彩情况。比如，树木用绿色光，水用蓝色光有助于强化原有色彩，建筑物用无色光、红色光、蓝色光等可以使景物色彩丰富。建筑景观照明大部分都采用泛光灯具。白炽灯、高压钠灯多金黄色，可照出暖色效果。汞灯显示出带蓝绿的白色。金属卤化物灯发白色光，不改变原物体色彩。光源的照度值应根据受照面的材料、反射系数和地点等条件而定。

（4）用光传情。光线可以创造特殊的环境氛围。同样一处景观日景和夜景有着天壤之别，这说明光照对景观效果影响很大，光能使空间充满灵性，使空间洋溢着一种情调、一种情感。不同光线下，意境不同。对景观意境效果影响较大的是光的色调、亮度、色彩丰富程度。冷色光下会形成凄凉、阴森的意境，暖色光下会形成热烈、浪漫的意境；昏暗的光线下会形成宁静、阴森的意境，明亮的光线下能形成亮丽、灿烂的意境。色彩丰富有利于形成快乐、华丽的意境。灯光可以将建筑装扮得流光溢彩，使人如临仙境，创造出绝妙的诗境和梦幻效果。用古典的灯具产生的光又会传达出一种浪漫情感，如烛光、油灯光。

4.3.3　旅游景观材质、肌理元素设计

材料特性中蕴含的很多信息可引起观赏者的情感反应，其中对欣赏效果影响较大的是材料的材质、肌理，而且不同材料的感受差异非常明显。

1. 材质、肌理的概念

材质是视觉与触觉对材料某些内在属性的感受。肌理是视觉对物体表面纹理、构造组织给人的偏向于感受，可以暗示物体的不同质地，是材料的表面效果。观赏者通过视觉、触觉对材质、肌理感知，可以判断其对人类的利用价值，并获得与此有关的人文活动信息的综合认识，不仅可以获得物体的硬度、比重、温度感、光洁度、透明度、弹性、韧性、紧密度、纹理等性质的印象，还会形成华丽、朴素、豪华、精致、古朴等意象感受效果。材料的内在性质与表面肌理存在一定联系，它们存在表里关系，肌理可以表现物体的质感。比如根据木纹肌理，人会判断出这种材料为质地较轻、有一定弹性、温暖的木质材料。但是如果是假的肌理也会让人对材料质地做出如真材料一样的感受。在客观世界中，可构成景观的材料非常多，几乎所有物质材料都可以构成景物。例如，泥土、水泥、木头、石头、金属、塑料、纸张、皮革、棉麻、稻草等，每一种具体的物质材料都具有其独特的物理、视觉和触觉特征。材质、肌理作为景观设计的一种基本语言形式，同色彩、线条一样具有造型和表达情感的功能，并具有审美意蕴。

根据成因，肌理可分为天然肌理（木纹、大理石纹等）和人工肌理（如仿木纹、仿大理

石纹等）。触觉和视觉是肌理感受的主要器官。通过触觉，可以感觉到物体的硬度、光洁度、纹理等性质。不同的材质、肌理，会给人带来不同的心理感受。如大理石材质给人以华贵、高雅的感受；布纹材质、肌理传达了亲切、质朴的感受；细腻、光亮的肌理，会给人轻快、活泼、华丽的感觉；平滑哑光的肌理，会给人含蓄、质朴的感觉；粗糙有光的质面，会给人笨重、沉重的质感；粗糙哑光的肌理，则会使人感到厚重、质朴的感觉。材质是指材料的冷热、比重、硬度、弹性、韧性、色泽、透明度等属性。

2. 材质、肌理的构景价值

材质、肌理的构景价值主要有四个方面。

（1）不能独立成景。材质、肌理是物体的部分属性，是对观赏有影响的属性，虽然依附于相应的物体而存在，不能独立成景，但是有观赏价值，对景观效果影响较大，可作为景观构成元素与其他景观元素一起欣赏。

（2）影响景观风格特征。肌理可以渲染景观效果。同一个景物，如果采用不同的材质、肌理，风格特征会发生很大变化。比如，一幢建筑物用木料和石料构筑，效果会明显不同。

（3）能丰富景物的表情。不同的材质、肌理会呈现不同的表情特征。

（4）能传达多种景观背景信息。比如，古代材料显示的是古代文化信息，现代材料显示的是现代文化信息，斑驳的墙体显示的是历史久远的信息。

3. 材质、肌理设计思路

材质、肌理是一种重要的景观设计语言，有着自己的设计语法体系，每一种材料都会散发出自己的信息，有它自己的"歌"，如果能用好它，就能创造出具有更高观赏价值的景观。正因为如此，每一个景观设计师都十分注重材质和肌理语言的运用。比如，米斯喜好表现钢与玻璃的特性，柯布西埃则倾心于钢筋混凝土，赖特钟情于砖石，阿尔托则擅长运用木材的肌理、节疤以及加工留下的创痕来表现浓厚的自然韵味。

1）用材质、肌理表现景物情调

材质、肌理中具有情感特性。设计者应当掌握每一种肌理语言所能传达的信息为表达情感服务。借景物肌理设计可寓情于景，设计者的审美理念、精神追求就找到了抒发的寄托物。肌理在艺术实践中的运用不但能丰富作品的表现力，而且还能增加景物的内涵性、趣味性。这不仅仅是物象的外表之美，在这些肌理背后还蕴藏着更为深层的意蕴。肌理作为视觉艺术的一种基本语言形式，同色彩、线条一样具有造型和表达情感的功能。人类可以利用或模仿物体肌理，还可以创造新的肌理，为景物设置各种各样的组织结构，或平滑光洁，或粗糙斑驳，或轻软疏松，或厚重坚硬。这种种物体表面的肌理具有可能表现出审美特征及情调意味，给人以不同的视觉感受。用木材、皮革、织物等细致光滑的质感可以营造细腻的、女性的、优雅的情调；砖石、混凝土等可以营造粗糙厚重沉重的、男性的、雄浑有力的情调；金属合金材料如合金钢、铝合金、金属箔、镀锌板、镀铜片等金属可以营造精致、华贵的情调；玻璃材料的透明、轻盈、光洁的质感可以营造神秘、梦幻的奇妙境界的情调。

2）用材质、肌理表现景物风格

由于人类在长期的生产、生活实践中，对各种物质材料经常地接触和利用，所以，人们对构成立体的各种物质材料的质地性能,在感觉和知觉上产生了反映(表4-7)。例如,石头、金属给人感觉坚硬、沉重木头、塑料给人感觉轻巧、温暖,棉布、毛线使人感觉柔软、温暖等等。金显尊,玉显贵,黄金美玉最尊贵,正是对材质语言所能表达的语义,也说明人对不同材质感受心理的差异。同样是石质材料,但是玉石与石灰石的质地不同,玉石显得华贵,石灰石显得朴素。此外,质地还是一种文化符号,其中还包含很多文化信息构成景物表情语言,不同质地给人的心理感受不同。艺术家通过对材质的选择与再造,可传达出特定的意念信息,以材质感配合体量、空间、动静等要素,可表达出极为丰富的思想和内容。表意功能也就蕴含其中。既给人物理的感觉,也能导致抽象的感觉。当人体接触、观看物体时,会获得一定的感受,这种感受与视觉、味觉、嗅觉和听觉相结合,使我们对物体及其材质多种特性有更多、更全面的认识。例如,玉石的晶莹剔透,花岗岩的朴实厚重,白云的轻盈飘逸,显示出不同的风格特征。粗糙的质地能给人豪放、原始、质朴、坚毅的感受;透明、光滑的质地能给人华丽、精致、细腻、现代、轻巧的感受;柔和质地能给人以亲切、稳定、含蓄等印象。

表4-7 常见材料的材质与肌理的感受效果

材料分类	举例	具体感受特征					抽象感受效果			
							原材料或粗加工		精加工	
天然材料	石材	坚硬	沉重	寒凉	无弹性	不透明	自然朴素	刚毅 凝重	精致华丽	冷峻 豪华
	泥沙	松软	较重	较凉	无弹性	不透明		亲切 朴素		精致 朴素
	木材	较硬	较轻	较暖	有弹性	不透明		温馨 浪漫		精致 温馨
	竹材	较硬	较轻	较凉	有弹性	不透明		温馨 浪漫		精致 温馨
	草	松软	很轻	温暖	有弹性	不透明		朴素 亲切		朴素 亲切
	兽皮	柔软	很轻	温暖	有韧性	不透明		高贵 温馨		华贵 温馨
	水	柔软	较轻	冰凉	有弹性	透明	朴素 亲切 滋润 纯洁			
人造材料	金属	坚硬	沉重	寒凉	有弹性	不透明	刚毅 华贵 精致 细腻			
	塑料	松软	较轻	较暖	有弹性	不透明	亲切 温馨			
	玻璃	坚硬	沉重	寒凉	无弹性	透明	高贵 豪华 清澈			
	水泥	坚硬	沉重	冰凉	无弹性	不透明	简朴 粗糙			
	砖块	坚硬	较重	较凉	无弹性	不透明	简朴 粗糙			
	陶瓷	脆硬	沉重	寒凉	无弹性	不透明	高贵 豪华			
	石膏	松脆	较轻	较凉	无弹性	不透明	洁净 雅致			
	布料	松软	很轻	较暖	有韧性	不透明	精致 温馨			

3)利用材质、肌理创造意境

材质、肌理中很多信息有渲染环境、创造意境的作用。譬如设计师将金属铜光滑、坚硬的质感和强反光的特性应用在宾馆、饭店等建筑的厅堂里,来营造华丽的景观氛围;将石材的粗糙、坚硬、耐久、沉重的特性应用在形体简洁、体量宏大的建筑上来营造古朴,庄严和神圣的景观氛围，如埃及金字塔和雅典神庙等；将木材的自然纹理及柔和、亲切、朴实的特性，应用在住宅的内部空间，来营造温馨、浪漫的居家景观氛围。设计中常见的材料有金属、陶瓷、砖石、塑料、木材、皮革、织物、玻璃、橡胶及各种复合材料等。它们以其不同的表面特征，营造出各种各风格特征的景观(见彩图 3 与彩图 18)。

➡ **知识要点提醒**

表 4-7 只列出了最常见的一些材料，现实中材质非常多样，视觉效果有许多差异，比如同样是石材，但是花岗岩、大理石、青石、石灰石等石材观赏效果还是有差异的。作为景观设计者，还要多关注各种材质的具有的观赏特性，并学会利用这种语言来为营造某种风格的环境服务。

📝 **即学即用**

观察你身边的各种景观材料，分析他们具有的感受效果。

4.3.4 其他旅游景观元素设计

旅游景观中还有一些非视觉因素也对景观欣赏效果产生影响，比如声音、气味对景观欣赏影响较大。

1. 声音、气味对景观欣赏的作用

声音、气味对景观的作用主要有三个方面：

(1) 对景观欣赏的有辅助作用。声音、气味是环境中能感受到的信息，也是对观赏有影响的属性，从狭义的景观概念看，它们都不是景观构成要素，但是对景观观赏效果有一定影响，起辅助作用。

(2) 影响景观风格特征。声音、气味可以渲染景观效果。同一个场景，如果采用不同的声音、气味，风格特征会发生变化。

(3) 能传达多种景观背景信息。比如，流水声和汽车声显示的是不同的场景氛围。

2. 声音、气味景观元素设计思路

了解声音、气味的构景价值，科学应用它们的表意功能，可以为创造理想的景观创造条件。

1) 用声音、气味渲染景观氛围

声音是传递信息的方式之一，具有暗示环境特征的功能，能影响人的情绪。它既能使人心情舒畅和平静，也能使人心情烦躁和郁闷，在景观设计中能发挥独特的作用。按照成因，声音可以分为自然声音和人为声音。自然界中存在着各种各样的声音，如风声、雨声、鸟鸣声等。在设计中，如能巧妙地引入自然界的声音，则可以使环境平添一股生机和活力。中国古人早就知道聆听天籁之音的妙处。如杭州西湖十景之一的"柳浪闻莺"，风吹柳叶沙沙的声响，偶尔几声清脆的鸟鸣，使得秀丽的西湖畔平添了几分生机和活力。在景观设计中可利用水声、鸟鸣声来获得大自然的气息。人的心情在这支大自然的交响曲的作用下变得格外轻松、愉悦。利用各种现代技术的音响设备也能烘托景观氛围，例如背景音乐、音乐喷泉。嗅觉所闻到的气味也有暗示环境的作用。桃花香能告诉我们附近有桃花，春天来了；桂花香能告诉我们附近有桂花，秋意正浓。

2）用声音、气味造成特定景观氛围

用声音、气味不仅可以渲染景观，而且还能为景观定调。美国沃思堡水景广场巧妙地利用隆隆的瀑布水声来掩盖城市的喧嚣，改变了城市繁华感，而感受到自然的情调，使得人们的精神能得到彻底的放松。草香、花香、土香是乡村、野外具有的气味；饭菜香味、酒香味是餐馆附近具有的气味。

章首案例回晔

章首案例中的两幢建筑的试图以新奇来吸引眼球。从广告宣传角度看，这样设计建筑能够达到一定的宣传效果，因为其造型很特别，色彩也逼真，语义明确。但是从观赏角度看，并不符合公众的审美情趣，没有遵循欣赏心理规律，所以失败在所难免。其主要问题是太直白、太似原型，而显得俗媚，没有文化内涵。客观世界各种物体的造型可以利用，但是要按照审美规律来利用，重在得其神，得其意，照搬其形往往不理想。

本 章 小 结

本章是要说明旅游景观的设计方法。本章内容立足于构成旅游景观的单元素来阐明设计原理与方法，为景观元素组合设计做铺垫。首先，说明了旅游景观视觉元素设计的设计原则，景观意象构思对景物形式起作用。然后，分别从抽象元素和具象元素两个角度解析如何去设计这些元素。抽象构景元素是从平面和立面的点、线、面、色彩、动静状态等方面来叙述，说明了它们在景观构成中的价值及设计方法；具象景观元素是从人为自然性景观元素和人文景观元素两种类型的构景元素展开论述，说明了它们在景观构成中的价值及设计方法，主要包括自然性的地形、水体、生物、天空等元素和人文的建筑、雕塑、设施、物品、道路、灯光、人物等景观元素的设计。

关键术语

景观意象（Landscape Imagery）

意象构思（Imagery Design）

构景元素（Landscape Element）

抽象构景元素（Abstract Landscape Element）

具象构景元素（Concrete Landscape Element）

人为自然性景观（Man—made Natural Landscape）

形态（Shape）

材质（Material Quality）

肌理（Skin Texture）

色彩（Color）

园林（Gardens）

建筑（Architecture）

雕塑（Sculpture）

设施（Installations）

人类行为（Human Lehavior）

知识链接

[1] 郭茂来. 视觉艺术概论[M]. 北京：人民美术出版社，2000.

[2] 黄华新，陈宗明. 符号学导论[M]. 郑州：河南人民出版社，2004.

[3] [德] 库尔特·考夫卡. 格式塔心理学原理[M]. 黎炜，译. 杭州：浙江教育出版社，1997.

[4] [美] 鲁道夫·阿恩海姆. 艺术与视知觉[M]. 滕守尧，译. 成都：四川人民出版社，1998.

[5] 余晓宝. 氛围设计[M]. 北京：清华大学出版社，2006.

[6] 李隆华. 标志设计基础[M]. 重庆：重庆出版社，1987.

[7] 余强. 设计艺术学概论[M]. 重庆：重庆大学出版社，2006.

练习题

一、名词解释

景观意象　意象构思　构景元素　抽象构景元素　具象构景元素　人为自然性景观　材质　肌理　园林　建筑　雕塑　设施　人类行为

二、填空题

1. 景观意象构思对景物形式起着决定性作用，是景观设计的_____环节。

2. 平面和立面都有点、线、面、色彩等形式问题，而且还有多角度多观赏点的构图问题，因此把握形式语言的_____和_____，对景观设计具有重要意义。

3. 面的形态可分为_____形态、_____形态，其中自然形态又可分_____形态、_____形态，人工形态可可分为_____形态、_____形态。

4. 具象景观元素指的是具体的事物，是从事物的_____来定义的，而不是从抽象形式来定义。具象景观元素设计可以分为两部分：_____元素，主要包括地形、水体、生物、天空等；_____元素，主要包括建筑、雕塑、设施、物品、道路、人物等。

三、问答题

1. 旅游景观构景元素设计的原则有哪些？

2. 说明点、线、面形式元素在景观构图中的意义。

3. 说明规则线和自由线的视觉特性的不同之处。

4. 从景观设计角度看，色彩有什么视觉特性？

5. 静态事物与动态事物的视觉特性有什么不同？

6. 如何创造具有自然气息的人文景观？

7. 简述山、水的构景价值。

8. 说明动物的构景价值。

9. 为什么说海底景观比陆地景观精彩？

10. 说明建筑的构景价值。

11. 说明雕塑的构景价值。

12. 说明设施和物品的构景价值。

13. 说明人类行为的构景价值。

14. 说明照明景观的构景方法。

13. 说明材质、肌理的构景价值。

16. 说明声音、气味的对景观欣赏的意义。

17. 一棵树在未修剪之前和经过人为修剪造型后在观赏特性上有什么区别？

18. 天然石块和经过人为造型后的石块在观赏特性上有什么区别？

四、应用题

1. 如果要创造一个自然轻松的景观环境，应当在抽象和具象构景元素上如何设计和组织？

2. 如果要创造一个严肃庄重的景观环境，应当在抽象和具象构景元素上如何设计和组织？

第5章 旅游景区景观设计

本章教学要点

知 识 要 点	掌握程度	相 关 知 识
旅游景区分类	了解	艺术学、美学、园林学、旅游学、地理学、认知心理学
旅游景区景观设计的原则	掌握	艺术学、美学、园林学、旅游学、地理学、认知心理学、符号学、信息学
旅游景区平面、立面和透视构图设计方法	掌握	认知心理学、美学、艺术学
自然旅游景区景观设计的内容和原则	掌握	
人文旅游景区景观设计的内容和原则	掌握	艺术学、美学、认知心理学、符号学、信息学
城市旅游景区景观设计原则与方法	掌握	艺术学、美学、绘画构图理论、符号学、信息学
乡村旅游景区景观设计原则与方法	掌握	

本章技能要点

技 能 要 点	掌握程度	应 用 方 向
自然旅游景区景观设计技巧	掌握	
人文旅游景区景观设计技巧	掌握	景观设计、园林设计、建筑设计、城乡规划
城市型旅游景区景观设计技巧	掌握	
乡村型旅游景区景观设计技巧	掌握	

导入案例

景观原真性的保护与旅游业发展的矛盾——周庄开发旅游后出现的问题

在中国不少地方开发旅游，多存有急功近利思想，缺乏长远意识。许多名胜古迹，没有被发现还好，一旦被发现，就会进行过度开发，大兴土木，修建亭台楼阁，塑像刻碑，甚至随便修建现代化的停车场、游乐场、索道、宾馆，开辟黄金旅游线路。名为复古整修，实则是大造现代旅游景点；名为保护文化遗产，实则是大肆改造和破坏古迹。在一些开发成型的古迹景区里，各类现代人造景点比比皆是，不相干的低俗表演更是随处可见，商家、摊点前的叫卖声更是此起彼伏，加上处处过关斩将的价格不菲的门票，更是令人感到扑鼻而来的是滚滚铜钱的气息，好端端的一处古色古香的历史遗迹被糟蹋成了一个个不伦不类的生意场，让游客体验不到原汁原味的旅游感受。比如周庄，应当是一个古老、僻静的水乡，可是现在却成了人满为患的生意兴隆的交易市场，加上周围被现代化的高大建筑、城市街道、设施所包围，根本找不到昔日陈逸飞所画的那种意境(图5.1)。在中国已开发的景区中，想找一个纯朴、原生态的旅游环境太难。长此以往，我们的子孙后代还到哪里去看一处真正原生态的景观？到哪里去体验那种"野渡无人舟自横""夜半钟声到客船"、世外桃源的意境和神韵。景区的景观设计是一个系统工程，包括人、物景观和氛围的设计。为了创造理想的旅游景区景观，本章将系统阐述旅游区景观的设计问题。

(a) 过于繁华的周庄古街道   (b) 宽敞时尚的现代街道紧临古街道

图 5.1   开发旅游后的周庄古镇

前一章是从景观的单一元素设计来论述旅游景观设计的，为了更好地说明旅游景观设计理论与方法，下面按照设计思想应用到景区的方法来论述景观设计问题。

5.1   旅游景区分类及景观设计原则

5.1.1   旅游景区分类

1. 自然旅游景区

自然旅游景区是指由自然景观构成旅游景区。根据景区中主导景观元素及其性质，自然旅游景区主要可分为山岳型、洞穴型、森林型、草原型、沙漠型、河流型、湖泊型、海滨型、冰雪型等景区类型。

2. 人文旅游景区

人文旅游景区是指以人文景观为主体的旅游景区。根据景区中主导景观元素及其性质，人文旅游景区主要可分为古迹型、城市型、乡村型、宗教型、园林型、民俗型等景区类型。

5.1.2　旅游景区景观的设计原则

旅游景区景观设计应当树立以旅游者为中心的设计理念，而不应以经济效益为中心，正确处理社会效益与经济效益的关系，此乃长久之计。以下原则能体现这种设计理念。

1. 明确风格与主题

明确风格与主题，为的是明确大方向。一旦确定风格与主题，保证设计有了统一的格调，可避免同主题与某一风格相抵触的不和谐"音符"。风格可以按照审美风格和地域风格来定义。例如，国内与国外，现代与古代，朴素与华丽，崇高与优美。主题是针对人文旅游景区而言，是景区的灵魂，是指景区要表现的东西，而景观元素是主题的物化。

2. 显示景区特色

创意与特色是设计的灵魂。有特色才能脱颖而出，没有特色很难引起公众的注意，也就难以吸引更多的旅游者。对于自然特色难以改变，只能充分利用，并予以强化，而人文特色的充分展示完全可以做到。

3. 增强系统性

旅游景区景观设计应当围绕景区景观的风格、主题、特色来组织景区构景元素，将景区当作一个景观系统看待。各分景区、景点之间在内容上应当相互联系、相互照应，又相互区别，共同构成景观系统。

4. 提高观赏价值

旅游景观是供观赏的，因此景观元素构成设计应当以提高观赏价值为目标，这是旅游景观设计的核心问题。

5.2　旅游景区景观构成设计

旅游景区是一个景观体系，也是一个立体的空间。在旅游景区中，观赏者的观赏行为是在立体的画中进行四维的欣赏，不仅具有空间性，还有时间性，同时还有观赏角度的复杂性，因此旅游景区可按照平面、立面、透视等方面来进行构景。

5.2.1　旅游景区平面构图设计

旅游景区平面构图设计是从平面角度来进行景点、道路及其他要素的布局，它对景观欣赏时空序列构成及透视欣赏效果都有影响。

1. 旅游景区平面构图设计的意义与原理

旅游景区平面构图设计的目的是为了构成一个理想的景观时空序列，以符合欣赏者从时间序列上欣赏的感受过程规律。同时，从高处俯视景观的总体布局，也需要具有构图之美。旅游景区平面构图的原理是依据欣赏规律，按照时间和空间两个维度来考虑构成模式，具体地说，是按照起、承、转、合的景观欣赏时空序列来进行景区景物布局，使景观欣赏过程有节奏、有韵律、有重点、有层次、有意味。

2. 旅游景区平面构图设计

旅游景区平面构图，可以按照道路特征和图形几何进行分类。

1) 按照游览线路及平面形态特征分类设计

根据景区的游览线路及平面形态特征，景区平面构图可以单线式、环线式、放射式、多线式四种模式来设计(图5.2)。

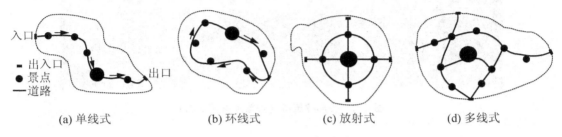

图5.2　旅游景区平面构图模式

(1) 单线式。单线式构图是让景区道路呈线状，一头进一头出，景点由一条线串联起来，适用于呈条带状的景区，比如峡谷景区、沿河景区。起承转合的设计要体现节奏、重点、层次，并科学安排先后顺序。比较理想的构图方式是按照黄金比来构图，也就是说，将最精彩的景观放在大约线路长度的2/3处，这样有利于获得好的体验效果。

(2) 环线式。环线式构图是让景区道路呈环形线状，只有一道大门，既是入口也是出口，适用于呈团形的景区、范围较小的景区，比如园林景区、环湖景区。环行线尽管只有一个出口，但是不原路返回，仍然需要设计好起承转合，并科学安排先后顺序。也应按照黄金比来安排景点顺序，也就是说将最精彩的景观放在大约线路长度的2/3处。

(3) 放射式。放射式构图是指景区道路从一个中心向四周呈放射状延伸，这种景区主要景点都放在中心部位。适用于只有一处主要景点，其他景点不突出的景区，以及庄重的人文景观。

(4) 多线式。多线式构图安排多个出入口，线路也可以自由组织，适用于区内景点很多或范围很大的景区。

2) 按照图形几何特征分类设计

主要根据设计者的主观思想及主题的表现，景区平面构图可以按照规则式、自由式、混合式、象形式四种模式来布局。

(1) 规则式。规则式构图是指区平面按规则几何图形来对称布局，景区道路呈规则几何线状布局。通常适用于人文景观，尤其适合于庄重氛围的设计建筑景观布局。

(2) 自由式。自由式构图是按照自由曲线来进行景区线路构图。通常用于自然旅游景区、园林景区线路布局等比较轻松的环境。

(3) 混合式。混合式构图是景区内线路由规则线和自由线混合构成。通常用于人文旅游景区、园林景区线路布局。

(4) 象形式。象形式构图是仿照某种物体的形态来进行景区构图，能赋予景区新的内涵。比如牛形村、棋盘村、船形村都是对景物平面布局的创意和内涵的表现，使欣赏对象显得更有意味(图5.3)。

图5.3　船形建筑群（安徽泾县黄田村）

5.2.2　旅游景区立面构图设计

旅游景区立面构图设计是从立面角度对景区景物总体布局进行设计，它对景观透视欣赏效果影响很大。

1. 旅游景区立面构图设计的意义与原理

旅游景区立面构图设计的目的是为了使景观具有一定的节奏性、韵律性、层次性，蕴含某种意味。旅游景观立面构图原理是，依据形式美、神采美、内涵美规律来设计。

2. 旅游景区立面构图设计

旅游景区立面构图，可以按照景物起伏状况和图形几何进行分类。不过一个景区并非只有一个观赏角度和位置，因此立面构图模式需要依据角度来确定，一个景观可以有几种构图模式。

1）按照景物起伏状况分类设计

根据意象风格需要，可将旅游景区立面设计成对称式、均衡式、渐升式、错落式（图5.4）。

（1）对称式。对称式构图是让景物具有中线对称形式。对称是一种美的形式，可以形成端庄、严谨的效果。

（2）均衡式。均衡式构图是让景物两边低中间高或两边高中间低，使立面具有均衡美。两边低中间高的构图有利于中间突出主景；两边高中间低，有利于平衡构图和借远景。

（3）渐升式。渐升式构图是让景物一边低一边高，逐渐上升，使立面高度有起伏变化，显得有气势，并将主景安排在视线的高处，突出主景。

（4）错落式。错落式构图是让地物起伏多变，丰富景观天际线的节奏性，可避免单调感。

2）按照景物图形几何特征设计

旅游景区的立面可按景物轮廓几何特征设计成规则式、自由式、混合式。

（1）规则式。规则式构图让景物呈规则式的起伏状态，通常是用建筑物形态来构建，

(a) 对称式

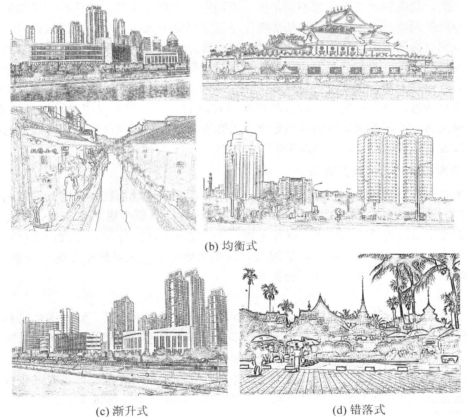

(b) 均衡式

(c) 渐升式　　　　　　　　　　　　　(d) 错落式

图 5.4　旅游景区立面构图模式

植物也可以修剪成规则形态。这种立面形态可以构成端庄、简洁的效果。

（2）自由式。规则式构图让景物呈自由形态起伏状态，通常是用乔木形态来构建。这种立面形态可以构成丰富多变、轻松自然的效果。

（3）混合式。规则式构图让景物呈规则和自由混合形态起伏状态。通常是用建筑物和植物交叉来构建，植物也可以修剪成规则形态。这种立面形态可以造成丰富多彩的效果。

5.2.3 旅游景区透视构景设计

前面是根据景观平面和立面两个维度来论述旅游景观设计问题,下面将根据景物透视观赏角度来阐述旅游景观设计问题,目的是实现景观的全方位美化。

1. 旅游景观透视构景设计的意义与原理

旅游景观透视构景设计,目的是提高景区景观的观赏价值,让审美元素更为集中,更为丰富,美感更为强烈。景区是一个立体的空间,而且大多是开放的空间。赏景不像赏画,不是从一个角度、一个位置,而是从多角度、多视点来欣赏,不仅要向内看,还要向外看。因此,景观设计需要考虑不同角度、不同距离观赏的效果,包括各种景物的融合效果以及与区外天空等自然构景元素的协调,不仅仅只对平面构景与立面构景设计,还对多角度、多视点构图进行设计,通过一定的透视构景方法就可以实现这个目的。这就意味着旅游景观透视构景也要符合观赏规律,使景观符合形式美和神采美原则,并赋予丰富的情调意味。在形式上符合多样统一之美的规律,比如对比与协调、对称与均衡、比例与尺度、整齐与错落、节奏与韵律、重点与层次等规律的运用,就可以使构景效果更为理想。在一个景区内,不同视角景致的审美意境、韵味不同,也需要设计者全面考虑。透视构景设计可以提升景观的品位,增加观赏内容和趣味。

2. 旅游景观的透视构景方法

景观欣赏的角度和距离具有不确定性,如果要使景区景观达到处处皆景的目的,需要设计者考虑多种视角和距离透视景观。透视构图设计,既要考虑总体布局,又要考虑局部;既要考虑区内近景,又要考虑区外远景;还要结合平面设计和立面设计来进行。中国古人总结了一些透视构景方法,对景观设计具有指导意义,主要构景方法有对景、隔景、障景、添景、夹景、漏景、借景、透景等。

1) 对景

位于景观布局轴线及风景视线端点的景叫对景。为了显示对景,要选择最精彩的位置设置供游人逗留的场所作为观赏点。如设置亭、榭、草地等与景相对。景可以单对,也可以互对。正对是为了显示特别重要的观赏对象,优化视角和提升主景的观赏效果,在轴线一端点设景点,另一端设观景点,属于主次关系;互对是在景观布局轴线或风景视线的两个端点设置景点,互成对景,可以正对,也可以有所偏离,建立顾盼关系。

2) 隔景

隔景是指将景观分隔为不同景区的构景手法。隔景可以避免各景区的互相干扰,增加景观风格变化,隔断部分视线或通道,使空间具有小中见大的效果,富有层次感。隔景的题材很多,如山冈、围墙、建筑、植物、假山、堤岛、水面等。隔景的方式有实隔和虚隔两种。实隔是指视线基本上不能互通,以建筑、实墙、山石密林等为隔断物可以形成实隔。虚隔是指视线可以隐约互通,虚隔不仅能丰富景观的层次,而且能够造成隐约显现,但难窥全貌,近在咫尺,却不可及的含蓄意境。虚隔适宜用水面、疏林、廊道、花架等为隔断物。

3）添景

当远处一高大的景观周边或近处没有过渡景观，眺望时就缺乏空间层次。如果在周边或近处有树木、花卉或较小景物作为过渡，这些乔木、花卉或较小景物便是添景。添景可以采用建筑小品、各种植物等景物。添景是按照审美规律对景区内各种景物进行组织。为了使景物构成体系符合重点与层次这一形式美的规律，每一个景区景物都应当需要设置主景与配景。在景观主题和风格中起控制作用的为主景，它是整个景区的核心景物。添景能起衬托主景的作用，是主景的延伸和补充（图5.5a）。

4）夹景

当远景水平方向视野很宽，有单调感，为了突出理想景色物，常将左右两侧以树丛、土山或建筑等加以屏障，于是形成左右遮挡的狭长空间，这种手法叫夹景，它是运用轴线、透视线突出对景的手法之一。它不但能减少单调感，突出端景的地位，增加景观的深远感，而且能够诱导、组织、汇聚视线，使景观视空间定向延伸，直到端景的高潮（图5.5b）。

(a) 添景　　　　　　　　　　(b) 夹景

图5.5　添景与夹景

5）透景

当重要的景物被地物遮挡，须开辟透视线，这种处理手法叫透景。要使园内外主要景物透视线景物的立面空间上不再受遮挡。在安排透景时，常常与轴线或放射型直线道路和河流统一考虑，这样做有利于观景。设置透景线透景，无形中加强了对景地位的作用。沿透景线两侧的景物当作透景的配景。

6）障景

障景又称抑景，是指遮挡视线、屏障景物，促使视线转移方向的造景手法。《园冶》指出"俗则屏之，嘉则收之"。意思是，如果外面是庸俗景，就要设法遮挡；如果是美景，就设法借来用之。这种思想在旅游景观设计中很有用处，如果景区外围视野中有美景，就收入景观中，使在区内观景的人可以看到外面的景色，如果存在没有欣赏价值的或者不协调的景，就用景观元素遮挡起来，隔断视线或通道。障景可采用土障、山障、树障、曲障等方法。尤以自然景物障景为佳，显得自然，不露痕迹。障景是要体现欲露先藏、欲扬先抑的设计思想，给人以"曲径通幽"、步移景异的观感，可避免一览无余。障景还能隐蔽不美观或不协调的部分。障景可障隐远景也可障隐近景，而障景的景物本身又可自成一景（图5.6）。

(a) 植物障景　　　　　　　　　　　　(b) 墙体障景

图 5.6　障景

7）借景

计成在《园冶》中提出了"园林巧于因借，精在体宜""泉流石注，互相借资""借者园虽别内外，得景则无拘远近"等造园思想，对景观设计很有指导作用。有意识地将景观布局范围以外的景色组织到本区景观布局中来，成为景观构成元素的一部分，称为借景。借景要达到"精"和"巧"的要求，使借来的景物同本景区的气氛巧妙地融合起来，丰富景观元素、层次，增加景观趣味。中国古代的景观设计中常用到借景的手法。如岳阳楼近借洞庭湖水，远借君山之风景。借景可分为远借、近借、仰借、俯借、互借、邻借、应时借等。借景对象可以借山景、借水景、借天景等。远借是指将景区外的远景借入景观布局中。如北京香山饭店园林"烟霞浩渺"景观，就是巧借南部的西山形成的。邻借必须有山体、楼台俯视或开窗透视，如苏州沧浪亭园内缺水，但通过复廊、山石驳岸，自然地将园外之波与园内之景组为一体。俯借是登高俯视借园外或景区外景物。因时而借是利用一日或四季气象和物候的变化与园景配合构景。比如朝借旭日、晚借夕阳、春借桃柳、夏借荷塘、秋借红叶、冬借飞雪等。如瑞士聚落借阿尔卑斯山景观(见彩图 19)，杭州西湖的平湖秋月、曲院风荷，河南嵩山的嵩山待月，洛阳西苑的清风明月亭，都是通过应时而借才形成的景观，它拓展了景区景观的观赏内容，提升了景区的观赏价值。

5.3　自然旅游景区景观设计

自然旅游景区指自然景观资源集中，可供人们进行观赏活动的地域。设计是一种人的创造行为，必须是人文的事物或人类创造性行为才谈得上设计。人设计出来的景观不能称之为自然景观，自然事物应当无设计可言。事实上，由于人类旅游活动的需要，一般都需要建设旅游活动设施，或对自然环境进行适度的改造或修饰，这就产生了自然景观设计问题。例如，为了发展旅游，需要在自然旅游景区修建道路等设施。如有山景无水景的景区，可以建人工湖；湖中没有岛，就可以建人工岛，诸如此类均属于设计行为。人造岩石、人造或移植植物、人造水景等都是人类对自然景观的模仿，这些不能称为自然景观，只要模仿得很像，看不出人工痕迹，可以当作自然景观来看，符合旅游需要，也未尝不可。从旅游发展意义上说，自然景观也需要设计，需要进行适度的干预和影响。

5.3.1　自然旅游景区景观的设计内容和设计原则

1. 自然旅游景区景观的设计内容

自然旅游景区有山岳型、峡谷型、洞穴型、沙漠型、草原型、森林型、江河型、湖泊型、滨海海洋型等多种类型。自然事物的外在形式包括形、色、声、味、温度、动静以及它们的组合方式。外在表现形式为山峰、峡谷、平原、流水、大海、云彩、风、霜、雨、雪、阳光、沙滩、岩石、森林、草地、奇花异草、动物等等。每一种类型的景观构成元素相差很大，不同的内容组合，会构成不同特色的环境氛围。自然旅游景区景观设计应包括以下内容。

1）进行风格定位。

明确自然景观特色与意境，进行风格定位，为景观设计提供宏观指导。

2）完善景观元素结构。

在自然景观元素过于单调的情况下，适当增加各种自然元素，但是不能破坏自然景观，只能补充。例如，缺水的景观中可以建仿自然水面、跌水、瀑布；如果植物品种单一，则可以实施人工绿化。人文景观元素可适当补充。

3）设计旅游设施。

在景观改造或添加人工设施时，要尽力维护纯自然景观的"单纯性"，避免出现人工痕迹。

4）设计观赏线路。

自然景观可以看成是一幅动态的"画卷"，步移景异。每一个旅游地景观并非处处都有好的观赏效果，有最佳角度和一般角度。设计最佳观赏线路和地点，为的是让旅游者观赏动态"画卷"，以最佳的角度观赏自然景观。

2. 自然旅游景区景观的设计原则

自然景观构成元素的主要设计理念是保持景观的自然性，让旅游者能亲密接触大自然，感受到大自然的自然、神奇、博大、美妙。世界各地都有很多人迹罕见的自然景色，其山、水、石、森林、动植物仍处于原始状态，保持着纯真古朴的风貌，游历其境能给人以心灵自由感和远离尘世的"野趣"，让心灵超脱。在处理自然旅游景区景观设计问题时，应尽力减少对自然的破坏。

1）保持原生景观的自然状态

保护性开发是自然景观资源利用应遵循的基本原则。自然风景是大自然所创造的，都是在长期的历史时期形成的，是难得的，也是不可再生的资源。欣赏自然景观，就是要欣赏自然状态下各种景物具有的美感和趣味，因此保证景区岩石、地形、土壤、水系、生物等自然景物的自然状态是很有必要的。力求保持自然风貌，才能让游人能看到原汁原味的自然景观。

2）少设置人文景物

自然旅游景区是主要供人观赏自然景观的地方，过多的人文景观，会改变景区的性质，比如架索道、建宾馆、修公路。这样做尽管方便了游人，但是却破坏了原有景观特征。

3）适度补充自然景观元素

对于观赏效果不够理想的自然旅游景区，需要适度增加景观元素，但是必须考虑生态影响。造山很难，但是绿化、拦水是完全能做到的。这些行为一般不会对自然生态造成不良影响。

5.3.2 自然旅游景区景观设计

为了适应旅游的需要，自然旅游景区内必须有道路、建筑等人工设施，至少应当有道路。同时，需要美化区内自然景观元素。

1. 自然旅游景区道路景观设计

供人旅游的自然旅游景区内必须有道路，这是基本的旅游设施。道路网道路除了具有联系景区景点的作用外，还具有一定的观赏功能。道路以不同的路网结构、线型、色彩、材料显示其观赏特性。路网设计既要体现其功能，又要尽力减少对景区环境的负面影响。

1）山岳型、森林型自然旅游景区道路设计

（1）主干游览道路设计。如果景区范围很大，主干路尽可能贯穿主要的风景游览点，最大限度让游人方便地到达各主要景区。在主干游览道路应形成多条游览主线。由于山岳型、森林型景区修路易损害景观，尤其是公路修建对地表破坏较多，主要干道修建应避免经过景观核心区和生态敏感区，尽量使路线从边沿地区通过。如果能开隧道，更有利于保护地表景观。

（2）游览支路设计。游览支路是联系景点和主要游览主干道的道路，它便于游人靠近主景区。它是主干路的辅助道路，连接景区内各景点道路网，承担景区内游览、生产管理车辆通行的功能。道路宽度一般为主干路的一半左右。

（3）游览步道设计。游览步道是景区道路系统的末梢。道路设计要注意地形位置，应当穿过最佳观景点和观景线。最佳观景点可设观景台、亭、廊，供旅游者眺望，或与其他山体的建筑、景点形成相互呼应的对景。山丘小景区步道，要适当延长路线，使道路起伏、盘旋变化，使人对山的范围大小产生错觉，同时，弯弯曲曲的小路也是一种具有观赏价值的线条。步道路面材质宜选用质朴的天然材料（片岩、条石、卵石、木材、竹材等），或者用条砖层铺或用水泥仿制各类天然材料，不宜用现代感强的人工材料，为的是更加贴近自然，增加与自然景观的协调性。

2）湖泊、海洋、江河型自然旅游景区道路设计

此类自然旅游景区，在游览方式上可分为岸上徒步和水上乘船两种方式。在进行道路设计时，要考虑沿线景观的理想观赏位置和路线，为游人创造最佳的游览路线。要处理好道路与水体的关系，次干路与主干道路连成网。一般来说，沿湖泊、海洋、河岸线走，是比较理想的路线，这样可以让游人在不同角度欣赏整个水体及其周边景观；沿线可设置突出平台，供观赏、停留之用。在面积较大的湖面，道路与水岸的距离可时近时远。靠近湖岸的道路一般可设临水建筑或临水平台，可与湖对岸构成对景。道路及护栏建设材料尽量用天然材料或仿天然材料。

2. 自然旅游景区建筑景观设计

在自然旅游景区里，建筑只能作为点缀性的景观要素，以免造成过多的人文痕迹，破

坏其自然性特色，要符合可游、可居的中国古代园林艺术思想。

1）门景设计

景区的大门除了实用建筑外，还具有多种内涵，它是景区风格特征和景区特色的标志，是空间边界的标志，是交通的转折点和人流聚散的枢纽。因此，景区大门的设计很重要，应当把它当作景观来设计。

（1）山岳型自然旅游景区大门设计。山岳型自然旅游景区大门设计通常应结合山岳的特点，应通过山门表现山岳的风格特征。气势雄伟的大门能让游者产生敬仰的感受。大门要有足够的体量感，以显示大、高，建筑形式多采用传统牌坊式，具有文化底蕴感。也可以模仿天然岩石堆砌形态作为门景，以显示自然的气息。

（2）森林型自然旅游景区大门设计。此类型景区大门应与森林自然风景相吻合，与前一种类型的景区相比，大门在体量上可小些，形式简洁朴素，材料宜以天然材料或仿天然材料，自然材质为主要修建材料，如模仿树桩、大树干。

（3）海滨型自然旅游景区大门设计。此类景区大门的设计应当蕴含海洋元素和气息。

2）区内建筑设计

（1）主要设计思路为：宜藏不宜显，注重协调性。在自然旅游景区里，建筑不宜突出，应结合自然旅游景区的场地情况，适宜建在山谷、盆地等比较隐秘的地方，最好还要有高大植物遮挡，造成"深山藏古寺"的效果；一般在道路的交叉或转折点可设计亭子，供观赏、歇脚。在自然旅游景区内，自然景观是旅游的第一要素，其他要素为配景。因此，建筑在形式和风格上要能与环境相互协调，这种协调主要表现为材料与色彩的统一。传统建筑常常就地取材，便于与周围环境协调。若要使色彩与周围环境协调，应多用黑、白、灰、黄色彩。如果要隐藏建筑，还可以模仿岩石、树桩的外观（见彩图20）。

（2）亭及景观小品设计。亭是景区最常见的一种构成要素。亭者，停也，主要功能就是为游览者提供休息、眺望、遮风避雨的场所，同时它也是观赏的对象。它要设置在重要的观景点。景观小品是供休息、装饰、照明、展示及方便游人之用的小型实用设施。在自然旅游景区内应尽量减少人工设施，如果要设置某些设施，应当用仿自然景物造型，应充分考虑其实用性、环保性和协调性。

3. 其他旅游设施设计

自然旅游景区中应尽量减少人工设施，少建或不建人工设施。如果是必须建设的设施，则要注意选址，防止破坏重要景观。比如索道、厕所、垃圾桶、座椅、供电、供水等设施都要科学设计，避免造成视觉"污染"。旅游设施是人为设施，与自然景观是不协调的，应当协调化处理，即对设施造型、材料、色彩、位置、体量进行和谐化处理，或者将其"伪装起来"。比如，垃圾桶可以做成与景观协调的树桩、岩石造型（见彩图21），输电线、电话线应当走暗线。索道对视线干扰比较大，尤其要注意其位置的选择，应当避开精华景区，应当隐蔽些。通信信号转播塔也是经常污染视线的设施，它占据的地形都是制高点，不利于隐藏，一般的伪装方法是给它插上树枝，总体上比裸露状态好得多。

4. 水体景观设计

自然旅游景区多数以山水景观居多，山和水构成了自然旅游景区不可缺少的自然要素。但是并非所有景观中水景都具有较高的观赏价值，或者本身就缺水，这就可以人工加以弥补。通常是采用蓄水方式来增加水面面积，调节丰水期和枯水期河流水量。这种方法一般不会造成环境破坏，是理想的水景创造方法。有了水就可以保证河流水量，还可以使瀑布的水量增加，对丰富景区景观内容，提高景区景观观赏价值是十分有益的。在设计中应当注意蓄水坝应当做"自然化"处理，尽量用仿自然岩石形态，造成宛自天开的效果。瀑布的水口设计也需要做"自然化"处理，才能与自然景观相协调(图5.7)。

图5.7　仿天然跌水设计示例

5. 植被景观设计

由于自然因素或人为破坏导致有些景区植被覆盖度不高或矮小。为了使景区景观更美和旅游业的持续发展，有必要对景区植物种植做一个长远规划。植物的培植是一个相对较长的过程，应以生态学理论为指导，依据植物的生理特性进行合理配置，既要保护生态环境，又能创造植被景观。

自然旅游景区的植物景观设计主要考虑两个方面问题：一方面，根据游人的视距和视点，分远景、中景、近景进行设计。远景林起衬托作用，多选择树体高大的树种；中景林应以突出采用色彩季相变化明显的植物为主；近景植物要能满足游览者近距离欣赏的需要，应选择花、色、叶、果等观赏价值较高的植物。另一方面，多种植具有本地特色、稀有、观赏价值高的植物。

即学即用

尝试为自然旅游景区设计一种垃圾桶，要求：外观仿自然景物，既便于使用，又不造成视觉污染(隐藏于自然景观中)，还要有创新。

5.4　人文旅游景区景观设计

人文旅游景区指人文景观资源集中的地区。人文旅游景区欣赏的意义、对象、内容与自然旅游景区大不相同，作为设计者需要根据欣赏需要来进行景观设计。人文旅游景区的类型多样，景区尺度也大小不一，如遗迹型、民俗型、宗教型、园林型、聚落型等。这里仅介绍几种常见的景观设计方法。

5.4.1 人文旅游景区景观设计的内容和原则

人文旅游景区景观的设计内容与设计原则与自然景观不同，作为设计者必须知道对人文旅游景区我们要做哪些设计工作，如何去做。

1. 人文旅游景区景观的设计内容

具有地方文化特色的建筑、设施、交通工具、人文活动、水体、植物等都是构景元素。凡是具有地方特色、审美价值的元素都可以作为人文旅游景区景观构景元素。

1）主要景观欣赏对象设计

人文景观是人文景区的核心元素。对于人文景观的设计可分为两种情况：一种是历史遗迹型景观的保护和修葺设计；另一种是新建景观设计。

（1）遗迹型人文景观保护与设计。遗迹型景观是历史上人类创造的。这类景观用于开发旅游必须尽量保持原有的状态，让旅游者感受到原汁原味的古代风貌，其中的景观设计只是辅助性的工作，主要包括三个方面：确定人文景观建筑整饰方案、确定补充人文景观元素的方案、确定旅游设施建设方案。人文旅游景区最可贵的是其地方文化特色和文化氛围。人文旅游景区的氛围营造有赖于人文旅游景区元素。虽然设计可以创造新的景观，但是有很多人文景观设计并不需要创新，而是要保持原真性，如古村落、古寺庙的保护与利用。

（2）新人文景观设计。新景观比起遗迹型景观的设计工作限制性因素较少。新建景观也可以分为两类，即仿古景观和现代景观。仿古景观呈现的是某一个时代的场景，如唐城、宋城、明清村落等，仿制可以再现历史，让一些现代人看不到的景观重新再现。现代景观则要运用高新科技，提高技术含量，体现人的创造力、现代科技水平、当代文化等元素，让旅游者感受到人类伟大的创造力，引起旅游者对未来的憧憬。

2）景区实用设施景观化设计

基础设施是为满足旅游及其相关活动需要而建造，其初衷并不在于造景。其内容包括景区设施的实用性设计和景观化设计。虽然景区设施是为了满足旅游者生理和行为需要，但是不能让其成为视觉环境中多余的东西，而是要保持协调性，甚至转化成具有观赏价值的对象。

3）行为景观元素设计

在景区人的行为也是人文旅游环境构成元素。区内居民、服务人员的行为会成为欣赏的对象。为了观赏需要，应当对人的服装做必要的设计，对人的劳动行为、服务行为做一些规范设计，必要时专门设计表演项目。

4）自然要素设计

在人文景观景区内补充必要的山、水、植物等自然要素。

2. 人文旅游景区景观的设计原则

对自然景观的利用既要保证不破坏，还要便于游人观赏。在处理人文旅游景区景观设计问题时，应遵循以下几个方面的原则。

1）明确景观的风格定位

人文旅游景区设计要体现时代性和地域性。时代性是指所有可感元素要统一反映某一历史时期的风貌，地域性是指所有可感元素要统一反映某一地域的文化特色，不能有不和谐元素出现。例如为了营造古代文化氛围，古城中就应当清除现代建筑及设施。

2）注重造物的美感与特色

人文旅游景区多为人造景物，而且大多为具有实用功能景物。在进行景物设计时，在不影响其使用功能的前提下，力求提高景物的审美价值。注重特色主要是为了吸引更多的游客。

3）重视景观的文化内涵

人文旅游景区设计要建立在一定的文化背景之上，注重文化氛围、人文气息的体现。文化内涵越深，观赏价值越高。不管是古代文化，还是现代文化，有内涵才值得品味。

4）利用自然景观元素来衬托

有自然景观的衬托，人文景观会更有意味。利用湖泊、河流、植物来衬托人文景观是一种重要手法。没有水和植物的衬托，显得干巴巴、没有生气。

5.4.2 城市旅游景区景观设计

一座城市就相当于一处独立的人文旅游景区，也相当于一个特殊的景观系统，是重要的旅游目的地。城市集中体现了人类在科技、文化的发展最新成就，是受人类深度影响的地区，是人类精心设计的景观区，集中了大多数人文景观类型，可以说，城市是集人文景观之大成者。组成这个景观系统的元素有建筑、街道、雕塑、设施、绿地、公园、广场、水体、人流、车流等。鳞次栉比的高楼大厦、宽敞的街道、繁华的商业、文化气息浓郁、人类活动频繁等构成了现代城市的景观特点。

1. 城市景观的设计原则

要让一座城市能吸引更多的外地游客，应当做到有文化内涵，有自己特有的景观，有优美的城市环境。城市是最具现代感的人文景观，能体现人的创造力、科技水平、当代文化等，让旅游者感受到人类伟大的创造力。

1）整洁化

繁华是城市景观的主要特色，但是繁荣的商业及频繁的人类活动很容易导致街面乱象，因此这里特别强调城市设施及人类活动的有序性。理想的城市环境应当是繁华而不繁乱。景观设计者要为城市整洁化创造条件或提出适当的措施(见彩图22)。

2）景观化

景观化就是要提高观赏价值，主要通过景物艺术化设计和处理好景物的藏露关系。首先，如果要让城市具有较高的观赏价值，城市景观设计应当按照园林设计思想来设计，将城市当作园林来设计，实现城市园林化。园林化的核心思想就是造就宜居的环境，而宜居则是人的生理和精神需要同时得到较好满足的表现。城市的景观化关键是要做好建筑、设施、绿化等要素的艺术化设计，主要是以满足精神需要为目的。其次，还要处理好"藏"与"露"的关系，人文事物中，有些美观，有些不美观，因此影响整洁、不美观的物体要"藏"，美观的景物要"露"。

3）个性化

有特色才具有较高的观赏价值，才能吸引更多的观光者。有特色的建筑、有特色的公园、特有的文化等方面要素最容易体现一个城市的特色。

4）内涵化

景观是地方文化的物质体现，文化又是景观欣赏的重要内容之一。人文景观都是一定精神文化的物质表现，景观设计者必须善于用景观符号来表达地域文化。

2. 城市建筑景观设计

建筑是城市构筑物的主体，是城市的骨架，是城市的最主要构景元素，可以说，城市是由建筑构成的，没有建筑就没有城市。具有特色建筑往往成为一座城市的地标。建筑和人口数量的高度集中是城市景观区别于乡村景观的主要特点，因此，要展示城市形象，显示城市景象的壮观必须重视建筑的设计。城市建筑的设计应当按照以下思路设计。

1）城市建筑的风格设计

建筑是地方文化的符号，是决定城市地方性景观风格特征的主导因素。如果建筑没有特色，也就没有异地观赏价值。建筑外观是建筑风格的决定性因素，也是建筑的观赏特性决定性因素。很多地方的标志性建筑是城市形象的代言者。

（1）传统建筑保留与恢复。随着城市现代化进程加快，传统建筑在不少些地方已经被推翻重建，许多传统建筑已经受到破坏。从欣赏角度看，这种现象是对景观资源的破坏。传统建筑虽然实用价值有所下降，但是具有很高的观赏价值，作为一个地方文化的符号，应当保留一部分。城市发展的决策部门需要妥善处理传统建筑与现代建筑的关系。比较理想的做法是，保留一块原始的传统建筑，新建筑另开辟一块地方。如果传统建筑区已经受到破坏，应当将其恢复，这些景观可作为城市景观系统的一部分来对待。比如中国首都北京是一个古老的城市，但通过旧城改造和现代化建设，已经成为现代化的都市。北京不仅具有大量人文景观，还保留了古代人文景观，使之具有现代气息，也具有文化底蕴的深厚感。天津保留、完善了古建筑，很有意义（见彩图23）。

（2）新建筑的风格化设计。由于生活方式的变化，传统建筑已经不能适应现代生活的需要，建筑现代化已经是不可逆的趋势。这种形势下，地方建筑风格的传承面临很大困难，导致风格同化现象严重。现在唯一便于继承的只是部分传统建筑风格元素，在外观造型、装饰手法、色彩构成上有所体现。如果能做到这些也算是一种解决继承与创新这一对矛盾的一种办法。比如安徽黄山市的城市建筑用马头墙来装饰，用以体现徽派建筑的特色，在一定程度上继承了其地方特色文化。

（3）新型风格建筑设计。除了局部保留传统建筑以外，还可以另辟一块现代建筑区。不过，建筑现代化并不意味着建筑可以同化，现代城市建筑也需要赋予它某种地方特色，这样才更有观赏价值。新型风格建筑设计可以不考虑地方传统建筑风格，但是要与地方文化或相关文化相结合，即便是现代文化也是有价值的，比如奥林匹克文化、汽车文化就具有一定的影响力。如果能创造特色显著的现代建筑景观，也是能给城市景观创造新的亮点。比如，悉尼歌剧院、北京"鸟巢"以其形态而著名，阿联酋迪拜塔以世界上最高建筑而著名。

2）城市建筑的立面构成设计

现代城市要有高大建筑来体现宏大、雄伟的城市景观意境。建设高楼大厦是现代城市建筑发展的大趋势，这也是城市景观的特色所在。城市的规模大小通常与城市建筑高度成正比，因此楼层高度是标志城市化发展程度的标志，能显示城市的繁华程度，城市的气势。旅游者对高楼大厦并不反感，相反，只有高楼林立才能感受到城市味。现代城市可以尽显现代科技先进性、现代城市的浩大气势和时尚生活。建筑高度的立面构成应当错落有致，不宜追求统一的建筑高度，这样更符合形式美规律。进入 21 世纪以来，城市高层建筑、摩天大楼越来越多，增添了城市的时代风采，高楼林立、雄伟壮观，是大都市的气象。错落有致的建筑群形成城市的轮廓线，使得城市景观构成形式像音乐一样高低起伏而富有节奏感。城市建筑轮廓宛如一曲音乐，颇有节奏和韵律感（见彩图 24）。中小城市则高楼大厦不多，小楼点点，给人以安详静谧的感受，又是另外一种风味。

　　3）城市建筑群的平面构成设计

　　城市建筑群在平面构成上应当分区，并设置一些节点，构建景观系统。建筑群可以按照性质和功能来分区。古街道、广场、商业中心、专业市场中心、公园、车站都可以成为城市的重要节点。以丰富建筑景观的类型，显示不同性质景观的交替出现而呈现出的节奏性。现代城市可以通过建筑群来展示城市万象，一组组建筑群展现城市的各个局部景观。如上海外滩、浦西是风格各异的古典式西洋高楼，浦东是近几年如雨后春笋般出现的现代大厦、现代建筑和历史建筑交相辉映，显现出现代都市的壮丽风采。

　　3. 城市街道景观设计

　　街道离不开建筑，两者是共存关系，应当结合起来设计。街道景观是城市主要的景观元素，是城市景观设计的核心要素之一。街道景观是一个城市乃至一个国家政治、经济和文化集中的表现，世界各国均有不少著名的街道景观。街道的主要功能是交通功能，可分为车行街道和步行街道。街道的主要构景元素有建筑、路面，同时还有绿化带、路灯等景观元素。要提高街道的观赏价值，应当体现特色，赋予其文化内涵，让其符合审美规律。

　　1）街道特色化

　　特殊的功能、外观、文化都能显示街道特色。街道的功能特色，是提高观赏价值手段之一，例如古街、特色商业街（古董一条街）、步行街。比如北京王府井、上海南京路、芜湖凤凰美食街在功能、文化均具有特色。上海有不少有文化特色的路，增加了旅游吸引力，如汾阳路——会说故事的音乐之路，东昌路——历史沉淀与现代科技的交集，华山路——万国建筑博览园，常熟路——"衣""食"好去处，福州路——书香弥漫。

　　2）街面整洁化

　　整洁是美化的基础，美学理论要求视觉对象多样中有统一。整洁的意义在于富有统一性，乱则是缺少统一因素的表现。在繁华的城市街道中，各种实用设施繁多，如垃圾桶、广告牌、输电线、通信线、车辆等，容易失去统一因素。在这种环境里，需要进行人工强制规范，这样才有利于保持街面的整洁。比如广告牌的形式统一化，输电线、通信线需要隐藏处理，车辆整齐排列，这些都是保持街面整洁的有效办法。地面空间不够可以向地下发展。比如天津火车西站利用了地下空间，让地面空间显得开阔整洁（见彩图 22）。这些都是设计中需要解决的问题。

　　3）街面艺术化

　　街面的美化还需要有意识地进行装饰处理，其内容包括建筑装饰、路面装饰、绿化装饰、设施装饰。建筑是街道的主景，街道两边建筑设计要强调形态的丰富性，其外表应当做风格化处理，与地域文化结合。路面装饰方法包括材质选择、表面肌理的设计、色彩构成设计。选择石材、混凝土、沥青等材质用来体现不同的风格特征。绿化是美化环境的理想方法，被广泛用于各种环境的装饰，设计中注重植物形态的整齐与错落性，色彩的多变性，四季的更替效果。街道设施很多，对于造成视觉污染的设施，需要做装饰处理，比如垃圾桶、变压器可以对其外观进行装饰处理，对美化街道很有好处。

4. 城市雕塑景观设计

雕塑对城市景观具有画龙点睛的作用，在城市景观系统中发挥着重要作用。在景观设计中往往将其当作标志性景观来对待。

1）主题与风格选择

在进行设计前，一定要充分了解城市文化及局部环境特征，需要了解环境氛围。只有对周围环境有充分的调查与分析之后，才能形成合理的雕塑具体方案。雕塑所处的环境都是有一定功能的，应当依据环境的主题和功能，来确定雕塑的主题、内容和风格。具象雕塑易于理解，抽象雕塑不易理解，只能看其意味，介于两者之间的半抽象雕塑雅俗共赏，适用更面广。

2）文化内涵的表达

雕塑具有记录和展现非物质文化的功能，能表达丰富的文化内涵，是用于展示地方文化的一种有效手段。每座城市都有其地域文化，而文化的表现方式可以有很多种，比如建筑、设施、文化活动等，雕塑是其中之一。

3）雕塑位置选择

雕塑的位置选择与雕塑放置朝向要考虑其他景观元素或环境因素，包括建筑景观因素、历史文化风俗因素、人群车流因素，以及无形的声、光等因素。一般来说，雕塑的位置可选择在道路的轴线上，或交叉点，或在建筑主立面入口前。在不对称的布局中，雕塑的位置可以比较自由，但也应根据人行流向，在空间中构成有抑有扬的视觉节奏序列。雕塑的朝向宜向着人流进入的方向，将正面的效果展现给游人。雕塑为了景物空间组合需要，一般采用对称放置，这种布局方式显得严谨、庄重，多用于纪念性环境。在处于不规则的区域中，一般采用自由式的布置形式。

4）雕塑尺度设计

雕塑尺度需要根据主景尺度、周围空间尺度、雕塑主题来确定。根据主景的规模，确定雕塑的空间尺度，以造成协调关系。雕塑的尺度感不仅与自身尺寸大小有关，还与环境空间有关。在开阔的空间中可以设置巨大的雕塑，而小空间中应安放尺度较小的雕塑。伟大的人物形象雕塑应当增加其尺度，有助于显示气度。

5）雕塑材料选择

材料的视觉特性各不相同（表4-7），雕塑的材料选择需根据本身的素材及景区主题，以表现自身的气质，并与环境相协调统一，表达特定的空间气氛和意境。比如，如果需要体现形象的伟大、雄壮，适宜用花岗岩、大理石等石材；如果要体现形象的高贵，适宜采用金质材料；如果体现形象的高洁，适宜采用玉石材料。

6）雕塑类型选择

雕塑的形式有圆雕、浮雕、透雕。不管是哪一种观赏价值很高的雕塑，都能为城市增光添色，除了本身具有审美价值以外，还能丰富景观的文化内涵，它能使景物由简朴立刻转化为精美。圆雕多作为主景，必须要有占地空间。浮雕适用于墙面、柱面，基本不占用空间，便于采用，如果需要增加文化内涵的地方都应当应用浮雕。浮雕还比绘画抗风化，保留时间长久，观赏效果也很好。透雕应用场合更少，用于屏风、漏窗。

7）圆雕基座设计

基座能起着衬托雕塑的作用，为雕塑增色，并可以增加雕塑与周围环境的协调性。基座有碑式、座式、台式、平式四种基本类型，在设计实践中可灵活运用（图5.8）。

(a) 碑式（王宗英摄）　　　　(b) 座式（王宗英摄）　　　　(c) 台式

图5.8　圆雕基座的类型

（1）碑式基座：指基座的高度超过雕塑的高度，建筑要素为主体，基座设计几乎就是一个完整纪念物主体，而雕塑只是起点题的作用，因而碑就成了重点内容。例如，西方雕塑中常采用柱身。

（2）座式基座：指景观雕塑与基座的高度比例基本采用1∶1的比例关系。这种比例能使景观雕塑艺术形象表现得充分、得体。中国古典的基座采用须弥座，各部的比例以及构成非常严密和庄重。中国农业展览馆前广场雕塑群基座采用简化的古典须弥座，但这种基座形式在现代景观雕塑中应用越来越少。武汉东湖的屈原纪念碑采用了形似宝瓶的基座。国外以古希腊、罗马以及文艺复兴时的雕塑以柱式基座为主，也有采用古典基座和墙身以及檐口的三段式结构。俄罗斯莫斯科的"自由"纪念碑骑马雕像同基座的比例是1∶1。现代景观雕塑的基座更为简洁。

（3）台式基座：是指雕塑高度与基座高度的比例在1∶0.5以上，呈现扁平结构的基座，这种基座的视觉效果是亲近的。亨利·摩尔的许多室外雕塑采用台式基座，他在伦敦所做的"三个站立的形体"基座高不及雕塑高的1/6。

（4）平式基座：主要是指没有基座处理的、不显露的基座形式。因为它一般安置在广场地面、草坪或水面之上，显得比较自由，易与环境融合。

5. 城市绿地景观设计

植物能改善环境质量，而且具有较高的观赏价值。植物可调节空气的温度、湿度和流动状态，还可吸收二氧化碳，放出氧气，能阻隔、吸收烟尘，降低噪声。植物能美化环境，植物与地形、水体、建筑、构筑物、雕塑等相配置，可形成优美、雅静的城市环境。植物还是生命的象征，能给城市增添活力，正因为如此，任何城市中总少不了绿化。植物的形态、色彩、芳香等都是城市绿化设计考虑的因素。为了提高绿地观赏价值，在植物高度、布局、形态、色彩、种类等方面都应精心设计。

为统一全国城市绿地分类，科学地编制、审批、实施城市绿地系统规划，规范绿地的保护、建设和管理，改善城市生态环境，促进城市的可持续发展，中华人民共和国建设部制定颁发了《城市绿地分类标准》（表5-1）。本标准适用于绿地的规划、设计、建设、管理和统计等工作。绿地分类除执行本标准外，尚应符合国家现行有关强制性标准的规定。绿地设计中，应当在执行国家标准的前提下，按照设计原则来进行。

表5-1　城市绿地分类标准

类别代码			类别名称	内容与范围	备注
大类	中类	小类			
G₁	G₁₁		公园绿地	向公众开放，以游憩为主要功能，兼具生态、美化、防灾等作用的绿地	
			综合公园	内容丰富，有相应设施，适合于公众开展各类户外活动的规模较大的绿地	
		G₁₁₁	全市性公园	为全市居民服务，活动内容丰富、设施完善的绿地	
		G₁₁₂	区域性公园	为市区内一定区域的居民服务，具有较丰富的活动内容和设施完善的绿地	
	G₁₂		社区公园	为一定居住用地范围内的居民服务，具有一定活动内容和设施的集中绿地	不包括居住组团绿地
		G₁₂₁	居住区公园	服务于一个居住区的居民，具有一定活动内容和设施，为居住区配套建设的集中绿地	服务半径：0.5～1.0km
		G₁₂₂	小区游园	为一个居住小区的居民服务、配套建设的集中绿地	服务半径：0.3～0.5km
	G₁₃		专类公园	具有特定内容或形式，有一定游憩设施的绿地	
		G₁₂₁	儿童公园	单独设置，为少年儿童提供游戏及开展科普、文体活动，有安全、完善设施的绿地	
		G₁₃₂	动物园	在人工饲养条件下，移地保护野生动物，供观赏、普及科学知识，进行科学研究和动物繁育，并具有良好设施的绿地	
		G₁₃₃	植物园	进行科学研究和引种驯化，并供观赏、游憩及开展科普活动的绿地	
		G₁₃₄	历史名园	历史悠久，知名度高，体现传统造园艺术并被审定为文物保护单位的园林	
		G₁₃₅	风景名胜公园	位于城市建设用地范围内，以文物古迹、风景名胜点(区)为主形成的具有城市公园功能的绿地	
		G₁₃₆	游乐公园	具有大型游乐设施，单独设置，生态环境较好的绿地	绿化占地比例应大于等于65%
		G₁₃₇	其他专类公园	除以上各种专类公园外具有特定主题内容的绿地. 包括雕塑园、盆景园、体育公园、纪念性公园等	绿化占地比例应大于等于65%
	G₁₄		带状公园	沿城市道路、城墙、水滨等，有一定游憩设施的狭长形绿地	
	G₁₅		街旁绿地	位于城市道路用地之外，相对独立成片的绿地、小型沿街绿化用地等	绿化占地比例应大于等于65%

类别代码			类别名称	内容与范围	备注
大类	中类	小类			
G₂			生产绿地	为城市绿化提供苗木、花草、种子的苗圃、花圃等圃地	
G₃			防护绿地	城市中具有卫生、隔离和安全防护功能的绿地。包括卫生隔离带、道路防护绿地、城市高压走廊绿带、防风林、城市组团隔离带等	
G₄			附属绿地	城市建设用地中绿地之外各种用地中的附属绿化用地，包括居住用地、公共设施用地、工业用地、仓储用地，对外交通用地、道路广场用地、市政设施用地和特殊用地中的绿地	
	G₄₁		居住绿地	城市居住用地内社区公园以外的绿地，包括组团绿地、宅旁绿地、配套公建绿地、小区道路绿地等	
	G₄₂		公共设施绿地	公共设施用地内的绿地	
	G₄₃		工业绿地	工业用地内的绿地	
	G₄₄		仓储绿地	仓储用地内的绿地	
	G₄₅		对外交通绿地	对外交通用地内的绿地	
	G₄₆		道路绿地	道路广场用地内的绿地，包括行道树绿带、分车绿带、交通岛绿地、交通广场和停车场绿地等	
	G₄₇		市政设施绿地	市政公用设施用地内的绿地	

1）植物高度分层设计

根据不同的需要，城市中的植物高度应当设计成多层次的。城市中的地价很高，没有多少真正的空地，只有在沿街道两边及道路隔离带，或者有意识地开辟一块绿地空间。虽然空间有限，但是城市中还是给植物让出一定的空间。高大植物作为行道树，低矮灌木可以作为绿篱和中层植物景观，最矮的草可以用于种植草坪、花坛，这样便构成了城市绿化的组合模式。

（1）高大植物设计。高大植物是城市绿化植物的主体，因为它们不占用大的地面空间，还能遮阴，有利于城市土地的集约利用。种植高大植物，不只是为了改善环境质量，也是为了用绿色来衬托高大建筑物，创造古老、文化底蕴深厚、幽静的景观氛围。街道两旁正适合种植高大乔木，这样不仅不同植物本身高低错落，同时与建筑物相互辉映产生丰富的景观构图。作为行道树应选择观赏价值较高，树冠较大的树种（图5.9）。

（2）绿篱与绿墙设计。绿篱是由灌木或小乔木以密集栽植而成。根据高度绿篱及绿墙可分为绿墙（＞160cm）、高绿篱（120～160cm）、中绿篱（60～120cm）和矮绿篱（＜50cm）四种。这是以人的高度为标志所进行的分类。绿墙完全可以阻挡人的视线，隔离作用很强，会使人产生压抑感；绿篱不阻挡人的视线，高绿篱不能跨越，用于围护、分隔空间、作其他景物的背景；中绿篱有很好的防护作用，多用于种植区的围护及建筑基础种植；矮绿篱多用于花镜镶边、花坛、草坪图案花纹装饰。根据功能要求与观赏要求绿篱及绿墙可分为常绿绿篱、花篱、观果篱、刺篱、落叶篱、蔓篱与编篱等。绿篱的外形通常要经过几何化修剪，以造成整齐、简洁的效果，并与规则的道路和建筑物相协调。

图5.9 绿化对城市景观美化的作用

（3）草坪设计。草坪也叫草皮，由人工选育矮生密集型的草种栽植的成片草地，经修整养护形成整齐均匀的覆盖。它用于地表肌理软化覆盖装饰，丝毫不阻挡人的视线。草坪按照用途可分为游憩草坪、观赏草坪和运动草坪。游憩草坪可供人散步、休息、游戏及户外活动使用。观赏草坪主要设置在建筑物周边，以供人们观赏，不能在内游憩。运动草坪是专门为运动而设置的，如高尔夫球场、足球场等。运动草坪由多层结构组成，细密且富有弹性，具有耐踏性和平整性。草坪按草种的组合方式可分为单一草坪、混合草坪和缀花草坪。缀花草坪指草地上点缀一些观花植物而形成的草坪。近年来，许多大中城市都把铺设开阔、平坦、美观的草坪纳入现代化城市建设规划之内。在建立纪念碑、喷泉、雕塑时，常用草坪来衬托。

（4）花坛设计。花坛是在一定范围的畦地上利用植物的色彩按照一定的图案搭配栽植观赏植物，构成具有一定内涵的美丽图案的园林设施。花坛是在植床内对观赏花卉规则式种植。以表现主题内容不同，花坛可分为花丛花坛（盛花花坛）、模纹花坛、标题花坛、装饰物花坛、立体造型花坛、混合花坛和造景花坛。花丛花坛是用中央高、边缘低的花丛组成色块图案，以显示花卉的色彩美；模纹花坛主要表现精致复杂的图案纹样美，植物美居于次位；标题花坛用观花或观叶植物组成具有明确主题思想的图案，按其表达的主题内容可分为文字花坛、肖像花坛、象征性图案花坛等；装饰物花坛以观花、观叶或不同种类配置成具有一定实用性的装饰物的花坛，如做成日历、日晷、时钟等形式的花坛；立体造型花坛以枝叶细密、耐修剪的植物为主，种植于有一定结构造型的骨架上，形成造型立体的装饰，如卡通形象、花篮或建筑等；混合花坛是由两种或两种以上类型的花坛组合而成；造景花坛，借鉴园林营造山水、建筑等景观的手法。按照空间形式，花坛可分为平面花坛、高设花坛、斜面花坛（花台）以及立体花坛。花坛主要用在规则式园林的建筑物前、入口、广场、道路旁或自然式园林的草坪上（见彩图25）。

（5）花境设计。花境也称花缘、境界花坛，是模拟自然界中植物的自然生长状态，经过艺术处理，设计成的形状各异的自然式花带。花带宽度一般在 2～3m。花境的平面形状较自由灵活，可以直线布置，也可以自由曲线布置，内部植物以自然式混交。花境常栽植在树丛、绿篱、栏杆、林带、植篱、灌木丛、绿地边缘，道路两旁及建筑物前，以其为背景，根据边缘依环境的不同形成宽窄不一的曲线或直线花带。花境的设计注重是对自然状态的模仿，取材丰富，但应以多年生的宿根、球根花卉为宜，适当配植一些 1 年生草花。按用途不同，花境可分为单面观赏和双面观赏两种。单面观赏花境后高前低。双面观赏花境，主要应用于道路隔离绿化带中，中间高，两边逐渐降低。

花境设计要讲究构图，其平面构图多为鱼鳞网状混交斑块，面积可大可小，但不宜杂乱；高低错落，立面构图要有层次感。花境植物种类配置应当注意：在同一段的花卉种类不宜过多；注重色彩搭配；生长季节的变化能互补，一年四季季相变化丰富，应考虑到同一季节中彼此的色彩、姿态、体形及数量的协调和对比，而且相邻花卉的生长速度也应大体相近，植株之间能共生而不能互相排斥。

2）植物布局方式设计

城市绿地植物的排列方式应当是以整齐、均匀排列为主，以获得整洁的效果，与建筑物和街道形态具有协调性。比如林荫道树木整齐、均匀排列。为了避免单调感，增加一种自然的气息，在大片绿地中可采用随机排列。庄重的场景，如政府和议会建筑前广场、纪念性广场等公共开放空间绿化，宜采用对称式的布局。休闲型场所可多用自然式排列。

3）植物形态设计

城市环境景物繁多，保持整洁、精巧显得尤为重要。植物修剪成规则形态，显然能满足整齐化的造型需要。绿篱修剪成长方体，有些灌木修剪成圆球形、方块形、动物形、器物形等都是为了整齐化，显得庄重、精致。整齐固然重要，但是如果全部都是规则的形态，未免呆板、缺少趣味性，因此，让树冠的形态保持自然形态，不仅不会影响观赏效果，而且具有朴素、自然、浪漫之美。

4）植物色彩设计

植物色彩以绿色为主调，绿色能使人心情放松，可造成优雅的环境。绿树成荫固然好，但是全部是绿色，会显得单调。如果能做到繁花似锦，无疑会让城市充满春天般的气息。城市绿化植物应当注重色彩的搭配，利用植物叶子、花朵、果实色彩来体现色彩多变性。同时，注重植物色彩的季节变化规律的利用，应使城市四季皆有丰富的色彩，并造成一年四季的景观差异。植物色彩的空间搭配，能丰富景观色彩构成。花坛中还能利用多种植物的色彩来构成各种有意味的图案。花坛设计需要体现图案的造型与色彩之美，相当于平面构成设计，应当符合平面构成与色彩构成理论与法则。另一方面，运用天然植物来拼画，巧夺天工，具有趣味性。这是将自然美与人文美结合起来的一种形式。

5）植物种类配置。

城市绿化植物的选择，需要综合考虑植物的生理特点、生态功能、观赏功能和象征意义，参见第 4 章有关内容。此外，城市空间为开放的空间，人口密度大，不宜选用危及游人生命安全和健康的植物。

6）水边植物的配置。

水边植物主要用于丰富岸边景观线条，增加水景的层次感，突出自然之趣。水边植物配置切忌等规则种植，不宜整形，以免失去天趣。在构图上，注意应用探向水面的枝、干，尤其是似倒非倒的水边大乔木，使水富有野趣。水面植物是水体景观绿化不可缺少的植物材料。水面植物的种类相当多，有挺水植物、浮水植物、沉水植物等区别。水面景观低于人的视线，与水边景观相呼应。根据需要，水面植物又可起到分隔空间的作用。例如，可以把较开阔的水面空间分成动、静不同的区域，以丰富水体的景观效果。水面植物的栽植不宜过密，留出足够空旷的水面来展现倒影和游鱼。常见的水面植物有荷花、睡莲、萍蓬、菖蒲、鸢尾、芦苇、水藻、千屈菜等，在接近岸边的地方，还有种植水芋、燕子花、羊胡子草、灯芯草、薄荷、锦花沟酸浆、勿忘我、丁香蓼、毛莨、婆婆纳和一些苔类植物。浮水和沉水植物则以水藻类植物为主，如金鱼藻、狸藻、狐尾藻、水马齿、水藓等（见彩图 25）。

6. 城市水景设计

对人来说水有着多重功能。水可以减少空气中的尘埃，增加空气的湿度，调节空气的温度。看水景、听水声，可以调节人的心情，使人获得美的享受。

1）城市滨水景观设计

城市滨水景观泛指城市中临海、临湖、临河区域的景观。海、湖、河等水面对于城市来说是重要的自然景观资源，应当充分利用。如果能借自然之水来美化城市景观，可以大大改变城市风貌。如何科学合理地利用自然水体，让水体景观与城市景观融合，是设计者要把握的。不同的岸线形式关系到水体的风格，市区的湖泊水岸线可以规则化，如果采用自然式岸线也未尝不可。为了显露水体美景，沿岸可以设立亲水平台，不宜建设高层建筑。

2）城市喷水景观设计。

喷水设施可以湿润周围的空气，减少尘埃，降低气温，提高环境质量。同时，喷水也是一种很活跃的动态景观，可活跃城市氛围，还能为城市增加新景观。因此城市中建设喷水景观很有必要。喷水景观设计要利用现代科技，要从造型、声、光、色效果配合使用，创造出各种喷水景观。

3）城市跌水景观设计

跌水是指有台阶落差结构的落水景观。跌水也是一种具有观赏价值的景观。其流动性及发出的声音能渲染回归自然的情境，例如美国新墨西哥州阿尔克基市中心广场的大跌水、日本枥县美术馆重叠式跌水。

7. 城市公园设计

城市公园是城市景观系统的重要组成部分，具有休闲、游憩、教育、改善城市环境、美化城市等功能。城市公园不仅仅可用于满足本市居民休憩的需求，也是城市景观的亮点。有特色的城市公园还会吸引更多的外地游客前来观光。例如中国昆明的世博园凭借其景观的独特性，增加了城市魅力和旅游价值，扩大了城市影响，美化了城市形象。在建设部颁发的《城市规划基本术语标准》中的对公园解释为"城市中具有一定的用地范围和良好的绿化及一定服务设施，供群众游憩的公共绿地。"

不同国家对城市公园的分类不同，比如美国的城市公园分类：儿童公园、邻里游戏公园或邻里休憩公园、运动公园、教育公园、广场、邻里公园、市区小游园、风景眺望公园、滨水公园、综合公园、保留地、林荫路及花园路；德国的城市公园分类：郊外森林公园、国民公园、运动场及游戏场、各种广场、有行道树装饰的道路、郊外绿地、运动设施广场、分区园。中国建设部颁发的《城市绿地分类标准》中所规定了公园绿的分类，将城市公园分为：综合性公园、社区公园、专类公园、带状公园。城市公园设计思路与园林设计思路与方法相同。

1）公园的功能与外观风格定位设计

城市公园设计首先要根据其性质、规模、使用范围、使用者等元素来进行功能定位，还要根据城市文化背景来选择外观风格。比如古老城市就需要有古朴的园林风格，现代新兴城市就可以根据城市功能来设计（见彩图 26），用现代风格或综合风格。这样公园设计思路就基本定调了。

2）公园的构景元素设计

公园风格定位确定后，就可以进行构景元素逐一细化设计，包括公园用地及园路、铺装场地、各类建筑、绿化、小品、水景等设计。公园设计已经有国家规范，必须按照规范操作，在此前提下，再进行创意设计。公园构景设计从平面、立面、透视构景方面入手，按照美学规律及园林设计理论进行设计。国家建设部制定颁发的《城市公园规划设计规范》中明确规定了不同性质、功能类型的公园各类用地的具体比例。公园内部用地主要包括绿化、建筑、园路及铺装场地等用地类型。城市中各类型公园因其性质、规模、服务范围、服务对象等方面因素的不同，其功能以及内部用地比例也不同。

8. 城市景观色彩设计

色彩是城市景观设计的重要内容之一，也是景观设计中最易体现审美风格倾向、氛围、情调的要素。城市色彩系统构成主要由建筑、植物、设施、道路的色彩构成。立面色彩更为重要，立面色彩主要是前面三种要素。城市景观色彩系统设计应当从以下方面来体现。

1）用色彩体现审美风格

一定的色彩组合会呈现出一定的审美风格倾向，这在色彩构成理论中都有论述。色彩也是体现城市景观风格特征的要素之一。景观色彩设计应当要利用色彩的这种视觉特性来进行色彩构成设计。设计中要注重利用建筑、植物、设施的色彩组合来表现各种审美风格。比如，欢快风格应当用色相丰富的色彩构成来表现，朴素风格应当用单纯的色彩构成来表现，庄重风格应当用低纯度的色彩构成来表现，热烈的风格应当用高纯度的色彩构成来表现。规模比较大的景物宜采用明度高、彩度低的色彩，规模比较小的景物彩度可以高一些，目的是为了造成明快的效果。

2）用色彩美化城市景观

色彩是一种重要的视觉语言，在景观美化中发挥着重要作用。景观色彩构成应当符合色彩视觉审美规律，如符合多样统一规律、色彩格调美规律、色彩情调感规律，这是保证色彩美的基本要求。城市中植物以绿色最常见，城市的建筑是可变的，如何使用建筑色彩来构成美观的色彩，需要设计者来确定。一般来说，体量大的物体用浅色调可避免压抑感，用低纯度的色彩显得庄重些，因此，城市建筑物色彩大多数应当以低纯度高明度色彩、浅灰色、白色为主，其他色彩则可以作为点缀性的色彩。低纯度色彩可以是偏红、偏绿、偏蓝、偏黄等。

3）用色彩体现城市文化

地域文化的差异性导致了不同地方的建筑色彩体系不同，每一种建筑都具有其标志性的色彩。例如北京的故宫建筑群的红墙与黄瓦相组合，形成皇城建筑景观特色；青岛建筑的红瓦屋顶也具有本地特色等。有些国家很重视城市建筑景观色彩设置，对建筑色彩作了规定和统一规划，规定出本地区建筑群、街道和广场的色彩基调。从景观欣赏角度看，这种做法是颇有道理的。城市色彩主要通过建筑、植物、道路来体现，要构建理想的城市色彩体系，应当对建筑色彩有总体规划，不能随意用色，最好是与地域文化结合起来。

9. **城市设施景观设计**

为了满足城市生活和社会活动需要，城市中需要建设各种各样的设施，比如公交车站、过街高架桥、街灯照明、灯笼、护柱、防护栏、电话亭、广告牌、橱窗、商亭、垃圾箱、变压器、输电线、电话线、饮水器、厕所、空调器、座椅、导向牌、告示牌、消防设施、交通标志、交通工具。这些设施有的具有观赏价值，有的却造成视觉"污染"（混乱）。只有经过设计，城市设施才能变得有观赏价值，至少可避免一些不必要的视觉污染。

1）设施的整洁化设计

东西多，就容易乱，对于城市来说，不怕单调，只怕太乱，因为城市设施太多、太集中。让设施整洁化，显得很有必要，比如路灯可以整齐排列，护栏统一高度和样式，车辆整齐摆放，经营摊位整齐设置等。东拉西扯的输电线、电话线引起的污染视觉问题，至今还是个难题。有些地方将充电线地埋，解决了局部地区视觉污染问题，但是大多数地方依然无法解决。此类问题很多，设计者应当设法做好设施的整洁化处理。同时，城市整洁化还需要做动态管理，与市容管理分不开。

2）设施的协调化设计

有些城市设施可能与优美的环境不协调，甚至突兀，就应当对外观进行处理，即对设施和物品的造型、材料、色彩、位置、体量进行和谐化处理，或者将其"伪装起来"。比如，厕所外观可以做成某种美观的造型；垃圾桶可以做成与景观协调的造型；给变压器穿上"绿装"这都是有效的处理方法。

3）设施的景观化设计

有些设施可以景观化处理，让它从单纯的实用性转化为实用艺术品。比如桥梁、船只当作艺术品来设计，可提高观赏价值。其中需要设计者进行创意，只要动脑筋，没有做不到的，比如有设计师将过街天桥护栏设计成乐谱形态，显然是很有意义的。

10. **城市景物材质应用设计**

材质、肌理也有助于表现城市景观的风格特征。城市建筑、设施在材质、肌理选择上范围很宽，人工和天然材料，粗加工和精加工材料均可应用。

1）用人工材料展现城市科技先进性

城市建筑、设施可多采用科技含量高的材料，比如彩色金属、彩色玻璃、瓷砖、合金、不锈钢、高级涂料都是具有现代味的装饰材料，在城市中都可以使用，能给人以现代感、豪华感。天然材料在这里可作为补充性材料。

2）用材质、肌理表现城市的精致、豪华气象

城市是人类投入人力物力最多的聚落建设景观。建筑的豪华有赖于材料的表现。朴素不是城市景观追求的主要方向，先进、豪华、高品位才是追求的方向。这种气息需要有相应的材料质地和肌理来传达。现代化高科技材料、高价格材料、精加工材料、透明、光滑的材料等能够产生华丽、精致、细腻、现代的效果，能使景观变得豪华、绚丽、大气。比如光华夺目的彩色玻璃，高档金属合金材料如合金钢、铝合金、金属箔、镀锌板、镀铜片等都可以产生这种效果。

11. 城市夜景设计

景观照明是采用照明技术造景的一种手法，具有装饰景物和构建新景观的作用。城市夜景仿佛琼楼玉宇、仙山琼阁，非白昼所能比（见彩图17），因此城市夜景设计受到广泛重视。

1）用光显示城市景物形象

城市夜景中，物体形象主要采用勾和照来创造。勾就是用灯"勾勒"物体轮廓线；照就是利用投射光源照射显示物体。两种光照手法相配合可以造就层次丰富、虚实相生的夜景效果。利用灯光勾绘物体必须按照形式美的规律来进行。城市建筑群本身就具有参差错落，形态各异的气象，只要将其显示出来就具有美感。但是并非所有建筑都需要显示，应当根据构图需要，勾绘具有构图意义的景物形态。做到参差错落、有节奏、有韵律、有层次，线条要有方圆曲直之变化。凡是造型结构美观或需要突出细部的景物都应当采用投射照明和内透光照明，以灯光的强弱和照明方式来显示景物的层次感。城市夜景的光线强弱要适度，避免光污染。住宿区通常不宜设置景观照明，防止影响居民休息。

2）用光色美化城市夜景

城市夜景色彩设计也需要按照光色彩美的规律来构成，根据景观色彩构成设计需要，合理调配色相、亮度、彩度三种视觉要素，使夜景色彩既丰富又协调。

3）用光表现夜景情调

光能造就景观的情调。对景观意境效果影响较大的是光的色调、亮度、色彩丰富程度。通常应多用暖色光造就形成热烈、浪漫的情调，适度应用冷色光来配合，以增加华丽感。

5.4.3 乡村旅游景区景观设计

一座乡村也是一处相对独立的人文旅游景区，也有一个特殊的景观系统，是一种颇受城市人青睐的旅游目的地。乡村是相对于城市而言，与城市相比，人口少、建筑简朴，建筑物高度小，贴近自然，是人类影响较小的地区。总体感受特征上看，城市繁华、喧嚣，而乡村朴素、宁静。不同风格的景观，能满足人们不同的心理诉求，体现了不同的情调和旅游价值。构成乡村旅游景观系统的元素有乡村建筑、街巷、设施、树木、农田、山水、村民活动等。

1. 乡村旅游景区景观设计的原则

乡村与城市旅游景区景观设计的原则略有不同。

1）保本色

保持乡村性本色是乡村景观设计首先要把握的，否则，就会失去乡村景观的基本特性，也就会失去它本来的旅游价值。建筑是最能体现乡村与城市区别的景物，也是保持景观乡村性的基本要素。乡村景观要有浓厚的乡土气息，处处要体现"土"和"乡"两种特性，如土路、土房、土灶、土菜、农田、菜地、果园、池塘、森林等，要避免过分现代、过分时髦的元素出现在视野中。比如江苏江阴的华西村建筑已经完全城市化、现代化，其景观已经失去了乡村的意味，应归入城市景观范畴。

2）挖内涵

乡村景观必须依托于特有的地方文化，才更加具有观赏价值，这也是乡村景观设计需要把握的核心问题。缺乏文化底蕴的乡村景观，其观赏价值就比较低。因此挖掘乡村文化是乡村景观设计前必须做到的。

3）显个性

有特色的建筑、农业设施、地方文化等方面要素都可以体现出一个乡村景区的景观特色。乡村建筑个性化比城市易于体现，因为建筑高度、功能没有城市那么多要求，有利于继承传统建筑风格。

4）整洁化

乡村街面往往缺少管理，很容易导致东西乱放、垃圾乱堆等乱象。如果要让其美化，应当有所管理。影响整洁、不美观的物体要藏，美观的景物要露。

5）景观化

如果要让乡村景物具有较高的观赏价值，关键是要做好建筑、设施、田园等要素的艺术化设计，并做好借景设计，彰显乡村特有的景观特色。

2. 乡村建筑景观设计

建筑是乡村构筑物的主体，是乡村的最主要构景元素。乡村景观区别于城市景观的主要特点是：贴近自然，建筑少而矮。乡村建筑应当按照以下思路来设计。

1）乡村建筑风格设计

建筑是决定乡村地方性景观风格特征的主导因素。乡村建筑的功能要求少，在造型上要求也少，因此保留传统风格比城市建筑容易做到。

（1）传统乡村建筑保留与恢复。从乡村景观欣赏角度看，传统建筑比现代建筑更具观赏价值，因为文化底蕴深度不同。随着生活方式现代化及居住条件改善的需要，进行新农村建设，在不少地方传统建筑已经被推翻重建。为了观赏的需要，对于有一定规模的、历史悠久的传统建筑应当保留，留下历史的记忆。如果是部分损坏，这就需要恢复一部分。

（2）新建筑的风格化设计。现代人生活方式发生了变化，乡村居民的主要居住方式依然在延续，只是建筑的内部结构有新的要求，因此在乡村保留传统风格的建筑外观比较容易做到（图5.10）。只是相关部门需要进行规划，并制定相关政策来限制建筑设计行为。

（3）新型风格建筑设计。乡村建筑一般没有规划的限制，可自行决定风格自行设计样式，这就容易导致风格上的不统一，现代别墅式建筑与陈旧传统建筑混合，很不协调。其实，新建筑可以在村外一定视野之外建设，新旧建筑分离。现代新农村建设往往全采用现

(a) 徽州传统建筑   (b) 苏州传统建筑   (c) 藏族传统建筑

图 5.10　乡村传统建筑举例

代风格，或者吸收传统元素来设计新型现代建筑，也未尝不可。但是统一规划，风格一致很有必要，但是现代味依然存在。

2）乡村建筑的立面构成设计

乡村建筑不需要追求高大、雄伟，高楼大厦反而显示出城市味。建筑高度的立面构成应当错落有致，不宜追求统一的高度，这样更符合形式美法则，也更具有自然意味。传统建筑，无统一规划，依山就势，自然错落有致。新农村建筑，高度和造型相同，过分整齐，看似壮观，其实太单调，并非是理想模式。理想的做法应当是有高低错落，齐而不齐，不齐之齐，才美观。错落有致的建筑群形成乡村的天际线，使得乡村景观构成形式像音乐一样高低起伏而富有节奏感。此外，乡村建筑立面设计需要考虑如何透视借景，与周边的水面、山体、树木构图。

3）乡村建筑群的平面构成设计

乡村建筑群不需要追求整齐排列，而应依山就势、因地而建，以便造成轮廓及构成线条的多变性，欣赏价值更高。规模较大的村庄，需要设置一些节点，构建景观序列。如果是新建乡村建筑，在平面构成上可以采取有意味的构图方式。比如象形式的构图有船形、牛形、棋盘形，可获得一种形式意味。

4）提高乡村建筑的文化含量与艺术价值

乡村建筑的造型结构需要有文化依据，这样可以丰富景观内涵。提高建筑的艺术价值，可以采用本地传统文化所特有的造型元素和外表装饰。比如用绘画、砖雕、木雕等手法装饰门窗，可提高建筑的文化含量和观赏价值。

3. 村落街巷景观设计

街巷景观是村落主要的景观元素，是村落景观设计的核心要素之一。

1）街巷情调化

村落街巷不能像城市街道一样设计，不应追求笔直、宽敞、通畅，曲曲弯弯、时明时暗、时宽时窄才是乡村特有的意味。

2）街面整洁化

在村落街巷中，各种实用设施繁多，如农具、农产品、输电线、通信线等比较乱，垃圾乱堆，需要进行人为强制规范，这样才有利于保持街面的整洁。比如农具、农产品的摆放进行适度规范，输电线、通信线需要隐藏处理，垃圾集中处理。这些都是保持街面整洁的有效办法。

3）街面艺术化

　　为提高传统街巷的观赏价值，应当对其做艺术化处理，包括建筑装饰、路面装饰、设施装饰。建筑是街巷的主景，其外表应当做艺术化、风格化处理。路面装饰方法主要有材质选择、肌理的处理。传统村落街巷路面可选择当地特有的石材，不宜用水泥、沥青等现代材料。乡村建筑的门窗可用浮雕、透雕来进行装饰。易造成视觉污染的设施，需要做装饰处理，比如垃圾桶、变压器，可以对其外观进行装饰处理。如果是新式农村建筑更有利于进行艺术化处理，只不过与古老的街面风格和意蕴是不同的。

　　4. 乡村绿化景观设计

　　在乡村一般不重视绿化，尤其是山里村落，周边都有树木、田园，相距不远，可看做村落景观的组成部分，可用部分替代绿化的作用，有些地方只是在村口栽树。其实，村落绿化还是很有必要的，只是方式和内容上与城市绿化不同，乡村绿化设计内容包括田园农作物的种植设计。

　　1）植物布局方式设计

　　传统村落建筑、街巷结构多为自然状态，绿化植物的布局不应强调规则化，而是以不规则为上，这样显得自然、不经意、宛自天开。乡村适合于栽植乔木，村前、屋后、村口、田间、地头都可以栽植树木，以创造"绿树村边合，青山郭外斜"的乡村意象。乡村种植花坛、草坪似乎没有必要，过于讲究整齐规则的种植，倒显得有城市化的意味。乡村的田园本身就是"花坛""草坪"，运用得当，比花坛更有观赏价值。

　　2）植物种植高度设计

　　从长远来看，培育一些高大树木，对村庄景观来说也非常重要。一方面可用遮阴，创造幽静环境，更重要的是能够使村落更加秀美，还能使村庄更有历史感。一座村庄如果有高大、古老的大树，这就意味着这座村庄很古老，也就能暗示文化底蕴的深厚性。乡村中的树木不能像城市行道树一样等高、整齐，而应当参差不齐、形态各异，这样显得自然。（图5.11）。

图 5.11　乡村植物种植效果举例

　　3）植物色彩设计

　　乡村绿化树木应当注重色彩的搭配，利用植物叶子、花朵、果实色彩来体现植物在空间上和季节上色彩的多变性。为使乡村景观色彩透视构图丰富和四季各有意味，尤其要重视春天和秋天植物的色彩。春天要繁花似锦，秋天要红叶如妆。要种植春天开花的树木，种植秋天有红叶的树木(乌桕、枫树等)。乡村美丽的景色有赖于这些植物的装扮,此外,不能忽略田园种植物的色彩搭配和季相变化。比如春天的油菜花,秋天的菊花,夏天的水稻(见彩图27)。

4)植物种类配置

乡村绿化植物的选择,需要综合考虑经济效益、观赏功能和象征意义。稀有、能开花、有红叶、红果实(柿子、苹果等)、树冠形态美、能长成大树的树种,都具有较高观赏价值和构景意义。树种应多样搭配种植,村落周边尤其需要关注树木和农作物形态和色彩的观赏价值和构图意义。

5)水边植物的配置

在构图上,注意应用探向水面的枝、干,尤其是似倒非倒的水边大乔木,增加水景层次感,使水景富有野趣,例如种植垂柳等。水面植物的种类相当多,常见的水面植物有荷花、睡莲等观赏价值较高的植物。

5. 乡村水景观设计

山水乃乡村常见之物,依山傍水是大多数村庄选址的条件,因此乡村附近往往都有水景,只需合理利用,便可以创造出特有的景色。

1)乡村水景观设计

乡村滨水景观泛指临海、临湖、临江河区域的景观。海、湖、河等水面对于一些濒临它的乡村来说是重要的自然景观资源,应当充分利用。保障水质和保持水岸的清洁,是乡村水景设计的重要内容,对水岸的处理上,大多应保持自然岸线状态,适度修整。缺水的村落可以建水库,既为供水,也为造景。不过水岸线的处理方式以仿自然形式为上。

2)乡村跌水景观设计

山区的乡村可以利用天然水来设计跌水,可以仿自然跌水,但不宜露出人工痕迹。也可以通过蓄水来保证四季流水不断。

6. 田园景观设计

田园景观是乡村景观系统的重要组成部分,也是乡村特有的景观元素,是乡村景观的亮点,它与村落相映成趣,共同构成了一幅幅美丽的乡村景观图。不同地区地形条件和种植物不同,构成了各种各样的田园景观。

1)田块形式设计

田园田块形式关系到景观构图的线面特性。山区梯田依山就势按照等高线走势来修建田块,形成了极富韵律感的线条,自然形的田块面,观赏价值很高,可谓实用与观赏两不误。平原地区的田块,出于耕作需要,多为方正形态,显得比较呆板。出于观赏的需要,对于方正形态的田园,应当人工有意进行造型处理,也是有必要的。从平面、透视效果等方面入手,按照美学规律及园林设计理论进行设计,可以提高田块形态的观赏价值。

2)农作物种类配置

一般情况下,田园农作物的种植品种不需要精心设计,而是顺其自然,想种什么就种什么。但是若要造景,就必须有意识地进行选择。农田种植农作物有一定的选择余地,为了让田园景观更加具有观赏价值，应当有意识地对周边农作物种植品种进行规划。结合当地的农耕文化，选择有特色的、色彩美观的农作物。田园景观与园林植物的设计思路基本相同。比如，油菜花具有观赏价值，就可以在适当的地方种植(见彩图27)。

7. 乡村景观色彩设计

色彩是乡村景观设计的重要内容之一。乡村景观色彩系统主要由建筑、设施、农田、山水、道路的色彩构成，这些构景元素的色彩中大多处在动态变化之中。乡村景观色彩系统设计应当从以下方面来体现。

1) 用色彩营造地域文化氛围

每个地方由于文化原因，建筑都具有其标志性的色彩。如苏州和徽州建筑的粉墙黛瓦，福建土楼土墙黛瓦，都是具有地方特色的民居建筑景观。即便是新乡村建筑，也应当利用色彩体现地域文化氛围。

2) 用色彩美化乡村景观

一定地域的乡村在一定的季节会呈现一定的景物色彩结构，一定的审美风格倾向。乡村景观构景元素中建筑物、道路色彩是稳定的(比如粉墙、黛瓦、土路)，而植物、天空色彩是可变的，山的色彩随植物色彩而变。设计者需要利用可控物体的色彩来调整体景观色彩的构成模式，以获得所需要的景色。比如，乡村景色在春天姹紫嫣红花朵的衬托下可构成华丽风格的景象，夏天苍翠植物的衬托下可构成生机勃勃的景象，秋天红叶的衬托下可构成华贵风格的景象。

8. 乡村设施、工具、物品景观设计

一定的民俗文化、农耕文化背景下，都有自己的传统生产生活设施、工具、物品，同时也有当代生活所需的设施、工具、物品，比如传统的有水车、磨坊、油榨、石碾、锄头、蓑衣、草帽、灯笼、马车、农产品等，当代的有灯具、变压器、输电线、电话线、空调器、自行车等。这些设施有的具有观赏价值，有的却可能造成"视觉污染"。只有经过设计，乡村设施才变得都具有观赏价值，至少可避免一些不必要的视觉污染。

1) 设施、工具、物品的整洁化设计

对于影响视觉效果的景物，需要设施适度整洁化。比如把农产品的摆放可适度集中，过分整齐，反而显得做作，不像是乡下本来的面貌。水车、磨坊、油榨、石碾之类的设施具有浓浓的乡土味，没有必要隐藏，反而需要展示出来。

2) 设施、工具、物品的协调化设计

有些与乡村味不协调的设施、工具、物品应当协调化处理，主要是指太时尚的、城市味太浓的东西。即对设施和物品的造型、材料、色彩、位置、体量进行和谐化处理，或者将其伪装起来。比如，垃圾桶可以做成与景观协调的造型；空调器、电灯穿上"古装"，可以变得协调些，输电线、电话线应当走暗线。

3) 设施、工具、物品的景观化设计

有些设施可以景观化处理，让它从单纯的实用性转化为实用艺术品。比如抱桥梁、船只、道路当作艺术品来设计，考虑其造型、材质所具有的意味及文化内涵，可提高观赏价值(图5.12)。

图 5.12　乡村农具、物品景观示例

9. 乡村景物材料应用设计

材质、肌理是景观设计的重要语言，表现乡村景观的风格特征也有赖于它们的作用。乡村建筑、设施在材质选择上应以贴近自然为原则。

1）用材料体现景观的乡村性

乡村建筑、设施在材质应以天然材料、半天然材料和粗加工材料为主，减少水泥、不锈钢、塑料等现代材料。比如泥土、木材、石材、竹材、石头、皮革、棉麻、稻草等材料比较适宜，其中蕴含乡村气息，人造材料在这里可作为补充性从材料。为了抗风化，也可以采用仿制天然材料，即用现代人工材料进行表面肌理的自然化处理。现代乡村道路都以水泥为材料，如果将其用于传统村落，就不理想。

2）用材料表现乡村景观的朴素自然性

乡村景观不应追求豪华、绚丽，而是要保持朴素的本色，未经人类精心加工的天然材料具有朴素自然性，有助于表现乡村景观的朴素性，而如果采用现代高科技的材料就会影响这种风格的体现，会使其呈现出豪华、现代、城市化的特征，也就失去了乡村的本色。

10. 乡村景观的透视借景设计

乡村离自然很近，有不少乡村景色是村庄与田园，自然景色和人文景色交相辉映。景观设计者需要善于借景，创造出更美丽的景观。借景要精巧，"精"是要精心构思，"巧"是要巧妙。借景方法的思路需从两方面入手，即角度和时间。按角度借景，需要考虑远、近、仰、俯观具有的效果。按时间借景，需要考虑一天中、一季中具有的效果。借景对象可以借山景、借水景、借天景，田园与村庄之间也可以互借。

11. 乡村居民行为景观设计

乡村居民行为是多方面的，劳动行为、生活行为、服饰、语言等都是乡村景观的欣赏对象。当地居民的有些行为具有观赏价值，也是构成乡村景观的重要元素，饱含着地方文化内涵。每个乡村居民的生活和劳动行为与当地自然环境、历史文化有密切的联系，值得旅游者观赏、深思和品味。乡村中具有观赏价值的行为有劳动、礼仪、竞技、节庆、宗教、曲艺表演等。

1）居民行为的景观化设计

各地乡村都有自己的传统工农业文化活动，可开发的行为景观资源很多，比如打鱼、采茶、犁田、插秧、摘果等，斗牛节、婚礼习俗、祭拜祖先、文艺表演等行为，还有加工农产品、食品等行为，都是可以利用的景观资源。不过居民行为景观的观赏价值也高低不均，景观设计者需要对这些行为的动作进行设计、美化，提高其观赏价值。

2）居民行为的景观化利用设计

具有较高观赏价值的某些农业生产、民俗活动和农产品生产行为，应当加以挖掘、提炼，并现场表演。古村落里服务人员可以穿古代服装，更能让旅游者感受到古代村落的氛围。有些行为本身就具有很高的观赏价值，可直接用于旅游观赏。比如礼仪、竞技、曲艺表演等行为不是日常的经常性的活动，而只是在特定的季节或节日才会有。为了发展旅游必须有意识地安排表演活动，变成旅游产品的一部分，让旅游者一饱眼福（见彩图28）。

3）经商活动的景观化利用设计

为了让观赏者体验到原汁原味的乡村景观，允许与环境相协调的商业活动，不协调的商业活动应当避免，将其安排在其他购物场所。比如，古村落中古人如何生活的，如何生产的，若能重现，也能成为一景。有些当地土产可以安排到景区周边去销售，如果游客需要购物，可以到这些地方去购买。

5.4.4　仿古旅游景区景观设计

仿古景观也是一种很有价值的人文旅游景观，尽管它不是原生态的，但是不失其观赏价值。仿古景区是模仿某一个时代的场景，能满足人们怀旧的心理诉求。构成仿古景区旅游景观系统的元素有仿古建筑、街巷、设施、物品、仿古人活动、植物、山水等景物。

1. 仿古景观设计的原则

1）时代明确

仿古景区景观必须依托于某个民族某个时代的古文化，朝代明确才更加具有观赏价值，这也是仿古景区景观设计需要把握的主要问题。比如模仿秦朝、唐朝、宋朝，可以体现出一个朝代文化的景观特色。

2）仿古如古

仿古就要仿得像真的，是仿古景区景观设计首先要把握的，否则，不古不今，就会失去仿古景区景观的意义，也就会失去它有的旅游价值。仿古景区景观就是要"古"，有浓厚的某个特定时代的气息，处处要体现"古"的特性，要避免现代的元素出现在视野中。如果用现代材料模仿古代木材，也要获得同样的效果，包括色彩、肌理的处理，如工具、设施、物品用旧的痕迹模仿。

3）统一格调

景区中所有构景元素，包括建筑、街巷、设施、物品、文字、古人活动等都要体现出一个朝代的特色，按照同一个时代的文化进行效仿。

2. 仿古景区建筑设计

建筑是仿古景区构筑物的主体，是仿古景区景观的骨架，最能体现仿古场景与现代场景的主要构景元素。仿古景区建筑应当按照以下思路设计。

1）仿古景区建筑风格设计

仿古景区建筑风格应当按照朝代来设计，造型风格准确，所用材料可以用真实的，也可以模仿，比如缺少木材，可以仿制木材，对材料表面进行肌理处理。砖块可以用水泥等材料仿制。

新建筑与陈旧建筑造型风格、材料运用可以相同，但是新建筑墙体表面如果没有经过风化，崭新的面貌就没有历史沧桑的感觉，对建筑外表色彩、肌理进行残破化处理也是有必要的，但是有一定难度。

2）仿古景区建筑群的平面构成设计

仿古景区建筑群的平面布局需根据建筑群的性质来进行布局。比如，皇家建筑多按照对称式布局，宗教建筑规则式和自由式布局都可以，民居建筑多自由式、象形式布局。

3）提高仿古景区建筑的文化含量与艺术价值

仿古建筑造型结构需要有文化依据，这样可以丰富景观内涵。若要提高建筑的艺术价值，应当注重建筑外表的装饰。比如浮雕、透雕、绘画等手法都可以应用。

4）陈旧化处理

古建筑主要观赏特性是"古"，崭新的"古建筑"可能失去这种感觉，陈旧化处理也是有必要的，只是难度较大而已。例如表面屋漏痕，墙体的破损处理，可以造成陈旧感。

3. 仿古景区地面铺装的设计

仿古景区地面包括路面、广场，也是关系场景风格的视觉要素。古代没有沥青、水泥地面、连精加工的石材也少见，石材也是手工凿出来的，没有现代机器切割、打磨的石块。因此，如果要创造出古代场景，必须避免现代材料和材料加工痕迹。如果是混凝土、瓷砖模仿石材，也应当做到以假乱真。石材选择也要有地方性，如果是古村落地面，铺地石材的形态、尺寸应当是多变的，这是体现风格的需要。

4. 仿古景区设施、工具、物品设计

不同时代文化背景下的生产和生活设施、工具、物品，不同时代的东西不能放置于仿古代景区，不能串位，以免造成"视觉污染"。科学技术在不断地发展之中，一定的时代会出现一定的设施、工具、物品，只能滞后，不能超前。比如水泥发明于18世纪，电灯发明于19世纪，在这之前是没有这些东西的。油灯、蜡烛是古代照明的工具。杜绝现代商业行为、现代广告、现代交通工具等出现在这种场景。景区出现的文字也要与相应的时代相一致，设施、工具、物品也应当进行陈旧化处理。

5. 仿古景区景物材料应用设计

材质是也能反映时代性。仿古景区建筑、设施在材质选择上应考虑科学技术的时代性。材质、肌理的时代性表现在某些人工材料出现的时间和某些材料加工技术出现的时间。也就是说即便是天然材料，如果采用不同的加工技术，会出现不同的表面肌理。技术的使用，也只能滞后，不能超前，比如说花岗岩的切割、抛光技术是现代才有的，而古代不可能有这种技术；塑料、不锈钢是现代的材料，不能用于古代场景。古代多用天然材料，而且加工方式比较粗糙，其中有些是细节问题，但是仿古景区景观设计也需要注意。

6. 仿古景区景物色彩、肌理设计

色彩、肌理能显示景物的新旧感，是仿古景区景观设计应当考虑的内容之一。新建筑、设施、工具、物品的色彩、肌理很容易被看出来，而观赏者想要看到的不是崭新的古代景物，而是满目创伤的景物。不过这种古色古香的色彩、肌理需要岁月的打磨，千百年的使用，想要模仿却有难度，但是很有必要。

7. 仿古景区中行为景观设计

仿古景区内相关人员的行为是多方面的，劳动行为、生活行为、节庆、宗教、曲艺表演、服饰等都是仿古景区的观赏对象，也是旅游景观设计的重要方面。

1）区内相关人员行为的仿古化设计

为了全面体现古代景观特色，仿古景区内人员行为需要仿古化，劳动行为、生活行为、节庆、曲艺表演、服饰等都要按照特定时代来设计。

2）经商活动的景观化利用设计

为了让观赏者体验到原汁原味的古代景观，允许与古代景观相协调的商业活动，但是不协调的商业活动应当避免，将其安排在其他购物场所。有些商品的销售可以安排到景区外去销售。

8. 仿古景区绿化景观设计

古代人居环境也有树木，只不过没有现代城市那样强调绿化。仿古景区绿化植物的布局不应强调规则化，种植树龄长的树木，有利于体现古意。

9. 仿古景区水景观设计

仿古景区可以出现水景，对水岸的处理上，大多应保持自然岸线状态，适度修整，不过水岸线的处理方式以仿自然形式为上。

10. 仿古景区的字体及语言表达方式设计

仿古景区景观设计需要注意各种细节问题，其中字体及语言表达方式也是重要的一方面，必须与景区年代相一致。比如中国文字在秦朝为小篆字体为主，汉代以隶书为主，新中国成立前没有简体字，只能滞后，不能超前。不同朝代的语言表达方式不同，比如过去称男人为官人。

11. 仿古景区的障景设计

仿古景区周边很可能有现代建筑设施，如果能在视线中出现，就应当设施障景，最好是用高大植物障景，避免古今不协调的透视景观出现。

章首案例回眸

景观原真性的保护与旅游业发展之间有时是矛盾的。其中有些矛盾并非无法解决，关键是设计者是否想到这些问题，有没有设法找到解决矛盾的方案。以游客为中心的设计思想，是解决这一矛盾的根本指导思想，也是保护旅游业长远发展利益的根本方法。也就意味着，保持景观原真性比发展旅游业更为重要。周庄旅游周边现代建筑离得太近，商业气息太浓，在一定程度上影响了游客对古村落氛围的感受效果。

本 章 小 结

本章内容也是介绍旅游景观设计原理与方法，与前一章相呼应，只不过这一章重在介绍旅游景观元素的构成方法，即说明景区构景元素的组合方法。首先，说明了风景区景观设计的原则。然后，从平面设计、立面设计与透视设计分别说明了旅游风景区景观构成设计的原理与方法。最后，说明了不同类型风景区景观的设计原则与方法，包括自然风景区和人文风景区的景观设计，人文风景区中的城市景观、乡村景观、仿古景观等旅游景区的景观设计。

关键术语

城市景观(City Landscape)
乡村景观(Rural Landscape)

知识链接

[1] 郝卫国.环境艺术设计[M].北京：中国建筑工业出版社，2006.
[2] 王振超，胡继光.园林设计[M].北京：中国轻工业出版社，2014.
[4] 崔莉.旅游景观设计[M].北京：旅游教育出版社，2008.
[5] 陆林.旅游规划原理[M].北京：高等教育出版社，2005.
[6] 尹思谨.城市色彩景观规划设计[M].南京：东南大学出版社，2004.
[7] 余晓宝.氛围设计[M].北京：清华大学出版社，2006.

练习题

一、名词解释

城市景观　乡村景观　对景　借景　障景

二、填空题

1.中国古人总结了一些透视构景方法，主要有_____、隔景、障景、_____、夹景、_____、_____、透景等。

2.按照景物起伏状况分类可将景物起伏设计成 _____、均衡式_____；按照景物图形几何特征设计可将景物轮廓几何特征设计成：_____、_____、混合式。

3.写出几个人文景区的主要景观构成元素：_____、设施、交通工具、_____、_____、植物等。

4.城市景观的设计原则为：_____、_____、_____、_____。

5.乡村型旅游风景区景观艺术设计的原则为：_____、挖内涵、_____、整洁化、_____。

6.仿古景观的设计原则：_____、_____、_____。

三、简答题

1.简述景区构图设计的种类及其特点。

2. 简述旅游景区的分类。

3. 自然风景区景观的设计原则。

4. 比较城市型旅游风景区与乡村型旅游风景区构成元素的异同点。

四、应用题

以你家乡某一旅游景区为案例，试分析景区构成要素及风格特征。

欣赏篇

第6章 旅游景观欣赏概述

本章教学要点

知 识 要 点	掌握程度	相 关 知 识
旅游景观欣赏行为的本质、概念	了解	美学、旅游学、心理学、符号学
旅游景观欣赏行为的意义	掌握	美学、心理学、符号学、病理学
主观条件的作用与景观欣赏能力的培养	理解	美学、心理学、符号学
旅游景观欣赏相关理论	了解	美学、艺术学、符号学、心理学
旅游景观欣赏方法	掌握	美学、艺术学、符号学、心理学、绘画理论、摄影理论

本章技能要点

技 能 要 点	掌握程度	应 用 方 向
审美鉴赏力	掌握	景观欣赏、审美活动、景观设计、艺术设计
旅游景观取景技巧	掌握	景观欣赏、摄影与绘画欣赏与创作、装饰设计
旅游景观欣赏能力	掌握	景观欣赏、审美活动、景观设计、艺术设计

导入案例

旅游的意义何在

目前流行一句形容中国旅游者的顺口溜:"上车睡觉,下车拍照,回去一问什么都不知道。"此言虽夸张,却道出了不少旅游者的旅游过程。如果真是这样,那么你的旅游就太没有意义了。通过本章内容学习,你将对旅游会有新的认识,会觉得旅游活动有意思多了。

学会欣赏旅游景观,对于我们更好地欣赏世间美景,调节生活情趣有着重要意义。要想更好地欣赏景观,必须学习欣赏理论,提高审美鉴赏能力。

6.1 旅游景观欣赏行为的本质与意义

要学会欣赏景观,认识景观欣赏行为,首先要从其本质和意义开始。

6.1.1 旅游景观欣赏行为的本质与概念

1. 景观欣赏行为的本质

景观虽然是物质性的东西，却具有精神价值。景观的精神价值表现在能满足人的审美、情感交流、好奇心的需要，因此景观欣赏行为是一种精神消费行为。它具有以超功利目的为主的特性。其中审美为超功利的，情感交流、求知也具有一定功利性。

1）一种对景观的审美行为

审美欣赏是审美主体对客体的审美属性进行感受、判断、联想、想象、理解，达到超功利的目的及感受到心情愉悦的过程。审美过程是景观欣赏最主要过程。不管是自然景观还是人文景观，景物之美都是通过它的形、色、质以及神表现出来，给人以心情的愉悦。观赏电闪雷鸣、狂风暴雨、火山喷发、惊涛拍岸等景观，会使人的心灵产生震撼，感受到崇高之美感。欣赏山清水秀、小桥流水等景观，令人感受到优雅之美感。

2）一种人景情感交流行为

"情感是人对客观事物是否满足自己的需要而产生的态度体验。"需要，有物质性需要和精神性需要，当然也包括审美需要，因此情感有功利和超功利的成分。人与人可以交流情感，人与物也是可以交流情感。人惯于借物抒情，向客观事物倾诉自己的情感，即触景生情。这里的情，不只是审美之情，还是寻常之情，因此景观欣赏不仅仅是审美过程，还是情感交流过程。反过来，一切客观景物都会触动人的情思，一草一木，一砖一石，春花秋月，夏云冬雪，处处都浸染着人的喜怒哀乐，可以成为倾诉心情的对象，引起联想、感叹。"登山则情满于山，观海则意溢于海"。在人类看来，似乎周围的事物也具有七情，或者说会使人产生情感，可谓是无景不生情。客观事物可以与你同喜、同怒、同忧、同思、同悲、同恐、同惊，心心相印，让你的生活变得多姿多彩。多情的诗人可谓最能理解物语，能用丰富的语言表达出物语。对于普通人来说，却缺少表达情感的工具，只能心心相通者心领神会。

3）一种领略景观意味的行为

欣赏景观过程也是品味对象意味的过程。意味即情调、趣味。客观事物都有情调、趣味，很多人文景观和自然景观都具有耐人寻味之处，比如为什么那幢建筑是那种造型，那个石头为什么会像人的形状，那棵树为什么长在悬崖上，从这些事物中都能品味出特殊的意味。从品味这些景观过程中可以得到精神上的满足。

4）一种求知行为

好奇之心人皆有之。景观欣赏行为在一定程度上源于对未知事物的求知欲望，对新奇事物的好奇。从欣赏中可获取景观的很多背景知识，令人开阔眼界、增长见识，对世界有新认识。

2. 旅游景观欣赏的概念

根据前文我们知道，景观欣赏是一种满足精神需要的特殊行为，有着多方面的内涵。欣赏是指享受美好的事物，领略其中的趣味。欣赏，就是用眼睛去注视，用耳朵去聆听，用心灵去体味这人世间的美好事物。由此本书将景观欣赏行为定义为：人类领略景观之美，品味景观意味，抒发情感，满足求知欲的行为。

6.1.2　旅游景观欣赏行为的意义

景观欣赏行为是发自内心、不由自主地发生的，是人的一种本能的需要，它对人的身心健康是十分有益的。

1. 愉悦心情，调节情绪

人是多情的动物，人不仅会与人交流情感，也经常与物交流情感，以满足情感交流的需要。欣赏美景时，精神上会得到享受，悦耳悦目，悦心悦意。在物我关照时，自己的情感得以抒发，"山情水情即我情"，"万水千山总是情"，人与景会产生共鸣。自然景物能使人心情放松，从世间凡事中解脱出来。人类来自于大自然，大自然中的景物都使人感到亲切。繁花似锦、莺歌燕舞使人轻松自由；鹰击长空、鱼翔浅底使人感到活泼、生动；白云朵朵使人产生遐想；硕果累累使人产生丰收的喜悦。生活在竞争激烈、生活节奏快的城市人渴望到宁静祥和、优雅奇妙的大自然美景中去沐浴自然的气息，摆脱紧张的工作环境，使心情得到放松，从而使情绪得到调节。人文景物也能使人感受到人间的真情和温暖。总之，客观世界的一花一草、一山一水、一村一屋、一形一色都以其不同的形式调节着不同的情绪，为生活添加乐趣。

2. 净化心灵，陶冶情操

美的事物不仅能使人心情愉悦，而且能使人心灵得到净化，情操得到陶冶。审美活动能使人产生一种超功利的愉悦，不仅能悦耳悦目，悦心悦意，而且能悦神悦志，使人忘却自我，忘却功名利禄，忘却人间的烦恼，激发人们的奋斗精神，影响欣赏者的人生观、价值观。因此，它能陶冶情操，净化心灵。观赏崇高或阳刚的景观能振奋人的精神，阴柔的景观能舒缓人的情绪，陶冶人的性情。比如，欣赏洁白的雪山、湛蓝的天空、宁静清澈的湖水等景观，能使人产生纯洁神圣的感觉，精神得以升华，灵魂得以洗涤；欣赏电闪雷鸣、狂风暴雨、火山喷发、惊涛拍岸、瀑布飞溅等景观，能令人感觉到大自然的伟大和自己的渺小，使人的心灵产生震撼，精神得以振奋。范仲淹在登岳阳楼后写下了"致若春和景明，波澜不惊，上下天光，一碧万顷，……先天下之忧而忧，后天下之乐而乐"这样的千古绝唱。李白梦游天姥以后发出了"安能摧眉折腰事权贵，使我不得开心颜"的感慨。景观欣赏在愉悦心情时，能提升人的思想境界。

3. 拓展视野，开阔心胸

"天地之道，尽之于万物矣"（《观物内篇》），道存在于万物之中。要悟道，必须善于观察世间万物，悟透万物之理，拓展人的视野，开阔人的心胸。欣赏景观中，人会受到感染和熏陶，能启迪人的思维，让人反思自己，感悟人生哲理，养浩然之气。"读万卷书，行万里路"是拓宽人的视野的有效途径。"依石得奇想，看云多远怀"（祁隽藻）；说明了观物能启发人的思维。比如，当我们登高望远时，就会受到这种广阔浩大的景观所感染，心胸变得宽广。欣赏星空景观，宇宙的浩瀚可能会让你处事不再斤斤计较。人的世界观是会因为受到外界思想和事物的影响而有所改变的，显然景观欣赏行为会在一定程度上影响到人的世界观。

4. 美化生活，促进健康

欣赏景观是向往追求高雅生活情趣的表现，是一种积极乐观的生活态度，是一种艺术化的生活行为，是增加生活乐趣、摆脱生活烦恼的一种途径。不过这里的美化并不只是指美学意义上的美化，而是指提高生活质量，使生活美好，学会享受高层次的精神生活。从这种意义上看，这种景观欣赏行为能使生活情趣向高雅的健康、科学、文明、向上的方式转变，让自己能诗意地生活着，实现"人生的艺术化"，而不是只为吃饱饭，行尸走肉地活着。它能使人拥有美好的生活、乐观的生活态度和健康的心理。不仅如此，心理健康还非常有利于身体的健康。中医学和现代医学研究都认为，不良情绪是人类健康的大敌。据研究，人体80％的疾病源自各种不良情绪，并非饮食等原因造成。身与心是一个不可分割的整体，二者之间是相互影响的。《黄帝内经·素问·卒痛论》曰："余知百病生于气也。怒则气上，喜则气缓，悲则气消，恐则气下，寒则气收，炅则气泄，惊则气乱，劳则气耗，思则气结。"气血不畅或乱行都会导致生理上产生不良反应。日常生活中生气、烦恼、紧张、抑郁、痛苦、怨恨、嫉妒等情绪都会导致身体的气血不通畅或乱行而生病；喜伤心，怒伤肝，惊恐伤肾，悲伤肺，忧思伤脾。美国医生约翰·辛德勒出版了一本书，书名为《病由心生》，书中指出："人体76％的疾病都是情绪病。"心理健康与生理健康是正相关的关系(图6.1)。欣赏景观无疑是调整情绪、有益健康的一剂良药。有些疾病用心理疗法赛过药物和手术。

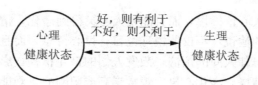

图 6.1　生理健康与心理健康的正相关关系

6.2　主观条件的作用与景观欣赏能力的培养

在一般人看来，景观欣赏对主体并没有多高的要求，似乎看风景谁都会看。其实不然，正是所谓的"会看的看门道，不好看的看热闹"。不同的人欣赏体验效果是不同的，要想取得更好的体验效果，要想成为看门道的人，还必须具备良好的主观条件，培养欣赏能力。

6.2.1　主观条件在景观欣赏中的作用

欣赏者的审美能力，科学文化知识和生活经验的丰富程度，心境，个性都会影响欣赏的效果。

1. 审美能力的作用

审美能力，亦称审美鉴赏力，指的是人们认识美、评价美的能力，包括对美感受力、鉴别力、判断力、想象力等。作为欣赏景观的主体，人并非天生就是审美的主体，例如儿童就没有审美能力；也并非只要感官健全，就具备审美能力。据研究，在个性审美心理结构的形成与发展中，虽然先天遗传具有一定的作用，但是起决定性作用的是个人所处的社会关系、审美关系、生活境遇、成长环境，长期的审美实践、审美教育、艺术熏陶、技能训练，以及所继承的人类文化历史积淀和在审美创造美中对自己个性审美心理结构的自我调节、自觉重构。这就说明，人们的成长环境、人生阅历、职业背景、学历层次、知识结构、年龄、个性心理等因素，是导致人与人之间审美心理结构复杂多样以及审美趣味、审美经验、审美能力、审美理想等方面的差异的主要原因。因此，审美鉴赏力主要是在一定的社会生活、审美实践中形成和发展起来的。只有当人在长期的实践中产生了审美需要，积累了审美经验，这时主体才成为审美的主体。它既具有鲜明的个性特征，又具有社会性、时代性、民族性。鉴赏力的高低表现在：对美的事物是否敏感，能否准确区分美与丑，能否准确区分美的风格类型，能否准确区分同一种或不同风格类型、美的品位的高低，能否准确说明前面几种判断的依据。鉴赏力高低与天赋有一定关系，但是主要是通过后天的美学理论的学习、学识的增加、社会生活及审美的实践来提高的。

现实中不是缺少美，而是缺少发现。出现这种情况，不外乎两个原因：一是缺少理想的心境，二是缺少审美能力。由于不同的人对美的事物的审美能力不同，有些人即使面对美丽的景观，也会视而不见；有些人则会认为处处是美景。即使观赏同一个景观对象，所获得的美感满足程度和体验效果也是不同的。总之，只有具备一定的审美能力，才能发现存在于普通事物中的美，发现更多的美，才能更好地体验美。

2. 科学文化知识的作用

具备丰富的科学文化知识，有利于更好地欣赏景观。欣赏景观需要丰富的科学文化、艺术等方面知识，似乎对欣赏者要求太高。其实这里的要求只是从体验效果提高角度来讨论，因为素质高能获得更好的欣赏效果，可以作为一个人努力的目标，并不是要否定普通人的欣赏能力。不可否认，懂一点社会学、地理学、文化学、历史学、宗教学、艺术学等知识对欣赏景观很有益处。每一种景观都有其成因机制或文化内涵，如果你了解得很多，在欣赏过程中你就不再是看热闹了，而能领略其中的意味，这样会更有意思，欣赏效果会更好。一定的艺术修养对欣赏景观也很重要，很多高妙的享受需要艺术的眼光来实现。马克思说："如果你想得到艺术的享受，那你就必须是一个有艺术修养的人。"很多人文景观都属于艺术作品或者包含艺术作品，建筑是艺术，园林是艺术，文学是艺术，书法是艺术，雕塑是艺术，等等。

3. 生活经验的作用

具备丰富的生活经验，也有利于更好地欣赏景观。生活经验是一个人的宝贵财富，也是人智慧的一部分。阅历丰富的人，对事物能迅速、灵活、正确地理解，并具有较强的处理问题能力和应对挫折、解决困难的能力，也就能活得更潇洒、更自由。缺少生活经验，不但不能迅速、巧妙地处理好生活中的各种事情，而且不能很好地欣赏景观。对于景观欣赏者来说，其重要意义表现在两个方面：其一，生活经验越是丰富，欣赏景观的视野就越开阔。由于生活经验丰富，本来可能不在审美视野范围之内的欣赏对象，就可能成为他的欣赏对象；其二，生活经验越是丰富，审美联想也会更加丰富，使得审美意象也就更加丰富，更能体味到对象的美和丰富意味。比如，许多景观都是民俗景观，就是人民群众的日

常生活行为。

4. 心境的作用

心境，是一种微弱、平静而持久的带有渲染性的情绪状态。不同的人面对同一景观，由于心境不同，会产生不同的感受。在不同心境下欣赏景观，他就会有截然不同的态度。因此景观欣赏活动需要拥有一个适宜的心境。

1）需要的层次与心境

需要的层次对心境有重要影响。人类需要可以概括为物质需要和精神需要两种层次。马斯洛对人的需要进行了归纳并且划分成五个层次，他认为，人作为一个有机整体，具有多种动机和需要，包括生理需要、安全的需要、归属和爱的需要、尊重的需要和自我实现的需要，还提到了求知的需要、审美、自我实现的需要，根据这些需要的性质，应当将其定位在高级需要，即精神需要层次。物质需要是基本的，又是低级需要，即生理需要、安全需要；而精神的需要是超越性的、高级的需要，即后面几种需要(图6.2)。精神需要是指对观念对象的需求，诸如道德、情感、求知、审美等。按照马斯洛的观点，景观欣赏主要是满足审美、求知、自我实现等高层次的需要。由于"越是高级的需要，对于维持纯粹的生存也就越不迫切，其满足也就越能更长久地推迟，并且这种需要也就越容易永远消失"。因此，对于低级需要未满足的人来说，高级需要就不迫切，容易被忽略。景观欣赏包含审美、求知的需要，是一种高层次的，超脱物欲的享受，而不是人的最基本的需要。社会地位及需要的层次不同的人，价值判断角度和高度不同。比如，"忧心忡忡的穷人甚至对最美丽的景色都没有什么感觉；贩卖矿物的商人只看到矿物的商业价值，而看不到矿物的美和特性"（马克思）。忧心忡忡的穷人，基本生存需要都未得到满足，就没那个雅兴去欣赏美丽景色；贩卖矿物的商人，因只关注商业利润，也没有心思去欣赏矿物之美。

图6.2　马斯洛关于人的需要的层次

2）调整心境的意义

人的情绪是有波动的，有时高兴，有时忧伤。高兴时，世界上一切都在向他展开笑容；不高兴时，他的世界是乌云密布的，或者面对美景，视而不见，听而不闻。《吕氏春秋》曰："耳之情欲声，心不乐，五音在前弗听；目之情欲色，心弗乐，无色在前弗视；鼻之情欲芳香，心弗乐，芳香在前弗嗅；口之情欲滋味，心弗乐，无味在前弗食。欲之者，耳目鼻口也；乐之弗乐者，心也。心必和平然后乐。心必乐，然后耳目鼻口有以欲之。故乐之务在于和心，和心在于行适。"足见心境与景观欣赏效果的关系的密切。拥有一个积极乐观和宽容豁达的良好心态，有利于更好地欣赏景观，获得心灵的宁静和人生的快乐。景观欣赏需要以良好的心境为前提，反过来，景观欣赏行为也能改变一个人的心境。如果能利用景观欣赏来摆脱不良心境来获得愉快的心情，也是一种生存智慧。

英国心理学家布洛认为，审美活动需要有"心理距离"，才能体验到对象之美。也就是说，审美活动要与实际用途、功利目的有一种距离，也就是说美感是超脱实际人生，对于感知对象采取的一种超功利的态度，有利于体验美感。这里的距离可以理解为距离功利目的远一些。其实，与其说调整"心理距离"不如说是调整心态更容易理解。比如将一幢建筑、一座桥梁、一棵树真正当成是欣赏的对象，而不是满足人们实用目的的东西，这就有了适当的心理距离。旅游者带着审美的态度来看旅游地，其美感度会明显地提高。农民种油菜是为了利用油菜籽榨油，可是没想到油菜花还能用于观赏。农民修筑梯田的目的是为了便于种水稻，生产粮食，满足生活需要，不是用于观赏，而城里人把梯田当作造型很美的观赏对象来看，正是由于心理距离不同所造成。石林的岩石，如果将其当作建筑材料等实用东西来看待，就是功利性的态度；如果将其的当作观赏对象，就是审美的态度，这种浪漫的心态有利于欣赏活动的展开。

5. 个性心理的作用

一个人的个性特点影响着欣赏效果。人的个性表现在性格、气质、兴趣、爱好等方面，决定着人的心态和价值观。性格是由人对现实的态度以及与之相适应的习惯性的行为方式所构成的心理面貌的一个突出方面，会影响风格类型选择与体验效果。气质是表现心理活动动力的典型的、稳定的心理特点，影响观赏者对景观风格的喜爱程度、倾向、感受效果。而兴趣、爱好则是与人的性格、气质以及目的、愿望相联系的心理倾向，会影响景观风格类型或内容的选择。性格、气质、兴趣、爱好都是构成一个人个性心理特征的重要因素，它们能代表一个人的个性特点。景观欣赏心理活动总是深深印刻着欣赏者的个性心理特征的烙印。

6.2.2 景观欣赏能力的培养

欣赏能力指的是人们认识事物欣赏特性的能力，包括判断力、理解力、想象力等。欣赏能力是一种技能，需要经过相关理论学习与实践训练来提高，主要是通过美学、艺术学、心理学与知识的学习以及艺术、自然事物、社会事物的欣赏实践来提高，是在学习、实践基础上形成与发展起来的。它既具有鲜明的个性特征，又具有社会性、时代性、民族性。对于普通大众来说，或多或少具备欣赏能力，即具备基本的欣赏能力，同时也有层次的差别。如果要更好地获得欣赏效果，提高欣赏能力也很有必要。

1. 提高审美能力

1）审美判断力的培养

审美判断力是欣赏者依据一定的审美标准、审美理想和审美趣味，对审美对象进行一种饱含情感的审美评价的能力。审美判断不同于一般的逻辑判断。它受欣赏者的情感态度、趣味爱好、生活经验、文化修养及当下的心境等主观因素的影响，往往出于常理之外，带有个人爱好的主观倾向性。审美判断通常是从简单地肯定对象的美或丑的"直接"形式反映出来的，对于复杂的审美对象则又通过慎重、严密的论证来得出结论。因此，审美判断力高低关系到欣赏者能否产生审美注意，能否发现美，审美活动能否展开。

显然，美学和艺术学基本知识对审美判断能力提高具有重要作用，并对审美趣味形成、审美境界的提高起着导向作用。没有美学和艺术学理论将很难理解美的现象的内在本质和形式特性，也就不知道什么是美，美的事物有什么特性。除此之外，积极参与美学和艺术欣赏实践，不断磨炼自己的眼力，观察美，感悟美，积累美学经验，理解一切美的现象，解析一切美的现象，从浅入深，从不成熟到成熟，以提高美的欣赏能力。景观欣赏能力的提高表现在景观风格、品位高低的判断能力上。欣赏能力是随着学识增加在不断提高，随着年龄的增加，理论水平的提高，经验的积累，阅历的增加，欣赏能力也在不断提高。

2）审美想象力的培养

审美想象力是指审美主体在审美情感和审美理想作用下，加以改造、组合审美对象，构建新意象的能力。它是决定审美活动活跃程度和能否实现主体审美理想的重要因素。

审美想象力是主体在长期的审美实践活动中形成的一种审美能力。想象力是否丰富取决于生活经验及审美表象记忆的丰富性。审美想象是形象思维，审美表象是事物形象在头脑中固定下来的印象，是产生再造性和创造性形象思维的素材，因此，积累表象是提高审美想象力的重要途径。多欣赏自然和人文景观以及戏剧、影视、绘画艺术作品，都是积累表象的有效方法。并且在欣赏各种事物时，要有意识地进行想象，因此来活跃和丰富自己的想象力。比如，看到一朵白云、一棵树，你要想一下它们像什么，用形象思维来进行形态改造，与其他图像进行拼接，创造出新的形象。

3）审美理解力的培养

审美理解力指人对欣赏对象本质特性、内容、意义、成因的理性把握的能力。审美理解以对对象的理性态度和必要的知识准备为前提。如西方的许多雕塑取材于圣经故事，没读过圣经，就不可能成功地欣赏；在中国文化中，松鹤用于象征长寿，荷花用于象征高洁，梅花、菊花用于象征清高、孤傲等等，不了解它们的特定内涵，也不能欣赏。审美理解是蕴含于其他因素中的理解，但某种领悟往往是难以言表的。这种领悟它比确定的概念认识要丰富、广阔得多，可以使人反复揣摩、玩味，这也就是审美认识与理论认识区别所在。

审美理解能力的强弱在很大程度上与知识储备的多少有密切关系。多读书，储备文化知识，增加自己的学识，不仅可以提高自身的精神境界，同时也能提高审美理解能力。从知识结构上看，景观欣赏者除了需要懂得美学、艺术学，还需要哲学、心理学、文学、文化、历史等方面知识。学识不仅来自于书本，还来自于阅历。阅历是指一个人从所经历事件中所学的多少及对社会、事件、生活的经历和理解程度。善于观察生活，善于从生活中捕捉和提炼美的现象和情趣。古人提倡"读万卷书，行万里路"，就是指不仅要有广博的文化修养，而且还要有丰富的社会阅历，读社会与大自然这两卷书，两者相互依存，缺一不可。随着阅历的增加，欣赏能力会不断提高。

4）审美情感的培养

景观欣赏者必须是具有丰富情感的人。如果忽略了审美情感的培养，即使积累了大量的审美表象，也难以激活想象力。情感是想象发生的动力，一个缺乏审美情感的人，对近在眼前的美景也会无动于衷，审美想象将无从谈起。因此，必须在积累审美表现的前提下，丰富审美情感，并在景观观赏时善于调动情感，审美活动才能得以展开。情感形成的因素很多，除了先天个性差异外，更重要的是后天的来自特定时代的社会、自然和民族心理等环境因素的影响与熏陶。生活、景观及艺术欣赏体验经历能使情感变得丰富起来。

2. 提高科学文化素养

每一个人的知识结构和知识量会有明显差别。知识是无限的，而人的精力是有限的，我们不可能人人都成为学问家，更不可能精通百科。学无止境，景观欣赏者应当学会从学习中找的乐趣，不断积累知识。通常，通过中小学学习，可获得很多自然与人文科学的基础知识，再掌握美学和艺术学基础知识。有了这些基础知识，根据欣赏的具体景观来了解有关背景知识，长此以往，就会积累更多的知识。例如，在欣赏民居景观之前学习民居历史文化，在欣赏宗教景观之前学习宗教历史文化，在欣赏山岳景观之前了解有关地理知识。

3. 增加生活阅历

增加生活阅历，必须通过各种社会生活实践来实现。生活阅历从书本上是学不到的。欣赏能力的不是天生的，是在后天学习和社会生活实践中得到提高的，也就意味着，小孩是没有欣赏能力的，或者欣赏能力很差。若要提高景观欣赏能力，必须增长见识，不仅要读万卷书，还要行万里路。

 知识拓展

欣赏与鉴赏之区别

欣赏与鉴赏表面上看起来似乎没有什么区别，但是如果分析其汉语本意，它们之间还是有区别的，主要表现在两方面：其一，内涵不同。鉴赏是对文物、艺术品等人文事物的鉴定和欣赏，是人对艺术形象进行感受，理解和评判的思维活动和过程。鉴定是辨别并确定事物的真伪优劣。可见，"鉴赏"一词适用于人文事物，不适用于自然景观。鉴赏包含欣赏。欣赏，即享受美好的事物，领略其中的趣味，不含鉴定之意；认为好，喜欢，表示称赞。"欣赏"一词通用于自然事物和人文事物。其二，欣赏与鉴赏行为中主客关系也不同。鉴赏是站在比对象高的位置，而欣赏是站在与对象平齐或略低的位置。

6.3　旅游景观欣赏相关理论和欣赏方法

旅游景观欣赏现象的解释是建立在其他相关理论基础之上，掌握这些知识对研究景观欣赏行为规律及其机制，以及欣赏活动的展开与提高体验效果有着重要意义。

6.3.1　旅游景观欣赏的相关理论

作为景观欣赏者似乎不需要相关的理论知识就可以做到，但是事实并非如此。旅游景观欣赏者需要掌握一些基本的与欣赏有关的理论知识,有利于更好地欣赏旅游景观,并获得更好的欣赏体验效果。欣赏者要掌握的主要知识有美学、艺术学、符号学、心理学等。相关内容参见第 3 章中旅游景观设计的理论依据中相关内容,以及本章有关欣赏的意义、方法、心理过程等方面内容。

1. 美学理论

旅游景观欣赏主要是审美欣赏行为。美学不仅研究艺术品之美的规律,也研究自然事物的美的规律,不仅研究审美对象,还研究审美主体及其与审美对象关系。因此,景观欣赏行为研究都必须以美学理论为依据。美学的主要思想与理论详见有关章节。

2. 艺术学理论

艺术学不仅研究技术创造规律,还研究艺术欣赏规律。人文景观中的事物很多是艺术品,艺术性越强,则欣赏价值越高,比如建筑、雕塑、园林等。人文景观有些物质文化产品,虽然不能完全称为艺术品,但是也蕴含许多艺术属性,或者称之为实用艺术品。人类所创造的各种物品大多数都考虑了其观赏价值,这是人类造物的基本理念。有些物品尽管是实用品,但是艺术含量也很高。比如桥梁、劳动工具、交通工具、道路等实用品的设计已经考虑了观赏价值。艺术学中有很多理论,如艺术本质、特性、艺术语言等理论对景观欣赏有指导或参考价值。艺术学的主要思想与理论详见有关章节。

3. 符号学理论

任何可感的事物都会传达某些信息,景观可以当作承载信息的符号,景观欣赏是从景观物象中获取信息而产生情感活动的过程。符号学正是研究符号的信息传播规律的科学。从符号意义上看,每一处景观都是表征自然和文化现象的符号,透过景观能让人获得很多景观背后的信息。景观欣赏者正是通过景观获得的信息来判断理解景观的意味、内容。每一处景观都是一部关于地方自然或文化的书,利用符号学思想可以更好地解读这些书。符号学的主要思想与理论详见有关章节。

4. 心理学理论

旅游景观欣赏过程是一种心理过程,包括情感过程、认知过程、联想、想象、理解等心理规律及其发生机制,需要用心理学来解释。有关景观欣赏中的心理学理论详见有关章节。

5. 其他学科理论

旅游景观欣赏涉及的学科除了上面的几门主要学科以外,还有旅游学、地理学、历史学、建筑学等很多学科。

6.3.2 旅游景观的欣赏方法

掌握旅游景观的欣赏方法,有利于获得最佳体验效果。欣赏方法包括前期准备的取景方法和进入状态后的心理方法。

1. 景物选取

画作的构图都是经过精心设置的,选取的都是最佳角度,能让观赏者获得最佳的观赏效果。赏景如赏画,又不同于赏画,因为客观世界的景物尤其是自然景观没有经过人有意识的修饰、改造,因此并非处处都那么理想、那么经典,需要观赏者来选择最佳时间、角度、距离来欣赏。摄影或写生时需要取景,以便获得最佳构图,提高作品的观赏价值。同样,观赏者的眼睛就像摄像机,只有合理取景,才能感受到最美的景观,获得最佳感受效果。因此欣赏主体必须学会取景。

1)选择景观类型

根据旅游景观分类知识我们可以看到,旅游景观的风格类型多种多样。有些人喜欢自然的,有些人喜欢人文的,有些人喜欢古典的、有些人喜欢现代的。"仁者乐山,智者乐水。"因此,欣赏者首先要选择自己喜欢的风格类型来欣赏,以满足自己的心理需要。

2)选择观赏时间

旅游景观具有易变性,一定的时间去才能观赏一定的景观。客观世界有很多物象是处在动态变化之中,尤其是自然景观随时间变化更为频繁。比如山景意象特征的四季变化:"春山如笑,夏山如滴,秋山如妆,冬山如睡。"树木意象特征的四季变化:"春英夏荫,秋毛冬骨。"池潭形象特征的四季变化:"春绿、夏碧、秋青、冬黑。"月相的月周期变化会影响夜景的变化。一天中的景观变化:白天黑夜、日出日落、晨钟暮鼓等等。看钱塘江大潮的壮观景象,必须在满月时间;要想看黄山雪景,必须在冬季下雪天;香山红叶必须在秋季看。作为一个旅游者应当了解旅游目的地自然与人文景观随时间变化的规律。

3)选择观赏角度

观赏角度的选择也关系到景观观赏效果。每一处旅游景区都有一些比较经典的观赏角度,这些角度必须驻足仔细品味,其他角度可作为一般性观赏位置,一带而过。如果你有一双审美的眼睛,就能发现更多的美景。观赏角度选择可以分为静态观赏角度与动态观赏角度。

(1)静态观赏的角度选择。静态观赏的角度选择分为:仰视、俯视、平视、正视、侧视,至于选择什么角度为好,应当根据不同的景观形态、量体来定,而且同一处景观不同角度具有不同的意味,应当多角度去观赏,以获得不同的感受效果。

① 仰视。高大的实物景观适合于仰视观赏,或者缺少较高的观赏地点,则只能仰视。仰视时,对方会显得更加高大,容易产生高大、雄伟、险峻、崇高之感。比如,欣赏高山、高大建筑物。

② 俯视。大面积的自然或人文景观适合于俯视观赏,但是必须要有制高点。俯视时,地面景物会显得渺小,空间上十分空旷,令人产生心旷神怡、浩瀚雄浑之感。"会当凌绝顶,一览众山小","登泰山而小天下",正是对这种感受的描述。站得越高,观赏效果越好。比如,寻找制高点观赏城市、乡村、平原、沙漠、大海的远景。制高点通常可选择高山顶、高大建筑或飞行器上,如东方明珠电视塔。

③ 平视。观赏者的观看视线向前方延伸接近于水平,属于平视。平视看远处的景色,视野比较开阔,极目天际,也能使人心胸开阔,心旷神怡。郭熙说"自近山而望远山渭之平远","平远之色有明有晦","平远之意冲融而缥缥缈缈"。"水光潋滟晴方好,山色空蒙雨亦奇"是对西湖景色平视观赏的感受。平视黄山的云海也可以获得冲融而缥缥缈缈之感。

④ 正视。正视对造型比较规则的景物的观赏而言有着特殊意义。对称建筑结构或有正面与背面之分的景物，正侧观赏效果会大不一样，正视可以获得庄重的视觉效果。比如，欣赏天安门景观需要正面观赏来获得雄伟庄重的效果。

⑤ 侧视。侧视是相对正视而言，因为它们之间观赏效果是不同的。对于有对称结构或有正面与背面之分的景物，从侧面去欣赏就不像正视那样庄重，而是显得富于变化，比较亲切。

（2）动态观赏的角度选择。景观在三维空间中，可以动态观赏，相当于中国画的散点透视法，也有取景角度选择问题。在动态观赏中，观赏者的视点是在不断移动的，边走边看，从多个角度进行观赏。动态取景的角度选择属于观赏线路的选择问题。显然，若较好选择的线路，有利于观赏到最美的景观效果。反之，看不到最美的景观效果。动态观赏是指人在移动中观赏，步行或乘坐车辆、轮船、飞行器等交通工具来观赏。不仅旅游者乘坐景区游览车、游船、索道边行边看属于动态观赏，往返景区途中欣赏景观也是动态观赏。动态观赏视点较多，景物不断变化，显得丰富多彩，极富时间和形态变化节奏性，具有音乐般的节奏与韵律感，具有畅神的效果。当然，观赏效果与移动速度也有一定关系。

4）选择观赏距离

同一个景物因距离观赏者的远近不同其视觉尺度也不同，观赏距离会影响观赏效果，因此选择适当观赏距离也很有必要。

（1）远观。远观其势，近观其质。看全景、大的场面、气势必须远观，另外观赏者要想获得景区总体宏大的气势感，除了近观外，还应当选择远观。高大的景物在远距离下就会失去雄伟壮观的气势，相反，变成小巧、俊秀的形象。因此，同一景物，远看的意义与近看的意义和效果显然是不同的。

（2）近观。近观可以看到景物的细节、质地，能感受到更多的内容，能细细品味景物的形式与意味。近观高大的景物可以获得雄伟壮观的感受。"不识庐山真面目，只缘身在此山中"，这是近观的感受。

2. 景观欣赏方法

观赏者面对旅游景观时究竟看什么，应当从何入手来观赏，是每个旅游者必须面对的问题。从根据前文景观的观赏属性分析来看，我们应当从景物的"形"、"神"、"质"、"意"四方面来欣赏，这样才能取得更大的收获。相关内容参见第1章中景观的观赏属性部分。因此旅游景观的观赏应当按照以下方法进行。

1）观形赏性

欣赏景观要像观赏画作观赏其形式特征。首先要看景观形状、色彩、肌理、动静状态等外在形式。通过欣赏这些形式以及物性呈现的刚柔、轻重、节奏、韵律、力量、速度、趣味等显示的生命精神及情调意味。同时通过声音、气味等其他感知元素体验景观的意味。除了观赏事物形式可以获得美感，还能通过观赏物性来体验美感，物性即事物的本质属性，大千世界各种各样生物体与非生物体特性所具有的性质及情感意味。

2）品味知意

每一个景物景观都有一种神韵、风采，需要利用联想、想象，展开意象思维，来细细品味，以领悟其中蕴含的情调、情趣、趣味、象外之象、韵外之致、言外之意、味外之旨。同时，透过景观的外在形式和本质属性来理解、揣摩、领悟景观所蕴含的文化内容、精神内涵，即精神文化。从景观中体味到更多的趣味和意味，使欣赏活动变得更加有意义。比如欣赏对梅兰竹菊可领悟它们的隐含的文化意义、精神内涵。

3）借物抒情

如果没有主体积极的情感活动，就很难达到体验高峰。也就是说，观赏者应当带着自己的情感来观赏景观，借物抒情，使人情与物情、人性与物性相互交融，主客体处于同喜同悲的共感状态，以达到"神与物游"，"登山则情满于山，观海则意溢于海"的体验效果。

4）兴想畅神

感受美丽的景观形象可让人兴起丰富心理活动，让人的想象力得以积极发挥，让人的生命力和创造力升腾洋溢，让人的精神得以自由和解放，能给人精神的愉悦和美的享受。因此，作为景观欣赏者需要在感物之时，投入情感，调动自己的想象力，让自己与对象之间水乳交融，物我两忘，帮助自己寻找到人生的意义和价值真谛，体现审美体验的终极目标。

知识要点提醒

景观欣赏心理过程是一个复杂的、微妙的心理过程，很难具体描述，只能是大致的描述一般性的规律。这种知识的学习需要要通过自己体验来实现。

章首案例回眸

旅游活动虽然目的性不是那么明确，但是需要有收益。旅游到目的地去看什么、怎么看，都是有方法的，对于一位懂得景观欣赏知识、鉴赏力很强的人，处处皆美景，处处是那么新鲜，坐在车上动观、下车细看，让人情绪、思维都处于活跃状态，毫无倦意，尽情享受旅游的快乐、满足感。

本 章 小 结

本章内容是介绍旅游景观欣赏的一般知识。首先，说明了旅游景观欣赏的本质、概念、目的意义。然后，说明了旅游景观欣赏主体的条件对于景观欣赏的重要作用，欣赏能力的培养方法，应当具备的知识。最后，从观赏时间和角度上介绍景观选取的方法，静态观赏和动态观赏方法，并阐述了旅游景观的观赏方法与过程：观形赏性、品味知意、借物抒情、兴想畅神。

关键术语

景观欣赏（Landsacpe Appreciation）
审美能力（Aesthetic Ability）
心境（State of Mind ）

欣赏能力（Appreciation Ability）
审美判断力（Aesthetic Judgement）
审美想象力（Aesthetic Imagination）
审美理解力（Aesthetic Comprehension）

知识链接

[1] 刘烨. 马斯洛的智慧[M]. 北京：中国电影出版社，2007.
[2] 欧阳国，顾建华，宋凡圣. 美学新编[M]. 杭州：浙江大学出版社，1993.
[3] 彭立勋. 美感心理研究[M]. 长沙：湖南人民出版社，1985.
[4] 邱明正. 审美心理学[M]. 上海：复旦大学出版社，1993.
[5] 祁颖. 旅游景观美学[M]. 北京：中国林业出版社、北京大学出版社，2009.
[6] 王建疆. 审美学教程[M]. 上海：复旦大学出版社，2007.
[7] 杨世杰. 美育概要[M]. 北京：新世纪出版社，1999.

练习题

一、名词解释

景观欣赏　审美能力　心境　欣赏能力　审美判断力　审美想象力　审美理解力

二、问答题

1. 旅游景观欣赏的本质是什么？
2. 景物选取的方法有哪几种？
3. 如何提高自己的景观欣赏能力？
4. 主观条件在旅游景观欣赏方面有何作用？
5. 简述旅游景观欣赏主要相关理论。
6. 简述审美判断力、理解力、想象力的联系和区别。
7. 想有效的欣赏旅游景观，应该从哪几方面考虑？

三、判断题

1. 旅游景观欣赏主要是景观审美行为。　　　　　　　　　　　　　　（　　）
2. 观赏角度可分为仰视、俯视、近观、远观等。　　　　　　　　　　（　　）
3. "登山则情满于山，观海则意溢于海"这句话从欣赏过程看属于兴想畅神。（　　）
4. 景观欣赏行为是发自于内心的。　　　　　　　　　　　　　　　　（　　）
5. 景观欣赏行为以超功利性为主要特性。　　　　　　　　　　　　　（　　）

四、选择题

1. 心理健康与生理健康之间是（　　　　）。
A. 没有关系的　　　　　　　　　　　B. 关系不大的
C. 负相关关系　　　　　　　　　　　D. 正相关关系
2. "水光潋滟晴方好，山色空蒙雨亦奇"是对西湖哪个视觉角度的观赏感受？（　　　）
A. 平视　　　　　　B. 仰视　　　　　　C. 俯视　　　　　　D. 正视

3. 人们认识美、评价美的能力是指（　　）。

A. 审美能力　　　　B. 审美判断力　　　　C. 审美理解力　　　　D. 审美想象力

五、应用题

西双版纳每年的泼水节于 4 月 13—15 日举行，被誉为"东方狂欢节"。请问如何欣赏这种活动？

第7章 旅游景观欣赏心理

知 识 要 点	掌握程度	相 关 知 识
动机的概念	了解	心理学、旅游心理学
景观欣赏动机产生的根源	了解	
情感、感知、联想、想象、理解等心理因素在景观欣赏中的作用	理解	心理学、艺术学、美学
旅游景观欣赏体验过程	掌握	
旅游景观欣赏体验效应	掌握	心理学、艺术学、美学、生理学、医学
旅游景观欣赏的影响因素	了解	美学、艺术学、符号学、认知心理学

本章技能要点

技 能 要 点	掌握程度	应 用 方 向
审美鉴赏力提高技巧	掌握	景观欣赏、审美活动、景观设计、艺术设计
旅游景观取景技巧	掌握	景观欣赏、摄影与绘画欣赏与创作、装饰设计
旅游景观欣赏能力	掌握	景观欣赏、审美活动、景观设计、艺术设计

导入案例

为什么人们都爱看升旗仪式

很多中国人都喜欢欣赏北京天安门广场升旗仪式，观看升旗仪式也成为首都北京特有的旅游项目。观赏升旗仪式是出于什么动机，其欣赏心理过程及效应又如何？通过本章的学习，你就能对此做出解析。你不仅能更好地欣赏各种景观，而且还能理解其中的道理。

旅游景观欣赏行为主要是心理活动，因此了解其心理活动特征和规律，对更好地欣赏景观具有重要意义。

7.1 旅游景观欣赏中的主要心理活动

景观欣赏过程中总伴随着多种心理活动，其心理过程包括认识过程、情感过程。它包括欣赏中存在的动机、感觉、知觉、情感、表象、联想、想象、理解等心理活动。这些心理活动相互渗透，在彼此自由和谐的推动中产生满足感。这种心理活动的最突出的特点是令人产生心情的愉悦及精神上的满足。

7.1.1　动机

1. 动机源于需要

动机因需要而产生。需要是动物感到某种缺乏而力求获得满足的心理倾向，它是动物主观条件和客观条件的要求在头脑中的反映，是动物在内外条件刺激下，对某些事物希望得到满足时的一种心理状态，是较为稳定的需求。它常以一种"缺乏感"体验，以意向、愿望的形式表现出来，最终表现为推动动物进行活动的动机。人类的需要是人脑对生理需求和社会需求的反映，即人的物质需要和精神需要两个方面。它既是一种主观状态，也是一种客观需求的反应。人为了求得个体在社会的生存和发展，必须要求一定的条件，例如，食物、衣服、睡眠、劳动、交往等等。这些需求反映在个体头脑中，就形成了他的需要。

动机是促使人从事某种活动的念头，是由特定需要引起的，欲满足各种需要的特殊心理状态和意愿。在心理学上一般被认为涉及行为的发端、方向、强度和持续性。一种需要可以通过多种动机来满足，一种动机可以由多种行为来实现（图7.1）。比如一个人需要食物来满足生存需要，就会产生想获取食物的动机，而获取食物又可以由多个可以选择的具体行为来实现。

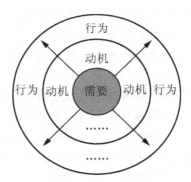

图 7.1　需要、动机、行为的关系

2. 景观欣赏动机的根源

按马斯洛的理论，个体成长发展的内在力量是动机，而动机是源自多种不同性质的需要，各种需要之间，有先后顺序与高低层次之分；每一层次的需要与满足，将决定个体人格发展的境界或程度。马斯洛将人类的需要分为五个层次，由低到高依次是：生理的需要、安全的需要、爱和归属的需要、尊重的需要、自我实现的需要。此外现实中还存在审美的需要、求知的需要。正如中国人所认为的那样，"爱美之心人皆有之"，"好奇之心人皆有之"，说明了这些需要的普遍性和本质性。亚里士多德也认为，求知是人的本性。

景观欣赏行为动机源于多种需要，并非只有一种需要。主要与精神需要有关，其中以审美的需要为主，并融合了审美、求知、爱和归属、自我实现、情感交流等多种需要。审美也是本能的需要，好奇是求知需要的表现，爱和归属蕴含情感交流需要。

然而，虽然人有欣赏景观的动机，这种动机具有潜在性、模糊性。由这种动机导致的行为往往却发生在无意之间，有时候目的性并不明确。景观欣赏本身就是一种放松心情的行为，如果带有强烈的目的去欣赏景物反而不像是欣赏行为，倒像是去完成任务，这样去欣赏景观，其效果反而不好。可以说，景观欣赏行为发生在有意无意之间，似乎有明确的动机，但有时候并不明确。

7.1.2 情感

景观欣赏过程中的与情感的作用有着密切的关系，因此要认识景观欣赏行为的特性必须了解景观欣赏中的情感活动规律。

1. 情感及其分类

景观欣赏活动的展开及美感体验效果与主体的情感有密切关系。"情感是人对客观事物与人的需要之间所存在的关系的反映，即人对客观事物是否符合人的需要而产生的体验"（《心理学大辞典》）。邱明正认为，情感指有所触动而起的主观心意状态，郁于胸中的缠绵情意，被触动、感发了的情感、情绪，三者并没有明显的区别。情感包括道德感和价值感两个方面，具体表现为爱情、幸福、仇恨、厌恶、美感等等。景观欣赏情感则是人对景观是否符合自己生理、心理需要而产生的带有本质性、恒常性、变易性的主观体验和态度。中国先秦时期将情感、情绪统称为情。《礼记·礼运》将情志分为七种：喜、怒、哀、惧、爱、恶、欲。此分类常用于文艺理论中。这些分类基本上概括了情感的基本形式，当然它还可以细分出很多类型。据研究，情感具有多样性、复杂性、邻近性、对立性、两极性、叠合性。情感的表现形式还有肯定的和否定的，有对自己的和对客体的。虽然人的审美情感类型体系是复杂的，但是并不同时出现在每次欣赏活动中，不同欣赏对象的价值不尽相同，导致的情感体验存在差异，或喜或怒、或爱或恨。通常欣赏人文景观比欣赏自然景观的心情复杂。由于情感的核心内容是人对事物价值的态度，人的情感主要应该根据它所反映的价值关系的不同特点进行分类。下面是几种与景观欣赏相关的情感分类：

（1）根据价值的正负变化方向的不同，情感可分为正向情感与负向情感。人对正向价值的增加或负向价值的减少所产生的情感是正向情感，如愉快、信任、感激、庆幸等；相反就是负向情感，如痛苦、鄙视、仇恨、嫉妒等。

（2）根据价值主体的类型的不同，情感可分为个人情感、集体情感和社会情感。个人情感是指个人对事物所产生的情感；集体情感是指集体成员对事物所产生的总体情感，如阶级情感；社会情感是指社会成员对事物所产生的总体情感，如民族情感。

（3）根据事物基本价值类型的不同，情感可分为真感、善感和美感三种。真感是人对对象真情所产生的情感体验；善感是人从事物对自身是否友好所产生的情感；美感是人对事物审美所产生的情感。

（4）根据价值的目标指向的不同，情感可分为对物情感、对人情感、对己情感和对特殊事物情感等四大类。对物情感包括喜欢、厌烦等；对人情感包括仇恨、嫉妒、爱戴等；对己情感包括自卑感、自豪感等。

（5）根据价值的层次的不同，情感可分为温饱类、安全与健康类、人尊与自尊类和自我实现类情感四大类。温饱类情感包括酸、甜、苦、辣、热、冷、饿、渴、疼、痒、闷等；安全与健康类情感包括舒适感、安逸感、快活感、恐惧感、担心感、不安感等；人尊与自尊类情感包括自信感、自爱感、自豪感、尊重感、友善感、思念感、自责感、孤独感、受骗感和受辱感等；自我实现类情感包括抱负感、使命感、成就感、超越感、失落感、受挫感、沉沦感等。

2. 情感在旅游景观欣赏活动中的作用

情感在旅游景观欣赏活动中发挥着十分重要的作用，主要表现在三个方面。

1）具有核心地位

在景观欣赏活动中，情感活动和认知过程之间是一种伴随和互动关系，它们之间互生、互进，而情感处在核心地位。可以说，如果离开了主体的感情作用，景观欣赏活动就难以实现。在景观欣赏过程中，情感驱动感知，感知诱发情感，情感再推动联想、想象、理解的展开，欣赏结果又导致情感的愉悦、精神的满足，整个心理活动都融汇在情感的体验中。在感知之初，并非感觉到景观形象以后才逐步引起情感的活动，而是在感知之初就已经有了有主体的精神需要引发的情感动力。接触景观后，再度激活，并引起快适感。尤其是景观欣赏知觉中，本身就积淀着理智和情感，当这种情感再次被美景感发后，便立即被唤醒，并产生新的情感活动，寄情于感知对象。当人进入到对景观进行分析、判断、联想、想象时，情感随着景观欣赏感知的深入而活跃，同时又反过来成为一种巨大的动力，推动各种心理活动向纵深发展。以情感动力唤醒主体沉睡中的形象记忆、情绪记忆，激发主体的思维，融通形象要素之间、形象与主体之间的联系，为联想、想象的翅膀注入动力，并使直觉、分析、判断、联想、想象等心理活动与自己情感相融合(图 7.2)。

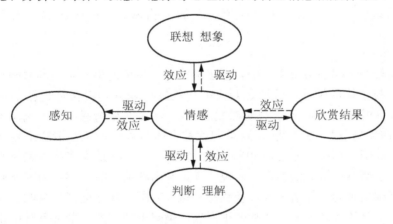

图 7.2　情感在景观欣赏心理活动中的核心地位

2）对欣赏心理活动的动力作用

情感活动对景观欣赏的驱动力作用表现得尤为突出。情感的核心地位，决定了它贯穿景观欣赏的全过程，承担着策动认识、创造性思维的驱动力作用，它能推动景观欣赏认知活动向纵深发展，决定着欣赏活动是否展开及活跃程度。当然，动力也有正向的和逆向的。当主体的景观欣赏需要强烈或人被对象情感所感染和激发后，景观欣赏情感处于积极的状态，就会产生正向的动力，它可以激活人的潜能，使主体思维活跃、思路开阔、理解力强、创造力旺盛，主体的美感体验可以达到良好的状态；当主体的情感处于消极状态时，则会阻滞景观欣赏活动的正常展开。

3）对欣赏心理活动的定向作用

情感决定着主体的态度，对景观欣赏心理活动具有定向作用，表现在：欣赏主体通过对景观能否满足精神需要来决定欣赏行为是否继续下去；确认主体与景观的关系是否存在欣赏关系；为选择欣赏内容指明方向，即优先选择对自己有价值的内容；调节认知的深广度和确认自己与景观的价值关系。

3. 旅游景观欣赏中情感活动的特性

景观欣赏中的情感活动是由景观作用于主体所引起。由于所引起情感的客体不同，具有不同的情感活动特点。

1）活跃性

对于旅游者来说，欣赏景观是一种自觉的行为，因为旅游者本身就是带着愉悦心情的目的参加旅游，潜意识中有欣赏景观的强烈需要和良好的心境，因此很快就能进入积极的景观欣赏情感状态，而且在欣赏过程中情感活动会比较活跃。例如，一泻千丈的瀑布前引起的痛快感，潺潺小溪旁引起的闲适温情感，春风拂柳景观引起的轻松感。

2）丰富性

景观欣赏心理活动的内容与形式有别于对其他艺术品的欣赏。人们在欣赏戏曲艺术、影视艺术、绘画艺术时，可能会出现喜、怒、哀、惧、爱、恶、欲等各种情感，不过景观欣赏感受所表现的情感多表现为喜悦，比如山清水秀，繁花似锦，朝霞晚霞等景色令人产生喜悦。大屠杀纪念馆景观令人产生怒、恨的情感体验。古代景观令人产生奇妙、神秘感。

3）共鸣性

在主体与景观之间的情感交流中，会出现共鸣、移情现象。当主客之间建立的景观欣赏关系，对象与主体的情绪、经验、观念、记忆发生联系，就会将自己的情感投射、移置、倾注于客观的事物上，将景观对象情感化，与其进行情感上的交流，使物我一体，"我具物情，物具我情"（刘熙载）。当景观欣赏主体与景观形象在情志上相互契合就会产生肯定性体验。即所谓的"心心相印"、"物我同一"。共鸣是主体情思和景观意味、美感的合拍，表现了情感、情绪的饱满、愉悦、满足和活跃的状态。能否引起共鸣，在于景观美感强度、情调是否与主体情趣及心理状态一致，有同一性才能产生共鸣。彼此契合，则会产生共鸣，契合的状态越高，共鸣就越强烈，美感也越强烈。景观欣赏中也会有逆反情感表现。当欣赏者的景观欣赏理想、态度、观念与景观所呈现的思想、风格、品位相距甚远，不仅不会产生美感，而且会产生反感、厌恶感。有的逆反是轻度的，如不满意、不以为然、态度淡漠。

7.1.3 感知

景观欣赏主体对于景观的反映以视觉感知为起点，视觉和听觉是选择、获得景观信息和感受的唯一通道，没有感知也就不会有欣赏过程。

1. 景观欣赏中的感觉活动

感觉是客观事物作用于人的感觉器官，在人脑中产生的对这些事物的某些属性的反映。景观欣赏的感觉是客观事物的观赏特性直接作用于感官而在大脑中的反映，其外在表现为一定的情绪行为。旅游者对景观的注意、感知的产生取决于两种因素，感知对象具有的欣赏价值和旅游者具有的欣赏需求、能力等主观条件，而且这两个条件必须同时存在。景观的观赏价值有差异，能引起旅游者的注意可能性大小不同。景观欣赏需要是绝大多数人都有的基本需要，然而人与人之间需求强度不同，能力也参差不齐。感觉能力越强，欣赏需要也越强，在欣赏美时所获得的美感就也越强。这些都是影响欣赏的重要因素。景观欣赏中感知与注意基本上是同时发生的。感觉阶段是属于单纯生理感觉是种没有经验为参照，也没有积淀理性内容的作用。

然而，在景观欣赏过程中，主体感觉到景观，不通过一步步的分析推理过程也可直接获得对景观美的整体认识，也可引起欣赏审美快感，即所谓的审美直觉。表面上看是一种直觉，其实在感觉阶段已在潜意识中调动和参照以往的心理积淀和感觉经验，自动而迅速地做出反应，产生了积淀着一定理智、情感内容的感觉。不应当将感觉与知觉严格地划一条界线。人在目光接触景观的一刹那，不可能是单纯生理的反应，而是生理和心理因素或多或少地做出反应。也就是说，在景观欣赏心理过程中，纯粹的感觉是不存在的，其中必然或多或少地包含知觉和理解成分。当然，在景观欣赏感觉阶段，是生理反应为主，心理反应为辅，其触发因素为景观的视、听形式特征。

2. 景观欣赏中的知觉活动

在景观欣赏意识中，知觉是一个重要的心理因素。知觉是在感觉的基础上形成，它不是对客观事物的个别属性的反映，而是对事物的多种属性、多个部分及其相互关系的综合的、整体的看法和理解。事实上，人欣赏景观时很少单独感受景观的某个属性，而是以知觉形式认识事物的综合属性。按照格式塔心理学的观点，视觉不是对客观对象各种要素的机械记录，而是对对象结构样式的整体的把握。可见，人对视觉对象的形态把握都具有整体性特点，每一个视觉对象都是完整的格式塔——完形，不会被分开对待。人们在欣赏景观时都会将其当作整体来看待。

知觉还具有选择性特征。在美的欣赏中，欣赏者知觉的选择性非常突出。欣赏者不会对所有的景观一视同仁，对于不同风格和品位的景观会做出不同的反应，而总是有选择地以美感较强或者感兴趣的内容的作为知觉对象。

3. 景观欣赏中的通觉活动

心理学研究表明，人类有机体分析器系统是相互联系的。在景观欣赏的感知中，还会出现景观欣赏主体的视觉、听觉、嗅觉、触觉等其他各种感觉之间相互打通，由一种感觉唤起另一种感觉的现象，即联觉现象。人认知事物的心理过程是一个复杂的过程，通觉作用往往与知觉的整体性以及联想等心理现象互相联系在一起。在景观欣赏中也必然会出现景观欣赏通觉现象。景观是诉诸人的视觉的，但是由景观的视觉感受会产生其他感觉具有的感受效果。比如，通过视觉看到水后可能会引起听到水流的声音、触摸到冰冷的水的感觉；通过视觉感受到的材料的肌理会因通觉而产生冷暖、软硬、光滑、粗糙等触觉感受。

美学家大多认为，在各种感觉中视觉和听觉是景观欣赏感觉，其他感觉不是景观欣赏感觉。这种观点虽然有道理，但我们却不能忽略其他感觉的潜在的作用，因为联觉的作用，各种感觉之间可以互通，其他感觉不能直接产生美感，但是可以间接地提高美感的效果，或者在美感形成中起着辅助作用。例如，"鸟语花香"，其中的花香属于嗅觉，但它却能暗示百花盛开的视觉景象。正是由于通觉现象的存在，使得欣赏者能够通过视觉通觉来获得多种感觉系统具有的景观欣赏效果，景观设计者也惯于运用这种规律来设计景观的元素。

7.1.4 联想

景观欣赏者在感知到景物后，往往会产生联想，感知或回忆特定事物时连带想起其他相关事物的心理过程，是景观欣赏中和一般认识中的积极能动的具有关联性、拓延性、创造性的心理活动方式和状态。景观中的每一个事物、每一种视觉要素都有可能引起联想，因此联想在景观欣赏过程中发挥着重要作用。

1. 景观欣赏中联想的作用和发生条件

1）景观欣赏中联想的作用

联想的展开对提高欣赏体验效果具有重要作用。通过联想心理活动，能使欣赏活动不再停留在悦耳悦目阶段，向着悦心悦意、悦志悦神方向发展。

2）景观欣赏中联想的发生条件

联想的发生与主观和客观条件都有关系。主观因素是联想产生的根据，客观因素是联想产生的条件，客观通过主观而起作用。当人感受到当前事物与记忆中的事物之间存在相同或相似的性质或者存在逻辑上的联系，就会引起下意识的联想，这是非常普遍的现象。从客观上看，景观欣赏中的联想是由欣赏对象刺激感官而诱发的。比如由树的形态联想到与此相似的动物、人物。从主观上看，只要欣赏主体具备记忆素材，有思维能力，知识和经验丰富，以及适宜的情绪状态，联想就很容易发生。主观条件的好差决定着景观欣赏联想的活跃性和丰富性。对于普通大众来说，这些条件都具备，只是有所差异而已。由于不同人群景观欣赏需要、情绪、意志、能力不同，景观欣赏联想的活跃程度也不同。具备稳定、超脱的心理状态，能摒弃杂念，才有利于景观欣赏联想的展开。如果被如暴怒、恐怖、极度悲伤等不良情绪干扰，就会失去景观欣赏情趣，联想也难以展开。

2. 景观欣赏中的联想方式

联想有多种方式类型，分类方法也各不相同。按联想所反映的事物之间的关系，可分为接近联想、相似联想、对比联想、关系联想。按联想反映事物联系时的不同心理形式、心理内容的运动、联结，可分为表象联想、意象联想、意境联想、观念联想、语义联想、情绪联想等。按联想对象、内容的广阔性，可分为单一联想与复合联想。按事物联系的直接性、清晰性，可分为直接联想、间接联想、清晰联想、模糊联想。按联想的主观能动性和创造性发挥的程度，可分为自由联想、控制联想、简单联想、再造联想、奇幻联想等。现在已知的类型已达 26 种。虽然有如此多类型，但它们不是独立的，可能会相互交叉，只是分类依据或角度不同。下面以景观欣赏中可能出现的联想方式来加以论述。

相似联想是事物之间在性质、形态上相似所引起的联想，又称类比联想。这种联想是景观欣赏中最普遍的联想方式。在旅游景观中有很多事物可以引发相似联想，比如象形石头、象形树木、象形云彩等等都能让人联想到与其形态相似的事物。看到白云联想到棉花糖，看到残月联想到人的眉毛。阿诗玛石柱、象鼻山、迎客松、猴子望太平石、仙桃石、棒槌山、鸡公山等都是根据相似联想而得来的，使得这些本无意义的景物平添了许多的意味。

关系联想是因事物之间存在部分与整体，原因与结果，上级与下级，主体与宾体等逻辑关系引起的联想。例如，由月球想到宇宙是部分与整体的联想；由猿猴想到动物是种属关系的联想；由瑞雪联想到丰年，由红叶联想到秋天，由桃花联想到春天都是因果关系的联想，等等。

对比联想是事物之间在性质、形态上的相异、相反所引起的联想。看到平原联想到高山，看到人文事物联想到自然事物，看到冷的环境联想到热的环境，看到干燥的环境联想到潮湿的环境，看到沙漠联想到森林，看到陆地想到海洋，看到月亮联想到太阳，看到乡村想到城市等都属于对比联想。

接近联想，又称作时近联想或邻近联想。指两个事物在时间上、空间上和经验上相接近，由一个事物的知觉和回忆，会引起对另一个事物的联想。当想起其中一件事情的时候，另一件事情自然会浮现在脑海中。由江苏联想到上海，是空间接近导致的联想。假如一个人第一次到北京，各种特征和感受会在脑中留下印象，比如天安门、长城、故宫、十三陵、宽广的街道等等，都是北京这一名称和其特征的印象在脑中联系起来，并形成的概念。以后当这个人听到北京这一名词的时候，便会想起北京见过的很多事物和感受。这是经验上的接近导致的联想。

意象联想和意境联想。景观欣赏过程中将当前感受到的景观欣赏意象和意境同以往感知、体验过的意象和意境加以联系、比较，获得美的体验。当前感受到的景观意象和意境看起来与以前见过的某种景观的意象和意境有相似、相反、偏全、邻近等关系，也可以引起联想。

7.1.5　想象

想象是人在头脑中对已储存的表象进行加工改造形成新形象的心理过程。它是一种特殊的思维形式。想象与思维有着密切的联系，都属于高级的心理过程，它们都由情景所引发，由主体的需要来推动。想象心理是旅游景观欣赏过程中普遍存在的心理活动形式。

1. 景观欣赏中想象的作用与发生条件

1）景观欣赏中的想象的作用

景观欣赏中的想象是在景观形象刺激和诱导下，主体将所见景观与已存储的表象结合起来进行加工，并创造出新景观形象。

（1）能促进欣赏体验迅速升华。景观欣赏中的想象是对景观的创造性理解，是主观能动性超常发挥的标志，并且往往会超越现实，可以极大地提高景观欣赏体验，这是景观欣赏中最为自由的心理活动形式，心灵的自由在想象中得到真正体现。可以说，想象是景观欣赏活动的翅膀，它是创造性景观欣赏的重要心理过程，是高级景观欣赏感受发生的重要条件，它能将景观欣赏体验推向高潮。想象能使景观欣赏感觉和知觉体验迅速升华，使之情境化、人格化。虽然想象同联想均以事物之间的联系为客观发生条件，但是想象比联想更自由，更有活力，更富创造性。想象中的形象与联想的形象不同，可能是现实中的形象，也可能是超现实的新形象，很可能是非逻辑，非科学的。景观欣赏不应有强烈的目的，应当在有意无意之间，以下意识为主要特征，只有这样才是最自由的心理活动，才能产生"神与物游"（刘勰语）的景观欣赏体验。通过想象心理活动，能使欣赏活动向着悦心悦意、悦志悦神方向发展。

（2）能强化时空知觉。空间意识和时间意识是景观欣赏中产生运动感、立体感、整体感、质感等景观欣赏感受所不可或缺的心理基础，而它们又必须通过想象才能准确、敏捷地把握。空间知觉包括形状知觉、体积知觉、立体知觉、方位知觉以及对它们的变化所发生的动势知觉等。调动以往的经验，在想象中创造新的场景。

（3）能深化景观欣赏的理解。景观中的事物都是具体的可见可闻，欣赏者可以依据当前所见所闻的素材，再调动起以往的记忆，加以想象，提炼、变形、位移、夸张、虚构、拼接构成新的场景，这就拓展了对现实景观内涵的理解。

2）景观欣赏中想象的发生条件

景观欣赏想象与联想一样，需要具备相应主观和客观条件。不过想象是比联想更高级的心理活动，主观条件特别重要，对主观的要求更高，景观欣赏主体必须具备更好的心理条件，即景观欣赏记忆和经验丰富，思维活跃，思维能力很强，情绪状态适宜。想象是景观欣赏活动的翅膀，每人都有这样的翅膀，但是有大小之别，也就意味着飞的高度因人而异。从客观上看，想象的诱发因素为景观中的各种事物及其组合。

2. 景观欣赏中的想象活动

旅游景观欣赏主体通常会因为面对一处景观，浮想联翩，思绪万千，想到大千世界各种美好事物。想象的类型也有不同的划分方法，具有多样性。按照想象的目的性、自觉性，可分为无意想象和有意想象。无意想象是无预定目的、无特定指向的非自觉的想象，是景观欣赏中常有的心理活动。有意想象是有预定目的、有特定指向的自觉、自控的想象。在景观欣赏活动中出现最多的是无意想象。按照想象的激活因素和深度，想象可分为表象想象和意蕴想象。

不像艺术创造中的想象，旅游景观欣赏中的想象通常没有明确目的，同时还有情感性、自发性、自由性、创造性的特点，它可以无中生有，超越现实，超越时空。想象与联想有一定的交叉。例如，看到秦陵兵马俑，可能会联想到秦始皇的形象，生前一统天下的壮举，想象出古代战场景象等等；看到黄山云海景观可能会联想到仙境，想象出仙界的景观。

7.1.6 理解

"感觉到了的东西，我们不能立刻理解它，只有理解了的东西才更深刻地感觉它"（毛泽东《实践论》）。人们景观欣赏一般会经历这样的心理活动过程：先产生直觉，然后展开联想、想象，接着对事物进行分析、综合、判断，最后实现对景观观赏特性的理解。理解过程的出现标志着景观欣赏心理活动已由感性阶段逐步进入理性阶段。它是认知过程中的理智活动，类似于一般事物的认知规律，关系到景观欣赏的结果——美感的产生、情感的

活动、景观特性的认识。

1. 理解以判断为前提

对景观观赏特性的理解需以判断为前提。判断是对事物特性经过分析、综合所作出的评判、断定。作为景观欣赏的一种心理过程，是对景观观赏特性的认识由感性向理性认识转化的过程，也是影响欣赏态度的因素。判断是一种性质判断、关系判断，是对景观的性质（如对象是自然现象还是人文现象，是朴素美还是豪华美等）和景物之间的关系及成因机理（如思想、文化与景观的关系，主从、偏全、因果的关系等）作出判断。景观的外在特性决定着景观欣赏判断的性质和内容。景观欣赏中判断以形象直觉为出发点，以注意、探究、联想、想象为策动力，以分析、比较、综合、抽象、概括为手段，以对景观观赏特性的理性把握为归宿。一方面，景观欣赏中的性质判断对判断景观的观赏特性、观价值，景观是否适应人的精神的需要，景物的自然、政治、伦理、理化、生物、文化、地理学等性质的判断。景观观赏特性的判断，以审美（美学原理）判断为主，同时也可能包含物质特性的判断。另一方面，不仅判断景物之间的自然关系、文化关系，更要判断人与景的景观关系，对同一事物做出不同的质、量、度的判断，也可能做出裁然相反的判断。因为景观欣赏判断具有鲜明的主观性，所以主体的欣赏经验、情趣、能力直接制约着景观欣赏判断的正讹、广狭、深浅。景观欣赏中的判断是一种理智活动，是对景观观赏特性的分析、综合、概括，是抽象思维与形象思维协同作用的过程。

2. 景观观赏特性的理解及其方式

景观欣赏中的理解在于把握欣赏对象的形式、内容、意味上的欣赏特征、成因机理、主客关系等方面的规律。根据景观的欣赏价值不同，欣赏者所理解的内容不同。比如景观性质是以美感为主要特性的，欣赏者所理解的内容倾向于审美方面；假如景观性质是以奇特为主要特性的，欣赏者所理解的内容倾向于科学解释方面。把握得越多，理解越深刻。景观观赏特性的理解过程是认识、接受过程，也还积淀着想象、情感的能动创造的过程。景观特性的理解方式包括知性、理性两种方式。知性的理解是将感性材料组织起来，使之构成有条理知识。理性的理解是对事物的现象与本质、局部与整体及其联系的全面认识，能揭示了事物的规律。这两个层次的理解是递进的关系，又是相互推动、相互渗透的关系。知性理解探究特殊，把握事物局部特征，为理性认识掌握整体、把握一般提供了前提。在景观的理性认识中也涵盖了知性和意会，并且是它们的发展。景观欣赏中的理解尤其是理性认识是欣赏活动由感性认识飞跃到理性认识，从个别性把握上升到普遍性把握的标志，是唤起欣赏情感，激发起意志行为的理智力量。理解过程可以提高人的审美能力不过并非所有旅游者都进入理解阶段，可能会停止欣赏过程，不再追究其中包含的内容、成因机理，尤其是对自然景观欣赏更是如此。

7.2　旅游景观欣赏体验过程与效应

通过旅游景观欣赏心理知识的学习，我们知道了心理活动在景观欣赏中的作用及特点。但是旅游景观欣赏是一个动态的心理过程，因此做一个动态描述，并分析其欣赏效应，有利于把握景观欣赏活动的原理。

7.2.1 旅游景观欣赏体验过程

旅游景观欣赏的体验过程是心理体验过程，本书认为，其过程可分为心理准备阶段、初级体验阶段、高级体验阶段、深入体验阶段。

1. 心理准备阶段

适当的心境是影响旅游景观欣赏心理活动发生、顺利进行、体验效果的重要因素。景观欣赏必须具备超脱的心态，以日常意识状态的淡忘或中断为理想状态。所谓日常意识，是一种受功利性的有限目的意识，从家务、工作、挣钱、柴米油盐酱醋茶等物质生活意识。在进行欣赏活动之前，人的心境要从日常观念生活向审美感知心态过渡，也就是说要调整，即调整"心理距离"，形成超脱日常生活功利、实用目的的态度。中国禅宗主张的齐生死、忘得失、泯是非的心境，司空图所说的"超以象外"、"脱然畦封"的超越、自由人生态度正是旅游景观欣赏理想的态度。拿现代用语来说，即浪漫的心态，高雅的情趣。如果缺少这种心境条件，就不能产生景观欣赏经验，面对景观会听之不闻其声，视之不见其形。对于大多数旅游者景观欣赏欲望已经存在，只是强度有所差异。审美需要是人的基本需要，不管经济是否富裕人人都有这种需要，只是缺乏主观和客观激发因素。也就意味着，欣赏主体要善于作心理调整，客观上具备条件，这种审美需要就会显现出来。善于调整心境也是人生的一大智慧，它可以使生活过得更有光彩，而不在于是否富裕。心境在旅游者产生旅游念头开始就已经处在调整之中。在查阅旅游目的地资料，踏上旅途，一直到到达目的地这段时间，都在激荡着审美欲望，调整着心态酝酿着情感。在旅游过程中还会遇到不良因素也可能破坏人的心境，例如，游人太多、交通拥挤、服务欠佳、身体不适等都会带来消极影响，需要旅游者自己学会调整心态，防止雅兴被打断。

并非所有旅游者在旅游之前都能将心境完全调整过来，有时需要外界激发因素的作用才能转变。只要主体具备文化素养、欣赏能力和欣赏需要，也能被沿途景色或景区迷人的景色所激发、打动，而改变原来的不良心境。比如，假如在去景区的路上眼前突然出现蓝天白云下宽阔美丽的草原，这时，你的注意力可能会集中于眼前美丽的景色，心境随之而变，进入欣赏状态。

2. 初级体验阶段

初级体验阶段是一种直觉欣赏体验，属于感性体验。它几乎与注意同时发生，主要是感觉系统在起作用，知觉不起主要作用。直觉体验来自景观欣赏感知对象形式、结构、节奏、韵律、色彩、声音等可感因素的直接把握、选择、组织，直观地获得欣赏需要的某种满足，主要表现为悦耳悦目的感性愉快。这是景观欣赏的第一印象，景观符合美的规律、外观独特、符合观赏者的情趣，对象形式结构与主体心理同构关系，从而发生情感共鸣，产生愉快感受。因而引起观赏者的注意和欣赏即刻的情感反应。例如，很多自然对象和艺术品能立刻激起欣赏者愉悦的情感反应。这种欣赏过程是一种潜意识的反应，以直觉性、浅尝性、不假思索性为特点。这种欣赏过程对于每一个旅游者都会出现。因为对欣赏者的个人条件要求不高。不过这阶段欣赏体验效果也不会太好，来得快去，得也快。比如，看到一座山，只注意它的险峻、苍翠、高大、挺立等特征以及它与晚霞和白云的相互映衬构图，不假思索，不加联想、想象，并产生审美情感反应，而不关心它是不是一座火山、问什么是这种形状，垂直高度和具体的地理位置等问题。

3. 高级体验阶段

景观观赏者经历了第一阶段的感性上的愉快体验后，未必都能得到情感上的充分满足，而有些人会向更高级的欣赏体验过程发展。高级体验阶段的知觉参与了欣赏活动，投入了较多的联想与想象活动，使得景观欣赏过程进入了感性与理性相交融的心理活动阶段。本阶段还具有认识的整体性和思维的活跃性特点，把握景观的整体形象特性。如运动性、节奏性和有机统一性等等。当景观欣赏价值很高、内涵丰富、意味深长，就会强烈激发欣赏者欣赏兴致和情绪，这时会调动知觉活动仔细端详、品味景观，全面把握景观的观赏特性，以便获得更多的精神体验。当然进入这种欣赏状态的欣赏者一般都具备高雅的情趣、丰富的情感、审美经验及良好文化素养、审美能力。

在这一阶段，欣赏者对景观效果的深入认识，情感愉悦，联想和想象等心理活动展开，获得悦心悦意、悦志悦神精神享受。景物及其形式、结构、节奏、韵律、色彩、声音以及意味等可见可闻的感知因素都能引起联想与想象活动的展开。这时，以往的记忆也被调动起来，联想到往日自己所见所闻的各种事物的表象，进行变形、位移、夸张、虚构、拼接想象思维加工，构成意象。不仅欣赏到其外在的形式，而且领悟到其中的意味、情调、意蕴。由于欣赏中的知觉撇开了外部世界中那些与生存物欲直接有关的部分，追求某种情趣，如微风中摇摆的杨柳、花朵、蓝色的天空、月亮、地平线、艺术品等等，对其中那美好的形式和深刻的人生意味进行的体验。在此阶段，欣赏者能获得较充分的审美愉悦体验和情感交流体验。比如欣赏古村落景观，欣赏到其错落有致、造型别致的艺术美，领悟到情调意味，会联想到世外桃源般的仙境，调动过去从电视、书籍插图所得到的记忆联想、想象加工出古代村民在村落中行走的景象。

多情的诗人最善于借景抒情，很多诗作都是在欣赏景观过程中抒发情感的结果。例如，李白的诗《夜思》就是在寒秋清幽、皓月当空的夜景中的情感表达："床前明月光，疑是地上霜。举头望明月，低头思故乡。"此诗借助月亮和月光抒发了李白寂寞、想念温柔的故乡时的心情，其中有联想和想象的心理活动，并蕴含丰富的情感活动。作为普通旅游者没有作诗的才华，但是这种主客情感交流是肯定存在的。他们尽管不能将自己的感受溢于言表，但可以意会、体验、品味、神会景观之美妙意境和情感意味，得到朦胧性的欣赏感受，使人产生"神与物游"的体验效果，这是一般人在景观欣赏中最常出现的一种心理状态。在景观欣赏过程中不仅能得到美的享受，而且自己的喜悦、思念、感恩、热爱、怨恨、惆怅等等情感都能尽情地向景物这些忠实的"朋友"倾诉。通过本阶段的欣赏行为，将使心灵的自由得以实现，自我的情趣得以展示，心情得到充分愉悦，情感得以充分抒发，乃至情操得以陶冶。

4. 深入体验阶段

作为一般欣赏者，进入了高级体验阶段，就实现是欣赏的主要目的，已经达到了愉悦心情、交流情感的目的。不过有些旅游者可能还不满足于这种高峰体验，兴奋之余还会做

203

一些理性的思考，知其然，还想知其所以然，试图通过分析、判断来理解旅游景观观赏特性及其成因机理。深入体验阶段是景观欣赏的高级体验阶段的延续，是理性思维为主的阶段，即对景观观赏特性及其成因机理的判断、理解，类似于社会心理学中的归因行为，对事物本质的一种认识行为。以黄山云海为例，旅游者会思考符合审美哪些审美规律，为什么如此壮观，为什么在此地出现，各种景物之间是什么关系，主客的欣赏关系是如何建立的，试图对景观作深入理解。尽管判断的正讹、广狭、深浅因人而异，但却是好奇的人想要得到的东西。正确理解和深入理解景观的观赏特性及其成因机理，对欣赏者的个人素质要求比较高，即需要有较强的审美能力和较高文化素养。

不过知性、理性的理解并非每一个旅游者都会有，只有审美能力强、文化水平高的旅游者这种需要会更为强烈，产生这种体验行为可能性越大。同时并不是所有景观都能引发理解行为，越是奇妙的景观、美观度高的景观，越能激发旅游者的知性、理性的理解。通过归因体验，观赏者的收获会更大，不仅会使心情得到愉悦，而且会使审美能力得到提高，好奇心得到满足，知识面得到扩展。

7.2.2 旅游景观欣赏体验效应及其影响因素

旅游景观欣赏的结果，使得旅游者或多或少产生一些的心理体验效应，这种效应会感染着人的心灵。不过这种效应存在层次性和个体差异性。

1. 旅游景观体验效应的层次差异

景观欣赏的心理体验效应有一定的层次性。欣赏效应所能达到的层次与客体的欣赏价值、主体的欣赏能力有关。李泽厚把审美能力的表现形态分为三个方面：悦耳悦目、悦心悦意、悦志悦神。其实，用它来描述景观欣赏体验效果层次也颇为恰当。

1）悦耳悦目

悦耳悦目属于较低层次景观欣赏体验效应，是指以耳目为主的审美感官所体验到的愉快感受，即直觉体验产生的效果，属于浅层的感受。它对个人的心理作用强度、深刻性和持久性相对来说比较小。不过虽然这种感受表面上似乎是感官上的享受，但我们却不能简单地理解为生理快感，其实已经包含联想、想象、理解、情感的作用，只是自己察觉不到而已。这种体验结果是一般旅游者都能获得的，只要形态、色彩、神采符合于美的规律都能令旅游者产生这种效应。

2）悦心悦意

悦心悦意属于较高层次景观欣赏体验效应，是指在感觉和知觉的作用下领悟到景观深刻的意蕴、意味，获得的景观欣赏体验效果。它已经透过耳目，唤起主体对自己人生的思考，走向心灵深处，是比悦耳悦目更高层次的审美感受，这种感受效果是一种意会，难用言表。更加动情，具有物我两忘，情景交融的效果。所产生的心理效应也更为深刻，满足感也更强，对个人的心理影响也比较持久和稳定。如你在登临云雾缥缈的黄山时，产生的飘然若仙、超然尘世之感。悦耳悦目为感性或直觉感受，悦心悦意则具有更多知性特征。

3）悦志悦神

悦志悦神属于最高层次景观欣赏体验效应，是指主体在观赏景观时，得到了精神意志上的愉悦和伦理道德上的超越。之所以能产生悦志悦神体验效应，是因为在感知、想象、理解、情感等心理活动与景观的交互作用下，主体的精神得到极大满足，思想受到鼓舞、教育、启迪，从景观事物中体悟到了天道、地道及为人之道，物我交融、神超理得，触及了人价值观，使人大彻大悟，精神境界得以提高。例如，仰望高山可养豪爽之气，望大海可养浩然之气，观赏清澈的河水可以涤荡心灵的尘埃；看长江、黄河，登临泰山、长城，将会唤起我们的怀古之情和热爱大自然之情，给我们以民族自豪感、崇高的使命感和对大自然的敬畏感。悦志悦神的体验能振奋人的精神，丰富人的情感，增加人的生活信心，改变人的生活态度，给人以勇气和力量。

2. 体验效应的影响因素

影响景观欣赏体验效应的因素可按照主观因素和客观因素两方面来理解。

1）主观因素

旅游景观欣赏的个体因素具有差异性，体验效果也有差异，有人只能达到悦耳悦目层次，有人能达到悦心悦意层次，有人能达到悦志悦神层次。主要个体影响因素有主体的个性、志趣、学识修养等。

欣赏主体的个性不同会影响景观欣赏体验效果。大致可以将其分为迷狂型、幻觉型、恬静型和理智型等类型。迷狂型的人以情感外露奔放为特点，全身心投入，情感体验最为强烈，可获得一般层次的体验效果；幻觉型的人以想象丰富为特征，在面对景观时，常常情感活跃，想象丰富，有物我相融的幻觉体验，容易获得高层次的体验效果；恬静型的人以沉静温和的情绪为特征，细细体察、慢慢品味景观对象，沉醉于审美境界之中；理智型的人以分析探究为特征，善于对景观的审美特征、审美意蕴等深层次内容的把握和理解，容易获得理性的体验效果。

景观欣赏者的志趣、欣赏能力、艺术修养、科学文化知识多少也会影响景观欣赏的体验效果。

2）客观因素

景观的品位是影响体验效应的客观因素。外界刺激的强度，景观风格特征所促动的观赏者的某些情感，所能产生的共鸣点不同，所能达到的层次也不同。

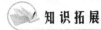 **知识拓展**

"仁者乐山，知者乐水"的含义及说明的问题

"智者乐水，仁者乐山"出自孔子的《论语·雍也》。智者是聪明、有知识的人，仁者是有仁德的人；乐（yào），是爱好之意。智者何以乐水，仁者何以乐山呢？孔子的解释为："夫水者，君子比德焉。遍予而无私，似德。所及者生，似仁。其流卑下句倨，皆循其理，似义。浅者流行，深者不测，似智。其赴百仞之谷不疑，似勇。绵弱而微达，似察。受恶不让，似包蒙。不清以入，鲜洁以出，似善化。至量必平，似正。盈不求概，似度。其万折必东，似意。是以君子见大水观焉尔也。""泉源溃溃，不释昼夜，其似力者。循理而行，不遗小间，其似持平者。动而之下，其似有礼者。赴千仞之壑而不疑，其似勇者。障防而清，其似知命者。不清以入，鲜洁以出，其似善化者。众人取乎，品类以正；万物得之则生，失之则死，其似有德者。淑淑渊渊，深不可测，其似圣者。通润天地之间，国家以成。是知之所以乐水也。'思乐泮水，薄采其芹；鲁侯戾止，在泮饮酒。'乐水之谓也。"南宋著名哲学家、教育家，婺源县人朱熹有更简单的解释："知者达于事理而周而不滞，有似于水，故乐水；仁者安于义理而厚重不迁，有似于

山，故乐山。"

这句话说明两个景观欣赏中问题：不同类型的景观的观赏特性及所能产生的观赏效应不同；不同个性的人对欣赏对象的选择有偏好。

章首案例回眸

升旗仪式是具有较高观赏价值的景观，能产生很多欣赏效应。欣赏升旗仪式的动机源自爱和归属、审美、求知的需要。官兵整齐、矫健、威武的身姿、步伐，嘹亮的国歌，象征祖国的五星红旗冉冉升起，都在感染着每一位观赏者，激荡着人情绪，让人感受到庄重之美、整齐之美、崇高之美，感受到祖国的伟大、强盛，激发爱国情感。观赏过程中会产生多种心理活动，可能会联想到新中国成立前的奋斗场景，共和国成立之时毛泽东向世界宣布的场景，甚至可能会想象出未来祖国发达的场景，自己如何为国家做贡献的场景。观赏过程虽然短暂，但是对观赏者的产生心理效应是巨大的。通过观赏可以令人产生自豪感，激发人的爱国之情、顽强的斗志、为国献身的精神。不仅可获得悦耳悦目的效果，而且可以达到悦神悦志的境界。此外，还能观赏活动还使人增长见识。因此，升旗仪式受到人们喜欢并非没有道理的。

即学即用

选择一处景观按照所学的欣赏方法去欣赏，体验景观欣赏活动的快乐。

本 章 小 结

旅游景观欣赏过程实质上是一种心理过程，因此本章内容重点介绍旅游景观欣赏的心理学知识。首先，将旅游景观欣赏心理过程分为认识过程、情感过程，说明了欣赏动机产生的机理，感觉、知觉、情感、表象、联想、想象、理解等心理活动的作用和特征以及各种心理活动之间的相互关系。然后，分别从心理准备、初级体验、高级体验、深入体验阐述了旅游景观欣赏的体验过程以及其中的心理活动规律。最后，按照悦耳悦目、悦心悦意、悦志悦神三个层次说明了景观欣赏的心理体验效应，并分析主观与客观因素心理效应的影响程度。

关键术语

动机（Motivation）

感知（Perception）

联想（Associate）

知觉（Consciousness）

联觉（Synesthesia）

想象（Imagine）

理解（Understand）

知识链接

[1] 刘烨．马斯洛的智慧[M]．北京：中国电影出版社，2007.

[2] 欧阳国，顾建华，宋凡圣．美学新编[M]．杭州：浙江大学出版社，1993.

[3] 邱明正．审美心理学[M]．上海：复旦大学出版社，1993.

[4] 李泽厚．美学三书[M]．合肥：安徽文艺出版社，1999.

[5] 祁颖．旅游景观美学[M]．北京：中国林业出版社、北京大学出版社，2009.

[6] 王建疆．审美学教程[M]．上海：复旦大学出版社，2007.

[7] 杨世杰．美育概要[M]．北京：新世纪出版社，1999.

[8] 滕守尧．审美心理描述[M]．成都：四川人民出版社，2005.

练习题

一、名词解释

动机　情感　感知　联觉　知觉　想象　理解

二、填空题

1. 旅游景观欣赏中的主要心理活动有 _____、_____、_____、_____、_____、_____、_____、_____。

2. 根据事物基本价值类型的不同，情感可分为_____、_____和_____三种。

3. 知觉活动除具有整体性特征，还有_____特征。

4. 按联想所反映的事物之间的关系，可分为接近联想、_____、对比联想、_____。

5. 旅游景观欣赏的体验过程可分为_____阶段、_____阶段、_____阶段、_____阶段。

三、单项选择题

1. 下列哪一种不属于旅游景观欣赏中的情感活动的特性？（　　　）

A. 活跃性　　　　B. 复杂性　　　　C. 共鸣性　　　　D. 丰富性

2. 初级体验阶段是一种直觉欣赏体验，属于（　　）体验。

A. 感性　　　　B. 知觉　　　　C. 联想　　　　D. 联觉

3. 由山的姿态想到与之相似的人或物，是（　　）心理活动。

A. 想象　　　　B. 感知　　　　C. 联想　　　　D. 理解

四、判断题

1. 所有景观都能引发理解行为。（　　　）

2. 旅游景观欣赏中的想象通常没有明确目的，同时还有情感性、自发性、自由性、创造性的特点。（　　　）

3. 旅游者具有欣赏需求、能力等主观条件，才有利于产生欣赏行为。（　　　）

五、问答题

1. 说明情感在旅游景观欣赏活动中的作用。

2. 说明景观欣赏中的想象的作用以及发生条件。
3. 景观欣赏行为动机源于哪些需要？
4. 景观欣赏可能产生体验效应有哪些？简述其影响因素。
5. 简述你对景观观赏特性的理解，景观观赏特性应从哪几方面去理解。
6. 简述旅游者在旅游过程中的欣赏体验过程。

第 8 章　自然旅游景观欣赏

知 识 要 点	掌握程度	相 关 知 识
自然旅游景观的观赏特性	掌握	美学、心理学、符号学、地理学
自然旅游景观的分类	了解	美学、符号学、地理学
各种自然景观的成因及分类	了解	地理学
地形、水体、生物、天空景观的观赏特性	掌握	美学、符号学、地理学、认知心理学
地形、水体、生物、天空景观的观赏方法	掌握	美学、地理学、认知心理学

本章技能要点

技 能 要 点	掌握程度	应 用 方 向
自然旅游景观欣赏能力	掌握	景观欣赏，审美活动，景观设计，艺术设计，摄影、绘画、音乐欣赏与创作
自然旅游景观的观赏特性分析能力	掌握	

导入案例

刘海粟十上黄山说明了什么

　　当代著名画家刘海粟对黄山情有独钟，从 1918 年第一次跋涉黄山到 1988 年第十次登黄山，跨度达 70 年之久，几乎包含了刘海粟一生的艺术实践活动。他一生最重要的作品多以黄山为题材，可以说黄山是海粟艺术的源泉。单就 70 年来十次上黄山的壮举，就破了历代画家的登临纪录。而他以黄山为题材创作的作品，包括速写、素描、油画、国画，总量可观。刘海粟钟爱黄山、屡次上黄山，难道黄山真有那么大的魅力吗？本章将教你如何去感受自然景观的魅力，让你具备艺术家一样的眼光。

　　　　　　　　（资料来源：http://blog.sina.com.cn/s/blog_4fe5fde30100ihu3.html）

　　美，无处不在，关键在于发现。世界上有很多自然和人文事物都具有观赏价值，只要有心欣赏，都会有收获。自然景观与人文景观有不同的观赏特性，观赏内容与方法有明显区别。自然景观类型多样，每一种类型观赏特性都有区别，其观赏内容与方法也有明显不同。

8.1 自然旅游景观的观赏特性及分类

自然景观是大自然这位艺术家运用各种自然力量所创造的"艺术品"。庄子云,"天地有大美而不言。"自然从不标榜自己是美还是丑,但是大自然总是创造美,而不创造丑。而人类不仅创造美,同时也创造丑。自然景观不是艺术品,但是在欣赏者看来,它具备艺术品的某些属性,如审美性、情感性。

8.1.1 自然旅游景观的观赏特性

自然景观是相对于人文景观而言的一种景观,除了具备旅游景观的基本特性以外,其情感意味、所传达的信息、欣赏效应都有自己的特性,与人文景观相比,其观赏特性表现以下方面。

1. 自然性

自然景观之所以称为自然景观,贵在自然,是因为成因及其观赏特性是自然的,是依赖于自然因素天造地设、自然而然生成的自然属性和感性形式特点所呈现的状态。自然性,即指事物具有非人为的或不做作、不拘束、不呆板的视觉效果,给人以心灵自由和轻松的感受。在形状、色彩、动态等方面呈现不规则状态。山之形,水之形,云之形,树之形,动物之形等等都是随机形,呈现出错落多姿之美。山、土、石、水、云、树、花、雪、动物之色等都是随机出现的,丰富着我们的视野,装扮着我们的世界。客观事物的布局也呈现聚与散,多与少,高与低,正与斜,长与短,等等不规则状态,表现出自然之意。水流的急与缓,云彩的悠闲与翻滚,都诉说着自然的情态。自然对人总是友好的,即使发怒时也不讨人厌。无论欣赏主体是高兴还是郁闷,它总是对你微笑,从不鄙视你,从不高高在上,总能给人以快乐。因此,人类在与自然的交流中总是轻松的、自由的,不受拘束的。投入自然的怀抱,总能得到安慰,给人以特殊的情感体验。而人文事物那样喜欢取方形、圆形、多边形等规则形状,巧作安排的迹象。凡是自然事物向人们传递出的都是自然的气息。

2. 神奇性

自然景观神奇性表现在形式上,人文景观也有神奇之处,但它表现在内涵方面。大自然的鬼斧神工创造了很多神奇的景观,让人匪夷所思。神奇的景观从天上、地面到海底遍布我们的世界,发人深思,耐人寻味。比如,流星雨、彩虹、极光、佛光、海市蜃楼、象形石、象形山、象形树、奇形怪状的花草树木等。奇怪的事物往往是观赏价值高的景物,这正是很多自然景观的魅力所在,比如奇松、怪石是黄山景观的主要构成要素,正是它们赋予了黄山更高的观赏价值。世界上有无数自然景观因为神奇而被称为奇观。越是神奇的景观,其欣赏价值越高。

3. 形式性

形式性是指景观观赏属性表现在外在形式,没有内容的属性。如果没有人移情或约定其内容,那么也就没有可以欣赏的内涵。欣赏自然景观时,被自然景物的形式所吸引,如色彩、声音、线条、形状、质料以及形式结构上的均衡、比例、结构、和谐、多样统一等形式，审美风格上的雄伟、秀丽、险峻、奇特、幽深等种种特点。不过人类总是不满足与对自然事物形式的欣赏，将自然景物的形体、色彩、音响等感性形式特点比作人的某种精神、品格、个性、情感、理想，赋予人文内涵，以满足情感交流需要。比如，郁金香寓意爱的表白、荣誉、祝福、永恒，百合寓意顺利、心想事成、祝福，玫瑰寓意爱情。黄河，它源远流长，用那波涛滚滚、一往无前的气势，比作中华民族勇猛顽强的性格。在中国人民的心目中，黄河便成了中华民族的象征。

4. 多变性

相比人文景观，自然景观更富于变化。也就是说，自然景观随着时间变化非常明显，如天象、天气、植物、水体等物象随着时辰、星期、旬、月、季节时间变化较大，比如朝霞晚霞、月圆月缺、春花秋叶、阴晴雨雪、潮起潮落、行云流水等。自然景观的多变性使人类可以欣赏到的景观异常丰富，使世界不再那么单调，增加了欣赏的趣味。

8.1.2　自然旅游景观的分类

景观是各种视觉元素综合体，有主景还有背景，有时主景也可以是两种以上的景物，山、水、生物、气象等景象的交融，形成许多奇妙景观。很难找到只有一种景物构成的景观，这里的分类是针对主景构成元素进行分类。从欣赏意义上，我们可以将自然景观分为地形景观、水体景观、生物景观、天空景观，这样分类便于我们观察其观赏特性（表1-1）。在此基础上还可以分出各种景观类型。

8.2　地形景观欣赏

地形景观是指以地形为主体所构成的景观。这里所说的地形指的是地表形态，地表形态多种多样，构成了各种风格景观。地形是大自然这位"雕塑大师"所创作的"艺术作品"。它是以地质过程建立"毛坯"形态，又在水、风、阳光、温度、动物、植物等理化过程的"雕琢"下，形成复杂多样、姿态各异、神奇美妙的形态，或宽阔，或崎岖，或险峻，或奇特，具有很高的观赏价值，包括山体、谷地、平地、洞穴等地表形态。同时，地形也是承载各种其他景物的基础骨架，其他景物都是点缀在其间的景物，如流水、植物、动物、人类。地形景观多种多样，其观赏属性及方法也各不相同。地形的构成物质具有硬质特性，具有较强的稳定性，形态多变性，因此，它具有刚强、安定、厚重、神奇的观赏特性。

8.2.1　山体景观及其欣赏

山体是重要的观赏对象，是因为观赏价值高，很多山体成为重要的旅游胜地。但是并非只有名山才具有观赏价值，只要符合美的规律，符合欣赏心理，不管是名山，还是不知名的山，都值得观赏，只不过名山背后蕴含的文化内涵更为丰富而已。如果人类活动多了，拥有了丰富的文化内涵，不知名的山也会变成名山。

1. 山体的成因类型

山体形态的形成与地质、岩性、水文、气候等因素有关，这些条件决定着山体的形态、色彩特征。多种因素的塑造作用相配合，才形成具有各种形态特征的山体景观。岩性是山体形态特征形成的内因，也是关键因素之一，因此习惯上以岩性来分类。常见山体岩性有：花岗岩型、火山岩型、层状硅铝质砂岩型、碳酸盐岩型、变质岩型、红色砂岩型、黄土型、风沙型等。其外观特征明显不同。

　　花岗岩型山体由酸性侵入岩构成，形态轮廓圆润，多形态奇特的岩石，如黄山、华山、九华山、衡山等。硅铝质砂岩型山体由砂砾岩构成，易形成山形陡峭直立，轮廓线条锋利的地形，这种景观特征给人以奇、雄之感，如湖南的张家界奇峰。流纹岩体属于火山喷出岩易形成许多奇峰异洞，其形态圆润，如雁荡山。玄武岩体属基性喷出岩，如黑龙江镜泊湖和五大连池景观。变质岩山体形态比较圆润，缺少奇峰，如泰山、嵩山、五台山等。石灰岩体含二氧化碳的水溶蚀，故称可溶性岩类。在一定的气候、水文条件下，形成产生岩溶景观地貌，孤峰、石林、峰林、天生桥、溶洞和岩溶瀑布等，在国外称喀斯特地形，多为比较锋利的岩体。如桂林、路南、永安、兴文等岩溶景观荟萃的区域。红色碎屑岩山体的岩性抗风化能力不强，易形成城堡状、宝塔状、柱状、方状、峰状等奇形怪状的地形，呈现圆润的轮廓。此种地貌以广东丹霞山最为典型。丹霞地貌在中国、美国西部、中欧和澳大利亚等地都有分布，中国分布最广。中国福建的武夷山、甘肃天水的麦积山、广东仁化的丹霞山、江西龙虎山、安徽齐云山等都是丹霞地貌景观。沙漠、戈壁、雅丹等干旱地貌，是一种特殊的地形。如高大的沙山、起伏的沙垄、雷鸣的响沙。这些地区人迹罕见，具有神秘色彩（图 8.1）。

(a) 花岗岩山体（黄山）　(b) 硅铝质砂岩山体（张家界）　　(c) 流纹岩山体（雁荡山）

(d) 变质岩山体（嵩山）　　(e) 石灰岩山体（路南石林）　(f) 红色碎屑岩山体（龙虎山）

图 8.1　不同岩性山体具有的外观特征比较

2. 山体的观赏特性

从总体上看，山体具有重、硬、稳、静、高、大等感受特点，这种感受特性使它拥有了阳刚、高尚、崇高、坚定、稳重、朴实、威严等观赏特性。不过具体到不同存在状态又有所差异，比如奇、险、峻、雄、秀等各种风格。山体的观赏价值高低与山的形态丰富程度、险峻程度、文化底蕴深度有重要关系，越是形态奇特、多变，越是险峻，文化底蕴越深厚，观赏价值越高。

3. 山体景观的欣赏方法

从不同的距离来观赏山体景观会获得不同观赏效果，因此需要选择适当的距离和角度来欣赏（图8.2）。

(a) 远视　　　　　　　(b) 仰视　　　　　　　(c) 俯视

图8.2　山体的观赏方法

1）山体的远观

远观山体需要选择适当的距离、高度和角度，视野要广，其目的是为了欣赏到山体的险峻、高大、神奇的一面。远观山体，需观气势、观其神。远观山体的外貌、状貌及其结构方面主要欣赏其稳定、高大、巍峨、险峻、参差错落、形态奇特、层次、节奏、韵律等视觉属性。险峻、奇特的山形具有更高的欣赏价值，能使人获得更好的审美享受。观赏时，要发挥想象，细细品味其形态意味。如果有美丽的传说，则能获得更好的欣赏体验。山体具有象形的特征，需要发挥我们的想象来欣赏。

山的性质是坚硬的居多，给人以庄重感。但是有些山并非岩石裸露，其表面覆盖物的装扮，也改变着视觉效果。郁郁葱葱、色彩多变的植物、花朵，使其具有柔性的线条和生机勃勃的气象，色彩及表面的肌理也成为欣赏的要素。山体除了形态特征外还有神态也是需要欣赏的，清代的魏源在《衡岳吟》中概括"五岳"的特征，"恒山如行，岱山如坐，华山如立，嵩山如卧，惟有南岳独如飞。"还有人从另外一种感受来概括山的神韵特征，泰岱之雄、华岳之险、峨眉之秀、青城之幽、雁荡之怪、黄山之奇等。

2）山体的近观

近观山体是贴近山体欣赏，观赏者是沿着山坡、山脊或山谷来观赏山体，这时所能看到的是构筑山体的物质肌理、质感属性及微地貌。近观是观其质。山体上可能有不少可以观赏的岩层肌理，如岩层剖面、钙华、化石；还可能有局部悬崖、奇石峰丛，还有各种奇花异草、森林大树，都是值得细细品味的山中局部景观。驻足悬崖能体验到山势险峻；观赏岩层剖面、钙华、化石、奇石峰丛能体验到大自然造物之神奇。奇形怪状岩石能让观赏者展开联想与想象，为观赏者带来很多乐趣。小尺度地形景观如较为孤立的山峰、石柱、洞穴、峡谷、峰林等。如桂林的象鼻山、七星岩，雁荡山的灵峰、灵岩等。不仅如此，在崎岖的山中游览，景观视野会具有多变性，步移景异，时而幽深宁静，时而豁然开朗，能体验到"山重水复疑无路，柳暗花明又一村"之意境，还有攀登、登临的乐趣。如果是沙山，则可以亲密接触，感受沙的松软质地，感受一种温情。

3）山体的仰观

在适当的位置仰望山体，山体的雄伟、高大、险峻的特性越加凸显。这时人会体验到自己的渺小，天地的浩大，养己之豪气，从高山的巍峨中感悟崇高的理想。

4）山体的俯观

在高山上看其他的山体，或者在飞行器上欣赏山体，则是一览众山小，山不再有高大的感受，而是"五岭逶迤腾细浪，乌蒙磅礴走泥丸"的感受，令人心旷神怡。

还有许多分布在山岳内的寺庙、古城、古战场遗址和摩崖石刻等与山岳有关的人文景观。山因有仙则名，有文化则名。人类活动留下的历史、题刻、诗词等。在欣赏自然山体的同时，如果能与其中文化景观结合起来欣赏，体验效果会更好。如对岩石上前人所留下的诗词、壁画、书作的欣赏，对提高游兴、丰富欣赏活动内容都有重要作用。这也是山岳景观观赏价值的组成部分。

8.2.2 谷地景观及其欣赏

谷地也是一种具有观赏价值的地表形态。有高山必有深谷，谷地景观与高山景观往往是相伴的。深谷也是人类乐于观赏的对象。不过峡谷的并非处处都那么经典、险峻、奇特，峡谷的美感度很高，很多这样峡谷成为重要的旅游胜地。

1. 谷地的类型及观赏特性

按照成因，谷地可分为构造谷和冰蚀谷。形态不同，观赏特性不同。

构造谷又分为两类：一类是构造凹地加上河流侵蚀而成，如向斜谷、地堑谷。地堑多形成峡谷（东非大裂谷、关中盆地等），两侧为陡峭的山峰、高原，根据形态可细分为 V 形谷和 U 形谷。向斜谷（长江三峡、科罗拉多大峡谷）最初为地层褶皱所形成，本身的凹陷，如果有高强度的水侵蚀，地形就越发深陷。另一种是沿着构造软弱地带侵蚀成谷地，如断层谷（雅鲁藏布江谷地）、背斜谷、单斜谷等，如长白山锦江大峡谷、云台山大峡谷、浙西大峡谷。

冰蚀谷又分为悬谷和冰斗两类。悬谷指冰蚀主流，且速度较支流快，导致支流悬在主流的河崖上，以瀑布流入主流。冰斗又称围谷、圈谷，指冰河在潜移过程中将地表上碎屑、粗砾挟带移动，与基地摩擦侵蚀，冰河完全退去后，便留下近似圆状的谷地。

谷地的观赏特性总体上表现为幽静、神奇、神秘。平缓的谷地显示的是优美的特征。越是险峻的峡谷，其神奇、神秘感越突出。不过具体到不同谷地存在状态，其风格特性又有所差异。

2. 谷地的欣赏方法

谷地景观也可以通过俯观、仰观和近观来欣赏（图 8.3，见彩图 29）。

(a) 俯视   (b) 近观   (c) 仰视

图 8.3 峡谷的观赏

1) 谷地的俯观

俯视谷地也需要选择适当的距离、高度和角度,其目的是为了欣赏到山体的最险峻、神奇的一面。远观谷地,需观气势。俯视谷地的状貌及其结构方面,主要欣赏其壮观、险峻、曲折、形态奇特、节奏、韵律等视觉属性,谷地欣赏价值高低取决于这些方面。峡谷的线条会显得曲折复杂、刚毅、险峻,宽谷的线条显得舒缓柔和。欣赏谷地要带着好奇心去欣赏,细细品味它所具有的神秘、奇特意味和意境。

2) 谷地的近观

谷地的近观是指在谷地游览,效果总体上是幽邃、宁静、神秘之感。不过峡谷和宽谷的观赏效果是不同的。谷地大多有流水,有瀑布、跌水、潭池、激流等流水景观,也是谷地景观的构成元素。

峡谷景观的特点是谷地峡深、两壁陡峭、雄伟险秀、寂静隐蔽。近观是在峡谷中欣赏,观赏者是沿着谷底观赏峡谷,这时所能看到的是峡谷的局部的观赏属性,是观其局部形态、谷壁质地,可获得深邃、神秘的感受。与山体一样,谷地中也有不少可以观赏的局部景观,如悬崖、层剖面、钙华、化石,不仅有形态方面的神奇之处,还有岩层表面纹理、色彩方面都是可以观赏的要素。峡谷的岩层肌理会更加显露。不仅如此,在谷底游览,景物形态具有多变性,步移景异,时而险象环生,时而幽深怪异,具有仿佛置身于神秘世界的感受。在欣赏自然峡谷中有人文活动的痕迹,应当将其结合起来欣赏,以便获得更好的体验效果。

3) 谷地的仰观

在峡谷中的仰观,只能看到一线天,让自己感觉深陷谷底,幽深感更为明显。

宽谷的形态及线条没有峡谷那么丰富多彩,虽然观赏价值没有峡谷那么高,没有峡谷壮观,但是也具有观赏价值,除了幽邃、宁静以外,多优美感。宽谷比峡谷更为多见,包括河谷、冰川遗迹大多线条比较平缓、深度不很大,其幽邃感没有峡谷强。

8.2.3 平地景观及其欣赏

平地指的是平坦的地面。尤其一望无际的平原、高原、盆地宽阔平地,这些自然景观给人以空旷、广阔、壮观的感受。

1. 平地的类型及观赏特性

按照地貌类型，平地指的是指平原、大的盆地、平坦的高原，即在视觉上宽广的地形。世界各大洲都有平原、盆地、高原，中国有东北平原、华北平原、长江中下游平原；青藏高原、内蒙古高原、黄土高原、云贵高原；塔里木盆地、四川盆地、准噶尔盆地、柴达木盆地。这些地形轮廓多由构造格局控制。

大面积的平地具有视野开阔、遥远的视觉特点，这些视觉特性使它拥有了旷远、雄浑、浩瀚、崇高的观赏特性。不过具体到不同地表覆盖物形态、性质、色彩，其观赏特性也有所差异。

2. 平地景观的欣赏方法

平地的欣赏只有远观才有效果，因此需要选择较高的观景台，或在飞行器上观赏。选择能见度好的时间去观赏平地景观，可令人心旷神怡。平地景观的欣赏可以在不同时段观赏。利用开阔的视野，早晨可以登高看日出、朝霞，傍晚可以登高看日落、晚霞。地面覆盖物的不同也会有不同的观赏效果。可以是长郊草色绿无涯，天苍苍野茫茫，风吹草低见牛羊。也可能是茫茫沙漠。不过，由于平原的土层厚、土质优良，适合于农耕，现在的平原都成了耕地和村庄、城市，因此现在看平原景观，其实大多是在看人文景观（图 8.4）。

图 8.4　平地的远眺

平地景观，也可以近观。但是近观时，由于视野限制，就失去了平地宽阔的气势。如局部平地有草地、沙地地、石砾地、滩地，海滨沙滩景观：海滨沙场、浴场。如意大利海岸建设了长达数公里的海滨浴场。

8.2.4　洞穴景观及其欣赏

洞穴是指地下的通道或空间，一定的物质在特定的地质和水的侵蚀和沉积作用或微生物等其他外力的风化作用下形成。

1. 洞穴的类型及其观赏特性

岩层、盐层、冰层都能可能形成洞穴。岩洞有许多类型，根据构成洞穴的围岩及成因可分为石灰岩溶洞、花岗岩及结晶岩洞穴等。不过世界上最多、规模最大的是形成于石灰岩地带的溶洞。

溶洞在碳酸盐岩(包括石灰岩、白云岩、泥灰岩等)地层地区中分布。溶洞内景观比其他洞穴丰富多彩。溶洞的形成是石灰岩地区地下水长期溶蚀的结果，石灰岩里的碳酸钙在水和二氧化碳的作用下能转化为微溶性的碳酸氢钙被水流带走。含有碳酸氢钙的水因温度下降及流速变缓使碳酸钙重新沉淀，经过千百万年的沉淀，渐渐形成了钟乳石、石笋、石幔、石花等形态各异的洞穴景观(图8.5)。溶洞分为横向溶洞和垂向溶洞两类。法国贾安伯纳德竖井洞穴，深度为1535m，成为世界上垂向洞穴之最。世界上最长的洞——奥地利萨尔茨堡洞长达42km。最长的溶洞群——美国肯塔基州猛犸洞总长255km。洞穴面积最大的是美国新墨西哥州卡斯巴洞穴，它在地下400m深处，面积达56公顷。中国可溶岩分布面积广，南方黔、滇、桂、川、湘、鄂、粤诸省区为集中分布区，加上具有有利于溶洞形成的气候条件，使中国成为世界上岩溶洞穴资源最为丰富的国家。目前已知的最大的洞穴系统是贵州绥阳双河溶洞群，现在探测总长度117多公里。

图8.5　溶洞景观（朱少华摄）

　　洞穴景观内部空间狭小、光线幽暗、安静，很多洞内分布有各种奇妙的微地貌，因此，从观赏意义上看，洞穴能使人体验到幽静、神秘、神奇的感受。

2. 洞穴景观的欣赏方法

　　洞穴景观的欣赏必须深入洞穴近观。如果是没有人工开发旅游项目的洞穴会因为没有安装照明设施，洞内光线不佳，还需借助照明工具，才能观赏洞内景观。除了能感受洞穴景观的幽深的特点外，千奇百怪的钟乳石、石笋、石幔、石花等都是观赏的主要对象，能使景观变得更加神秘氛围。开发旅游的洞穴加上人工灯光的渲染又增加了景物的观赏价值，显得丰富多彩，神秘莫测，具有仙境般的意境，有的像海底龙宫，有的像瑶琳仙境。正是因为如此神秘、神奇，很多溶洞被冠以"仙洞"的名称，比如中国著名的蓬莱仙洞、傩仙洞、天仙洞、黄仙洞、抚州仙洞等。欣赏者应当根据洞内各种象形的岩溶地貌，展开联想、想象，尽情体验大自然造物之神奇美妙。由于成因条件有利于形成奇特的洞穴地貌，其他类型的洞穴没有溶洞景观更富于观赏价值。

　　有些溶洞中会有人文活动的痕迹，比如洞穴内古建筑、洞内石刻、题记、佛雕等能丰富景观欣赏的内容。如洞内景物有神话传说，就能增加景观的欣赏价值。

8.2.5　地表肌理景观及其欣赏

　　无论什么地形表面都会呈现某种肌理，其中有些很寻常，但是有些却令人感到非常奇妙，让人匪夷所思，也是一种自然奇观。

1. 地表肌理及观赏特性

奇妙的地表肌理具有很高的观赏价值。其成因多种多样，有风吹的，有浪打的，有动物活动造成的，还有多种元素综合造成的，有些很难分析出原因。比如火山熔岩流动，干旱造成的地表皲裂，岩溶造成的钙华。山体、山谷、平地、洞穴等地形表面中都有一些肌理景观，具有形式的奇特性，耐人寻味，这些视觉特性使它拥有了神秘、神奇、美妙、有趣的观赏特性。不过具体到不同地表覆盖物形态、色彩不同，其观赏特性也有所差异。

2. 地表肌理的欣赏方法

地表肌理可以单独欣赏，也可以与地形一起欣赏，因为它们附属于某种地形，有独立属性，但是不独立存在。地层剖面、钙华、矿物、火山、动物活动痕迹、化石纹理，形态、色彩神奇、美妙、有趣之处，具有抽象画的效果，甚至比抽象画更有意味（图8.6，见彩图30）。

(a) 流水刻蚀纹理（陕西华山）　　(b) 钙华（河南云台山）　　(c) 地层(安徽淮南茅仙洞)

图8.6　地表肌理欣赏

 知识拓展

奇石的观赏特性与观赏价值

奇石的可贵之处主要有两点：自然和奇妙，而且两者必须同时具备。自然指的是自然所造，非人为。奇妙指的是形态、肌理、色彩、神韵、意蕴有奇妙之处。具体地说，应当从形、神、质、意几方面去鉴定其价值的高低。

1. 形式

（1）形态。奇石的外观形态以皱、漏、瘦、透、丑为佳，这些都是形态奇特的表现，只有奇特才有更高的玩味价值。皱即多皱纹，多因地质因素或自然水流、风沙冲刷而形成的一凹一凸的条纹，皱纹越丰富，越奇妙。漏即有孔，孔多则越奇妙；瘦即不臃肿，形态俊秀。透即穿透、透水、透光，与漏有一定关系。丑即丑陋，这也是奇妙不寻常的表现。其实，如果是人，就不能这样的标准来鉴定，而奇石丑陋才会使其更具玩味的价值，有着其特定的意义。

（2）肌理。即奇石的纹理、痕迹，指表面呈线条、图案的花纹，以丰富、奇特为佳。奇石上的花纹线条多节奏、富有韵律、变化无穷、妙趣横生者，有象形图案者，都可谓精品石。

（3）色泽。指奇石原本的天然色彩和光泽。以色彩丰富、光泽细腻者于一体者为上乘。有些奇石具有特殊的色彩纹理如鸡血石、玉石，更增加了奇石的奇妙感。

2. 神韵

除了具有表象美之外，即所表现的各类景与物的客观形象形态，还具有形态之中的神韵美，神韵是无形的，是通过人的大脑思维想象，情感的领悟等一系列的心理活动，而显现出来的某种情意与事物的意象，此意象就是在形象的基础上感悟出神韵。在奇石的品种中，具有万物形态，形态中又蕴藏着幻化的神韵，这些石品都具备了形神兼备、回味无穷的神韵。

3. 性质

性质即本质、品质，特指赏石的天然质地、结构、密度、硬度、光洁度、透明度、质感等。通常以细腻、坚硬、光洁、透明为上品。

4. 意蕴

奇石的形式及神采中具有某种人文内涵，如有些形态或纹理像山水画、文字、动物、云彩、人物等奇妙形态，更增加了奇石神秘感、趣味性，具有这些特性的为上乘精品。

 即学即用

利用所学知识，观赏各种地形景观，体验各种地形的观赏效果，并分析其观赏特性。到奇石馆观赏奇石之趣。

8.3　水体景观欣赏

水体景观是指以水体为主体所构成的景观。水是生命之源，有水才有生命。水是人类赖以生存的基本物质，同时，它还具有满足人的精神需要的观赏功能。可见，水是善与美共存的物质，人人都喜欢水也就不足为奇了。水与山是地球上分布十分广泛的视觉元素，习惯上称旅游为游山玩水，可见，水对旅游景观来说是非常重要的构成元素。

物理性质的不稳定，可塑性很大，使得水体的存在形式具有多变性。在温度变化和能量作用情况下，水会呈现液态、固态和气态三种物理状态。从观赏角度来说，液态和固态水具有可视性，气态水因为不可视而不具备观赏价值。云雾并不是气态水，而是液态或固态水，其可见的成分是细小的水珠或冰颗粒，因为细小而悬浮于空气中，应属于天空景观。此外，水的外形、状态具有很大的可变性，因此它会因为地形、风、温度、能量外界因素的作用被塑造成各种外观形式，同时其色彩也会受环境光色彩的影响而呈现多变性。为了便于说明不同类型水体具有的观赏特性，这里将水体景观分为液态水体和固态水体两大类。

水体的一般感受特性为：凉、湿、柔、清、透、动。它所具有观赏特性为：秀丽、滋润、纯洁、温柔、智慧、活泼。其特性与山正好相反，山为刚性之物的代表，水为柔性之物的代表。如果一处景观有山又有水，可谓完美的景观，因为山的阳刚与水的阴柔相结合，能体现刚柔相济，动静互补的理想状态。不过具体到固态、液态、动静等不同存在状态，虽然水以柔性为主，但是有时会呈现刚烈的一面。

8.3.1　液态水体景观及其欣赏

液态水体，即 0℃ 以上的水体，是最为常见的水的物理状态。液态水属于流体，透明度高、可塑性强、流动性强是其观赏意义上的物理特性。液态水的这种特性使得水体景观具有了丰富多变的视觉特性。从观赏意义上看，液态水还应当分为静态水与动态水，因为它们给人的感受效果不同。海洋、湖泊、池潭、沼泽水可呈现静态。江河、瀑布、洞溪、泉水等为动态水，大海有时也表现为动态水。动态水体包括瀑布、跌水、河流、涌泉、波浪。

1. 静态水体景观及其观赏特性

自然界的水面很难做到绝对的平静，这里的静态水并不是指绝对平静的水面，而是指从视觉意义上的平静，即没有明显动感的水，以心理感受为标志的静水概念。

1）静水景观的类型

（1）海洋景观。海洋是地球面积最大的自然水体，总面积约 36200 万公顷，约占地球表面积的 71%。海洋在不同时间、不同地方、不同距离观看海洋会有不同的外观特征，扮演着截然不同的角色，显示出不同的表情。风平浪静的海洋，水天一色，有和颜悦色之感。海洋景观有时需要与岛屿、海岸、沙滩、天空同时欣赏。从视觉特征上看，静态的海洋景观以平静、宽阔、浩渺、蓝色等为其主要视觉特征。

（2）湖泊景观。湖泊是陆地表面天然洼地积水所形成的比较宽广的水体。不同湖泊湖面面积大小相差悬殊，其视觉特征也各不相同。一望无际的大湖有海之观赏特征，在汉语中有的湖被称为"海"，原因也就在这里。小湖泊的景观，适合于构成小景。按其成因可分为以下八类：构造湖（如滇池、洱海、青海湖、喀纳斯湖、马拉维湖、坦噶尼喀湖、维多利亚湖等）、火山口湖（如长白山天池）、堰塞湖（如五大连池、镜泊湖等）、岩溶湖（如贵州的草海）、冰川湖（如新疆阜康天池、北美五大湖、芬兰和瑞典的许多湖泊）、风成湖（如敦煌附近的月牙湖）、河成湖（如鄱阳湖、洞庭湖、江汉湖群、太湖、乌梁素海）、海成湖（如里海、杭州西湖、宁波东钱湖）。

湖泊水面时而会荡起涟漪，但通常比海洋平静。从视觉特征上看，湖泊是以平静、透明、蓝色为主要特征，给人的感受是宁静、清澈、秀丽、滋润。

（3）池潭景观。池潭指小的水体，包括塘、河流中水流相对较慢的水体。界定池潭一般是按照水面面积，水面小得不需使用船只而多采用竹筏渡过的可称为池潭；另一种界定标准是按照水深，如果让人在不被水全淹的情况下，安全渡过，或者水浅，阳光能够直达水底，可称为池潭。池潭的分布十分广泛，在平原、丘陵地区很多。由于池潭的水面小，不容易形成波浪，更容易表现出平静的一面。由于池潭面积很小，难以此为主体构成大的场景，往往用于构成一些景观构成元素，与其他景物共同构景，形成优美的景观。

（4）沼泽地景观。沼泽地指长期受积水浸泡，水草茂密的泥泞地区。广义的沼泽指一切湿地，狭义的沼泽则强调泥炭的大量存在。中国的沼泽主要分布在东北三江平原和青藏高原等地。地球上最大的泥炭沼泽区是在西伯利亚西部低地。欧洲和北美洲北部也有分布。沼泽地景观中水面不成片。其观赏特性表现为，水面形态参差错落，杂草丛生，给人以荒凉、野性之感。

2）静态水体景观的观赏特性

静态水体景观的观赏特性为：平静，清澈，纯洁，色彩多变。触景而生情，观赏静水能使人心情如水一样平静。表面平滑无大浪的水体为形成倒影创造了条件，增添了景观的趣味性；静水大多为无色透明状态，并且由于选择性吸收和选择性反射的合并作用，可使水呈现出不同颜色，使水景观更具魅力，更为动人。海水多呈蓝色，也有黄海、红海、白海等其他色彩。湖水也是如此，比如九寨沟的五彩池，上半部呈碧蓝色，下半部则呈橙红色，左边呈天蓝色，右边则呈橄榄绿色。水色彩特征增添了水的神秘性，使水具有翡翠般的质感(见彩图 31)。这些特征使其具有优美的审美特征。水还有其特殊的神韵，被称为水韵，是一种抽象感受效果。

3）静态水体景观的观赏方法

水往低处流，液态水总是处在低处，因此，适合于登高远眺，沿岸游览，还适合乘船游览；水体又是人类活动的天然屏障，没有渡水工具无法通达，只有乘船游览才能深入水面中观赏水景。登高远眺才能观赏到远景、全景。乘船游览、沿岸观赏，可以多角度地观赏山光水色。水中泛舟不仅仅能观赏到水景，而且能体验到被水包围的特殊感觉。

欣赏海景需要登高远眺才有良好效果。在大海的浩瀚中领悟胸怀的博大，能开阔心胸，体验到天地之浩大与永恒，人生的渺小与短暂，从而让人忘却世俗的烦恼。借助水面开阔的视野，看日出日落的壮观景象。

欣赏大面积的湖泊则能使人心旷神怡、心胸开阔。小湖泊则能欣赏到蜿蜒曲折的湖岸线、景物倒影、色彩。自然景物的倒影不仅增添了水的宁静感，也使景观构成元素更为丰富。有些湖水还会因为各种原因呈现出多种色彩，也使湖水的观赏价值更高。湖水在形态上单调，还需要结合水边自然或人文景物及其倒影来欣赏(图 8.7)。

(a) 云南香格里拉　　　　　　　　　　　　(b) 庐山如琴湖

图 8.7　静水欣赏

由于池潭面积小，显示不出景观的观赏效果，因此，观赏池潭需要与其他景物结合起来，感受其中所特有的形、质、趣、意。"半亩方塘一鉴开，天光云影共徘徊。问渠哪得清如许？为有源头活水来。"这是朱熹欣赏池潭景观所引发的感想。

2. 动态水体景观及其欣赏

由于各种外力的作用，水可以产生各种动态。也正是这种特性丰富了景观的内容，同时使景观具有活泼的风格特征，赋予景观以生机。正所谓的"山无水不活"。水的动态也呈现不同的状态，这与水体的量和速度有关。有时表现为涓涓细流，显得和蔼可亲；有时却汹涌澎湃、排山倒海，好像金刚怒目。

1）动态水体景观的类型

根据水体的状态，动态水体可分为四类：河流、波浪、瀑布、泉水(图 8.8)。

(a) 滔滔黄河水

(b) 黄河壶口瀑布

(c) 淮河

(d) 海浪

(e) 跌水

(f) 地热喷泉（澳大利亚，李传璋摄）

图 8.8　动态水欣赏

（1）河流景观。河流景观是水体景观的重要类型之一。河流水体以流动为重要特征，欣赏效果影响较大是河流宽度水量、流速、色彩。潺潺流水、滔滔流水，则是优美的效果；浩浩荡荡的流水，则有壮观的效果。水量越大、流速越快，则给人以凶猛的感受效果。不同地区的河流水量不同。热带的河流一般水量大、河面宽，如亚马孙河、刚果河等。亚热带的河流水量充足，比如长江、珠江等。温带的河流水量不稳定。比如，黄河四季流量变化大，枯水期与丰水期水量大不相同，景观特征也就差别很大。特别是汛期的黄河一泻千里、洪涛滚滚，有雄壮、浩渺、磅礴之感。但是并非每个季节都能看到黄河的壮观景象。尼罗河流经热带雨林、热带草原、热带沙漠和地中海气候区南缘等多种景观带，其沿河景观更为丰富多样。小河流的平水期景观多显示出优美的一面。只有在山洪暴发的时候，才显示出凶猛的一面。

（2）波浪景观。波浪的高度与速度关系到景观的审美风格和情调意味。小湖泊不会有巨浪，大湖泊却能被强风掀起巨浪。海平面有时风平浪静，但是由于潮汐现象以及强风或地震的作用，会掀起巨浪。虽然巨浪会危及人的生命，但是，蔚为壮观的气势使其具有观赏价值。比如钱塘江潮就吸引了无数人前来观赏。越是凶猛，波浪越高的"恶水"，反而观赏价值更高。其观赏价值表现在能体现自然之奇、大自然的威力中，让人体验到崇高之美。

（3）瀑布景观。瀑布景观是从河床横断面陡坡或悬崖处倾泻下的水流。按照成因，瀑布可分为岩溶型瀑布、断裂差别侵蚀型瀑布、熔岩型瀑布、堆积型瀑布、冰川型瀑布等类型。按照所处地形位置不同，瀑布可分为：河流瀑布，如壶口瀑布、尼亚加拉瀑布等；山岳洞溪瀑布，如庐山的三叠泉、黄山的人字瀑、雁荡山的大漈龙瀑布；地下瀑布，主要在溶洞内，如广西南丹的拉闷地下瀑布。

瀑布是极富观赏价值的自然景观，具有形、声、色三要素，这三个要素的不同组合变化，形成千姿百态的瀑布。瀑布主要观赏特性与其尺度有关，小尺度的瀑布具有秀美特征，大尺度的瀑布具有壮美特征。

（4）泉水景观。泉是地下水天然出露至地表的水流。当潜水面被地面切断时，地下水即可露出地面，这种渗出的水沿着固定的出口源源不断地流出，就形成了泉水景观。形成泉的主要因素是地质构造、地貌和水文地质条件等。根据泉水成因和条件，泉水景观可分为侵蚀泉、堤泉、溢出泉、接触泉、断层泉、溶泉。

泉水流量与含水层的面积、厚度、降水量有关，它们之间成正比关系。从观赏角度看，泉水也分为流动泉水和平静泉水。流动泉水能传达出活泼、生机的气息。

2）动态水体的观赏特性

动态水体是流动状态的水体，其尺度、形态、色彩、质感、速度、流量都影响观赏效果，其观赏特性主要体现在具有动感、活泼感、力感、神奇感。流动的水能向人们传达大自然具有的生生不息、生机勃勃、气象万千的气息，与万籁俱寂形成鲜明的对照。动态水还象征着智慧的意义，"智者乐水"，正是对水的特质与人的智慧相对比的结果。动态水体的以柔性与刚性是从水的流量、流速及声音表现出来的，审美风格也大相径庭。如果是涓涓细流，落差小、水量小的跌水，会给人以活泼、优美、柔情之感。如果是滚滚洪流，落差大、水量大的瀑布，滔天巨浪，会给人以壮观、气势恢宏之感，使人心情亢奋、精神振奋，产生与欣赏静态水相反的心理感应。此外，动态水的水不像静态水，泥沙难以沉淀，容易携带泥沙，改变水的色彩，比如黄河、长江都不是清澈的水。清水像天河，喷珠溅玉，晶莹剔透；浑水像黄龙。浑浊的水有污浊感，显然比不上清澈的水的质感好。动态水还有一个新生要素——声音。水在流动中自身或与其他物体相互撞击会产生各种声音。水的流量、流速还可以从撞击声表现出来，是大自然弹奏出的琴声，能暗示审美风格。比如泉水叮咚声是小水量、慢速度的流水所具有的声音，其景观的审美风格显然是幽静、优美的；相反，如巨浪倾泻时发出雷鸣般的撞击声是大水量、高速度的流水所具有的声音，其景观的审美风格显然是雄壮的、崇高的。水体在视觉上表现为多变的形态、清丽的色彩、透明的质感。

3）动态水体的观赏

观赏动态水体需要选择适当的距离、高度和角度，其目的是欣赏到动态水体的壮观或优美的景观特点。

观赏河流需要注意距离和角度的选择。水位较浅的小河水可以沿岸或者在河滩上观赏，观赏其清澈、流动的河水，倾听潺潺流水声。水位较深的河水可以沿岸观赏，也可在乘船游览。大河的滚滚河水需要近观才能体验到水的力量和速度带来的壮观效果。远观大河景观，只能观赏到其如同巨龙般蜿蜒曲折的线条，却观赏不到大河水的波浪滚滚、浩浩荡荡之势。因此不同观赏距离，河流景观的审美风格是不同的。如果远看水量很小的河流，就欣赏不到河流的线条感。

高度不大的波浪传达出的是优美环境的气息，比如碧水荡漾，波光粼粼是风和日丽的天气所具有的景观。巨浪只出现在海上。如果是滔天巨浪，其观赏价值就比较高。比如钱塘大潮的观赏价值就很高。波浪观赏位置通常选择沿水岸。选择适当的角度，以便观赏到海浪的速度和力量感。

瀑布观赏的角度选择很重要，要选择能看到全景的地方。俯视、平视、仰视皆可，不过仰视最能感受到瀑布的高大落差和恢宏气势(见彩图32)。泉水的面积都比较小，只能构成小的场景。观赏泉水必须是在近处，仔细品味水的流动与水的色彩，体验宁静、和谐、优美的泉边环境。

8.3.2 固态水体景观及其欣赏

固态水体是在低温下才会出现的水的物理状态。固态水主要特点是坚固性，具备了固体物质所具有的特性，也就失去了液态水的那种流动性和可塑性。

1. 固态水体景观的类型及观赏特性

1) 固态水体景观的类型

根据固态水的质感，固态水体景观可以分为雪景和冰景(图8.9)。

(a) 玉龙雪山　　　　　　　　　(b) 雪景(李宁生摄)

图8.9　固态水体欣赏

(1) 雪景。雪景是以雪为主体所组成的风景。依据雪的状态，雪景可分为飘雪、风雪和积雪景观。雪景具有很高的观赏价值，诗人更是对此大肆赞美，历史上留下了许多描述雪的诗句，比如，"雪压冬云白絮飞"，"晨起开门雪满山，雪晴云淡日光寒"。尽管风雪天气属于恶劣的天气，甚至会影响你的出行、造成雪灾，但是并不因此而影响其观赏价值的体现。对于有兴致的人来说，欣赏雪景却是浪漫之事。

(2) 冰景。冰景是以冰为主体所组成的风景。在极地地区、中高纬度的冬季和高海拔地区都会出现冰景，凡是被冰层所覆盖的地面所构成的景观都可成为冰景。极地地区有冰层、冰山，中高纬度地区冬季海面、湖面会出现冰景。冰面、冰山、冰川都属于冰景一类。

(3) 雾凇。俗称树挂，是在严寒季节里，空气中过于饱和的水汽或雾滴遇到冷的树枝等物体表面凝结而成。雾凇非冰非雪，表现为白色不透明的粒状结构凝结冰。雾凇形成需要气温很低，而且水汽又很充分，因此比较难得，属于自然奇观。雾凇可使树木装扮得像玉树一样，颇具观赏价值。

2) 固态水体观赏特性

由于固态水的感觉特性不同于液态水，其观赏特性也具有特殊之处。虽然冰和雪都是水的结晶体，具有不同的色泽、质感、形态等特性，感受效果也就不一样。冰的感受特性是洁净、透明、坚硬、寒冷。因为冰具有玉一般的质感与色泽，因此观赏冰景能让人联想到冰清玉洁、琼楼玉宇的美好世界。雪的感受特性是洁净、洁白、松软、寒冷。这些特性让人感受到纯洁、高雅，乐于亲近，人们都喜欢雪景。雪是洁白的，可装扮出银装素裹的世界，一切物体不再是原来的模样，变得妙趣横生，平添了几分神秘感，别有一番情趣。冰雪还是寒冷天气的象征。气温低是固态水形成的基本条件，因此，固态水暗示着寒冷的环境，或者万籁俱寂的冬天的到来。雪还象征吉祥，"瑞雪兆丰年"，感触此景能让人联想到美好的前景。

2. 固态水体景观的观赏

冰雪景观只有在特殊的地区或季节才能观赏到，因此冰雪景观首先要选择地区和季节。极地地区及高海拔地区常年冰雪不化，均可以欣赏到冰雪景观。冰面、冰山只有在高纬度地区极地附近才可以看到，冰川只有在极地和高山地区，雪山、雪地只要达到适当的气温，中高纬度及高山地区均可以欣赏到。因此世界很多地区都能欣赏到雪景。

雪景可以登高远观，以欣赏到"山舞银蛇，原驰蜡象"的壮观景象。感受雪的洁净、洁白及松软的质感，欣赏被雪覆盖的地表景物所形成的多姿多彩的奇妙形态，通过联想与其相像的事物来获得意趣，产生审美意象。雪景可以近观，置身于雪地，细细品味雪中之情。"浪漫的时刻我们忘了自己，此刻我已静静地沉醉"（陈兴玲《雪中情》歌词）。"孤舟蓑笠翁，独钓寒江雪"（柳宗元《江雪》诗句）的诗句借助雪景表达了作者特殊的心境。

冰山是如山一样巨大的冰脱离了冰川或冰架，在海洋里自由漂流的冰体。若靠近它具有危险性，因此适合于远观。冰山的欣赏，要欣赏冰山奇妙形态，品味翡翠般晶莹剔透的冰山、冰面质感，感悟大自然造物的神奇，展开想象的翅膀想象出更为美好的仙界。冰川可以靠近欣赏，主要欣赏这种自然现象的奇妙之处。

即学即用

利用所学知识，观赏各种水体景观，体验水景的观赏效果，并分析其观赏特性。

8.4 生物景观欣赏

生物景观是指以生物为主体所构成的景观。生物是人类赖以生存的食物来源，此外，它还具有满足人的精神需要的观赏功能。生物也是地球上重要的视觉元素，也是非常重要的旅游景观的构成元素，尤其是植物在景观构成中发挥着十分重要的作用。生物是有生命的东西，其性质不同于非生命的物体。生物的总体观赏特性具有生命力，它不同于其他景观是能让人感受到生命的气息、生命的力量、生命的活力、生命的律动、生命的奇迹。生物的存在使地球表面变得生机勃勃，精彩无限。生物分为植物、动物和微生物，生物景观也可以据此分为三种。不过很多微生物不可见，只有真菌(如蘑菇、木耳)具有有可见的形态，这里不讨论微生物欣赏问题。

8.4.1 植物景观及其欣赏

植物是人类重要的财富，不仅为人类提供物质食粮(食物、氧气)，还为人类提供精神食粮（观赏）。植物已经成为标志物产丰富、环境优雅的象征符号，植物生长茂盛的地方可称为风水宝地。因此，植物也是善与美共存的物质。这也是人人都喜欢植物，喜欢与植物为伴，喜欢用植物来装扮自己的居住环境，喜欢被绿树花海簇拥的感觉的根本原因。从观赏角度看，植物可以分为陆生植物、水生植物、海洋植物，其观赏特性各有不同。

1. 陆生植物景观及其观赏

陆生植物是苔藓植物、蕨类植物和种子植物的总称，其中大部分为茎叶植物。它是构成陆地景观的重要元素。

1）陆生植物景观

陆生植物种类繁多，如果按植物分类学分类显得很复杂。不过从观赏特性看，按照植物高度来大致分类比较有意义（图 8.10）。这里按照高度将植物分为高大植物和低矮植物两类。不再分高等植物还是低等植物，草本植物还是木本植物，裸子植物还是被子植物。

(a) 高大乔木　　　　　　　　　　　(b) 低矮草地

图 8.10　固态水体欣赏

（1）高大植物。大面积的高大树木可以构成森林景观，个体高大植物可以构成局部小景观。世界遍布森林景观，比如欧洲北部的亚寒带针叶林、南美洲亚马孙河流域和非洲刚果河流域的热带雨林、地中海沿岸的亚热带常绿林景观等。中国东北、西南深山区和边疆地区以及东南部山地森林分布广泛，大约 7500 万公顷面积。东北地区的森林主要集中在大、小兴安岭和长白山等地区。西南地区的森林主要分布在川西、滇西北、藏东南的高山地区。这些森林也是宝贵的旅游景观资源。有些独立树木因为古老，或稀有，或形态美，或奇特，具备较高的观赏价值，可以单独欣赏。如黄山的迎客松，陕西黄帝陵的轩辕柏，山东孔庙的孔子桧，泰山的五大夫松等等。

（2）低矮植物。低矮植物多为草本，也有灌木。大面积草地便构成了草原景观。澳大利亚中西部大草原，阿根廷潘帕斯大草原，非洲热带稀树草原。中国草原一般可以划为五个大区：东北草原区、蒙宁甘草原区、新疆草原区、青藏草原区和南方草山草坡区。除了大草原以外，一定面积的草地也可以构成美的景观。有些独立低矮植物因为古老，或稀有，或珍贵，或形态美，或奇特，也具备较高的观赏价值，可以单独欣赏，被称为奇花异草。如中国十大名花："花王"牡丹，"花相"芍药，"花后"月季，"空谷佳人"兰花，"花中君子"荷花，"花中隐士"菊花，"空中高士"梅花，"花中仙女"海棠花，"花中妃子"山茶花，"凌波仙子"水仙花。

2）陆生植物景观的观赏特性

各种植物都有观赏价值，只是观赏价值高低不同而已。植物的观赏价值体现在：植物的形态、神态、色彩、珍稀程度、奇异性、年龄、高度、气味等方面，对于成片植物还有分布密度、数量方面的因素。它们都会影响植物景观观赏风格和效果。植物的总体观赏特性为：有活力、生命力旺盛、神奇、自然。具体到分布密度、数量、尺度等不同，观赏特性就会有所差异。

（1）单株植物的观赏特性。单株植物（树、草）形态包括总体外形以及分支、叶子、花的形态、色彩、神态、质感、象征意义都具有观赏价值。单株植物的观赏特性总体上表现为姿态美、有意趣、有象征意义。具体到植物的高度、色彩都有所差异（图8.11）。

图 8.11　单株植物欣赏

植物的姿态具有审美性和趣味性。无论是树还是草，姿态各异，无一重复，各有意趣，或枝叶婆娑，或坚硬挺拔，或屈曲盘旋，或横斜逸出。有的仙女亭亭玉立，有的像热情的人在招手，有的像人之舞姿，有的像动物的身姿。植物分支、叶子、花、果实的形态也是千奇百怪、婀娜多姿，向人们展示着自己的美丽、生命的力量，诉说着自己的"情感"。对于观赏者来说，植物的"一枝一叶总关情"。比如柳树外形及柳枝姿态显示的是婆娑、清丽、潇洒、婀娜特质；松树树姿和树枝显示的是雄伟、苍劲特质；九华山凤凰松树冠长势如凤凰翘首展翅。

植物之高度、体量也是植物观赏特征的一部分。乔木大多比较高，遮云蔽日，它能表现出雄伟、壮观的气象。高大植物需要观赏其奇特、雄伟、苍劲的神态意象。比如黄山迎客松的欣赏，可欣赏到枝干遒劲、雍容大度的姿态；虽饱经风霜，仍郁郁苍苍，充满生机，好似一位好客的主人，挥展双臂，热情地欢迎五湖四海的宾客。小草也能从其小巧、充满生命力的姿态感受到其优雅与生机勃勃的生命精神。灌木、草本植物通常比较小，矮小的植物则显示出亲切、优美视觉特性。

植物的色彩比其他自然景物的色彩丰富，它把我们的世界装扮得丰富多彩、生机无限，改变着观赏者的心情。没有植物的世界将是荒凉的。大多数植物的叶子呈现为绿色，同时也不乏其他色彩。绿色代表生命和希望。不同植物的色彩也有区别，同一种植物叶子色彩会随着季节发生变化，不仅改变着其自身的观赏风格，而且成为季节的象征符号，传递着季节变更的信息，左右着人们的情感。比如春天的嫩绿叶、秋天的红叶。植物的花朵色彩更为丰富、绚丽。由于花朵的色彩多为暖色调，能使观赏者产生兴奋的心情，其观赏价值比普通树叶高。春天的花是最多的，因此花能显示温暖春季到来，寒冷冬季结束的信息，给人们带来好心情。而有些花象征着四季的交替，桃花、荷花、菊花、梅花分别代表着春、夏、秋、冬的到来，暗示着季节的更替。色彩越艳丽越能显示出生命力旺盛的气息，观赏价值越高。植物果实的色彩都具有观赏价值，果实还是象征丰收的符号，挂满枝头的果实能给人带来喜悦。绿色调给人以宁静、和谐、优雅、生机的感受；红色、黄色等暖色调给人以烂漫、绚丽、华贵、欢快的感受。此外，不同的文化背景下，很多植物被赋予了象征意义(寓意)，寄托了人类美好的情思，也影响人的观赏效果。比如，百合花高雅纯洁，寓意心心相印、百年好合。

植物的观赏价值高低与稀有性有关，越是稀有植物，观赏价值越高，因为它能满足人的好奇心，增长见识，更耐人寻味，让人一饱眼福。奇异的植物观赏价值高，奇异性体现在形态、尺度、色彩、生理等方面不寻常，如捕蝇草、面包树、大王莲、大王花、白鹭花、忘忧草。但是不能说普通植物就没有观赏价值。植物观赏价值高低与古老程度有关，越是古老的植物观赏价值越高，因为它见证了自然的历史，也显示出生命奇迹，其内涵越丰富。植物的年龄也关系到观赏价值的高低，年龄越大，观赏价值越高。古老的树木苍老有力的枝干，不仅具有美感，而且蕴含着很多信息见证了沧桑的自然历史，其形态也布满了岁月痕迹，彰显了生命力量的伟大，必然耐人寻味。植物的高度也关系到观赏价值的高低，特别高大植物观赏价值就超出一般高度的植物，显得更加雄伟。

气味也是植物的欣赏属性之一。很多植物叶子和花朵会散发出气味，不同的植物散发出不同的气味，因此它能指示特定环境的意义。清香扑鼻的植物气味能使人感受到环境的优雅。栀子花、槐花香暗示夏季的到来，桂花香是秋季的象征，梅花香是冬季的象征。

植物质地以柔为主要特征，植物以叶花朵为表面，柔软、有弹性，触觉和视觉上显得松软，人愿意接触它，因此有亲切感。比如质地松软的草坪，无论是用视觉还是身体去接触它，都能给人一种特殊的舒适感。

(2) 成片植物的观赏特性。大量植物成片生长与少量或单独生长的植物的观赏特性不同。数量多、面积大的个体景物聚集可造成郁郁葱葱、生机无限的壮观景象。森林、草原是典型的植物成片生长所造成的景观。无论是大片森林、草地，都能构成壮观景象。"万山红遍，层林尽染"表现了浓浓的秋意。植物具有地理分布的差异性，它还能够暗示地理环境的作用，因此植物欣赏过程中植物能更能强化景观的意象感。比如热带雨林、热带草原、温带落叶林等都具有代表性(图 8.12)。

图 8.12　植物景观欣赏

3) 陆生植物景观的观赏

不同存在状态和观赏特性的陆生植物，应当选择不同的观赏角度来观赏，所应关注的内容也不尽相同。

（1）单株植物的观赏。单株植物适合于近观，仔细观赏其形、神、质、意。单株植物需要在适当的位置和角度观其全貌和细部。对待不同的植物，所观赏的内容侧重点应当有所区别。对于高度很大的植物，应着重关注其高度与直径，以获得雄伟之感，从大树的伟岸中体悟自立的尊严；对于古老植物，着重关注其历尽沧桑而显示苍老、奇异枝干形态，以获得生命具有的强大力量感；对于稀有的植物，应当着重关注其形态、色彩、年龄、生物学分类意义等方面的内容；对于奇异的植物，应当着重关注其形态、色彩、生理的奇特之处，生物学意义等方面的内容，以增长知识，感悟自然造物之奇妙。对于以花朵为主要观赏价值的植物，应当着重关注其花的奇异而充满活力形态、色彩等方面的特征。

（2）成片植物的观赏。成片植物适合于远观、俯视，以观其大势，获得与近观截然不同的视觉享受。远观森林、草原需要选择适当的高度和角度，视野要广，其目的是为了欣赏到更大范围森林、草原。远观森林，需观气势、气象。从观赏效果看，森林比草原更能显示出生机勃勃的气象。因草原植物高度小而显得有些荒凉，正如诗人所描写的那样，"天苍苍，野茫茫"。大面积长满鲜艳花朵或果实的植物所构成的景观更能显示出壮观的气象。成片植物还适合于近观，进入森林内部所见到的是另一番景象，高大的树木，光线幽暗，给人以幽静、优雅之感；林间还有奇花异草、各种动物，给人以野趣。

2. 水生植物景观及其观赏

能在水中生长的植物，统称为水生植物。水生植物是适宜水中生长，也必须有水才能生长的植物。其叶子能最大限度地得到水里很少能得到的光照和二氧化碳，保证光合作用的进行。

1）水生植物的类型

依据植物旺盛生长所适应的水的深度，水生植物可以进一步细分为深水植物、浮水植物、水缘植物、沼生植物或喜湿植物。根据水生植物的生活方式，一般将其分为以下几大类：挺水植物、浮叶植物、沉水植物、漂浮植物以及挺水草本植物。

2）水生植物的观赏特性

水生植物离不开水，其位置较低，尺度一般都比较小，以其特殊的植株、叶、花的形态与色彩。有的玉立于水中，有的漂浮于水面，与水体相映成趣，丰富水体景观的内容，可以构成宁静有趣的水域景观。水生植物的这些特点决定了其适合于构成优雅的小型景观。如果远看水生植物只能欣赏宏大的场景，无法欣赏到植物的细节。水生植物性质较柔，没有高大强壮的树干，其观赏特性是优美、柔婉、神奇。

3）水生植物的观赏

水生植物可以在高处、岸边、水中进行观赏。岸边、水中划船可以细细品味各种水草具有的洒脱之形、优美线条、绚丽色彩。较高的水生植物能构成较为特殊的景观，如芦苇荡是水乡特有的景观，穿行其间，能感受到有一种宁静、神秘感。在清水中还可以欣赏的沉水植物的特有形态与玉树般的枝叶。在大面积湿地浅水区，通常都生长着各种水生植物，高处可以领略到水草茂盛的水乡泽国大场景。

3. 海洋植物景观及其观赏

在地球上不仅陆地有植物，在辽阔的海洋里生长着种类繁多、千姿百态、绚丽多彩的海洋植物，物种超出陆地，有很多物种人所未见的，是一个令人向往的另一个多姿多彩的世界。

1）海洋植物概述

海洋植物是海洋中利用叶绿素进行光合作用来生产有机物的自养型生物。海洋植物门类甚多，从低等到高等植物都有，有各种藻类以及种子植物等 13 个门，共 1 万多种。其中以藻类为主，有 8000 多种；海洋种子植物已知有 130 种，均为被子植物，可分为红树植物和海草两类。海洋植物的形态多样，个体大小有 2～3 微米的单细胞金藻，也有长达 60 多米的多细胞巨型褐藻；有简单的群体、丝状体，也有具有维管束和胚胎等体态构造复杂的乔木。海草也需要有阳光才能生存，这使得海草仅能生长在海边及水深几十米以内的海底。

红树林是重要的海洋植物，被称为海底森林，是重要的海洋景观。红树靠着十分发达根系屹立于滩涂之中，具有革质的绿叶，油光闪亮。红树植物有 10 余种，有灌木也有乔木。因其树皮及枝干呈红褐色，而被称为红树。涨潮时，红树林被海水淹没，或者仅仅露出树冠；落潮后，则成为一片郁郁葱葱的森林。

2）海洋植物的观赏特性

大部分海洋植物都在水下，外观表现为形态秀美奇特、色彩鲜艳、质地透明，这种特性使其具有很高的美感度，加上海底世界对于人来说比陆地世界陌生，平添了几分神秘感，因此它的观赏价值很高。红树林生长于潮间带，也是热带海边特有的森林景观，它没有丰富的色彩，但是其一望无际的森林景观也是颇为壮观，其特殊的生存能力和"技巧"也令人称奇。

3）海洋植物的观赏

海底动植物构成了五彩缤纷的水下景观世界，其观赏价值很高，是一个有待开发的海底景观宝藏。但是这些景观必须借助潜水工具才能观赏到。观赏中需要对植物的群落具有的气象进行品味，也可以仔细观察其每一种植物奇特形态、色彩特征、玉树般的枝叶。对于红树林，可以远观其势，近观其质，注重观察其特殊的形态，了解其特殊的生理结构与特性，了解这种特殊的生命现象，进行人生意义的思考，从中得到启迪（见彩图 15）。

📓 即学即用

利用所学知识，观赏各种植物景观，体验观赏效果，并分析其观赏特性。

8.4.2　动物景观及其欣赏

动物景观是以动物为主体构成的景观。地球上生存着不计其数的动物，也能成为人类观赏的对象。动物与植物不同，其特点就是能自由移动。动态的事物能给人以自由、有趣、有活力之感，因此动物不仅仅是一种景观的构成元素，而且是一种最能体现活力的构成元素。如果没有动物的存在，地球将会清静许多，也可能会寂寞许多。动物景观的观赏有着特殊的意义。

1. 动物景观的类型

动物学根据自然界动物的形态、身体内部构造、胚胎发育特点、生理习性、生活环境等特征，将特征相同或相似的动物归为一类，分类方法比较多。通常根据动物身体中有没有脊索而分成为脊索动物和无脊索动物两大主要门类。这些分类对于观赏来说，不具有针对性。为了便于说明观赏构景意义，这里根据动物活动的场所，将其大致分为陆生动物、水生动物、飞行动物。

陆生动物种类繁多，如果按动物分类学分类显得很复杂，个体大小也相差悬殊，地域间种类差异很大。能成为景观元素的陆生动物个体都比较大，我们只能关注具有观赏意义的动物。陆地上的动物不受水的浮力作用，一般都具有支撑躯体和适宜行走的器官，用于爬行、行走、跳跃、奔跑、攀缘等多种运动，以便觅食和避敌。

水生动物是在水中生活的动物，大多数是在物种进化中不能脱离水而生存的水生动物。按照栖息场所可分为海洋动物和淡水动物两种。水生动物最常见的是鱼，此外还有腔肠动物(如海葵、海蜇、珊瑚虫)，软体动物(如乌贼、章鱼)，甲壳动物(如虾、蟹)；其他动物(如哺乳动物海豚、鲸，爬行动物龟等)。海洋中存在很多鲜为人知的动物，水生动物是游动的，姿态比陆地动物更为流畅，优美(见彩图15)。

飞行动物指的是能在空中飞行的动物，包括昆虫、鸟类、蝙蝠。

2. 动物景观的观赏特性

各种动物都有观赏价值，只是观赏价值高低不同而已。动物的观赏价值体现在外貌和行为两方面，具体表现在动物的体型、相貌、表情、神态、肌理、质地、色彩、尺度、动作姿态、行为方式、移动速度、声音、秉性等方面。它们都会影响动物景观观赏风格和效果。动物的总体观赏特性为：有活力、生命力旺盛、神奇、可爱、亲切。具体到种类、尺度等不同，观赏特性也有所差异。

1) 个体动物及其行为的观赏特性

动物与人的特性更为接近，人也是动物的一种，因此，很多动物的相貌、神态、行为、秉性等可以与人类比，观赏中很容易联想到人类自己，引起情感上的共鸣。某些动物还能通过表情、行为主动向人传递情感信息，而非动物景物就不具备这种条件，即便有感情也都是人类强加的或赋予的。动物的体型、相貌、表情、神态、肌理、质地、色彩、尺度、动作姿态、行为方式、移动速度、声音、秉性都是具有观赏意义的属性。

从动物的体型方面看，大自然造就了千奇百怪、形态各异的动物，各有各的意味。有苗条的，有肥硕的，有长形的，有团形的，有长翅膀的，有无腿的，有滚圆的，有扁平的，有的奇怪，有的优美，有的健壮。陆生动物体型各异，如马、羊苗条，猪、牛肥硕，蛇、带鱼修长，犀牛、大象的硕大，蚂蚁小巧。水生动物大多生长着适合于游动的流线型体型的动物。飞行动物则体型小巧，长着用以飞行的翅膀。这些体型特征都具有欣赏意义，蕴含着各种趣味和意味。

从动物的相貌、神态方面看，也异常丰富，向人们展示着各种各样的有趣"脸谱"，动物的神态与人类可以类比，观赏价值很高。有些动物面目狰狞、"丑陋"，有些动物相貌漂亮、可爱，有的动物面目怪异，各有各的神态。凶猛动物的相貌通常凶恶，温顺动物的相貌通常可爱。有的动物拥有一双美丽的大眼睛，如同美丽的公主；有的动物肌肉发达如同体格健壮的勇士。各自体现出不同的观赏特性，给人以不同感受。比如，狮子的相貌形象是勇猛的、凶恶的，猫的相貌形象是可爱的、温顺的；有些动物的相貌显得古怪

（图 8.13）。

(a) 威严、凶恶　　　(b) 狡猾　　　　　　　　　　　　(c) 可爱

图 8.13　动物相貌特征比较

从动物的肌理、质地方面看，每一种动物都有自己的"服装"，都有其观赏价值。动物纹理图案具有很高的观赏价值，比如蝴蝶、孔雀、斑马、长颈鹿、某些鱼类的纹理图案美丽而颇有意味。动物外衣的质感也各不相同，有的动物像穿着毛茸茸大衣，有的动物像穿着坚硬铠甲显示出不同的风度；有的动物具有柔软的身躯，有的动物透明洁白的身躯，令人赏心悦目。陆生动物体表大多有绒毛，体现出柔软的质地；水生动物体表大多有鳞，表面坚硬光滑，能起保护作用和便于游动的作用；飞禽体表大多有羽毛，质轻而韧、有弹性，具有防水、护体、保温、飞翔等功能。

从动物的色彩方面看，也是异彩纷呈。动物也喜欢用华丽的"衣服"来"包装"自己，有的是为了求偶的需要，有的是为了伪装的需要。比如，大熊猫黑白色块，斑马黑白条纹，孔雀彩色的羽毛，蝴蝶的色彩都具有自己的特色；海底动物的色彩更是多姿多彩，比陆地动物色彩更为丰富，令人叹为观止。如色彩丰富的各种海底鱼类、珊瑚等动物共同构成了五彩缤纷的海底世界，比陆地景观更为精彩。水族馆是将神秘、奇特、多彩、美丽的海底世界展示给人的一种方式，能在一定程度上反映海底景观，但是其观赏效果显然比不上实地观赏。

从动物的尺度方面看，相差悬殊，从小到眼睛难以识别，大到体长 30 多米的庞然大物蓝鲸。无论是地上跑的，天上飞的，还是水里游的，凡是能看得清楚的都能成为景观元素，体型较大的动物，数量较多的小动物，均可以构成景观的主体要素。体型大的动物能给人以强壮、威武之感，体型小巧的动物能给人以小巧可爱之感。

从动物的声音，很多动物都能发出声音，对景观氛围欣赏起着重要的渲染作用。能发出声音的陆生动物、飞行动物很多，它们需要靠声音来传递信息，这些声音能暗示特定的环境。鸟鸣能暗示野外树木茂盛的环境，蝉鸣能暗示夏天的到来。有些动物则以奇特的声音而著名。比如，黄山八音鸟音调尖柔多变，音色清脆悦耳，一声能发出 8 个音；云南鸡足山的念佛鸟，能发出音似"弥陀佛"的叫声；峨眉山弹琴蛙，叫声如凄婉动听的古琴声；画眉、八哥能模仿人说话。

从动物的秉性看，像人的秉性一样丰富多样，各种动物给人以不同的印象。狐狸智慧狡猾，狼凶残、阴险，狮子、老虎勇敢、霸气、威武、凶恶，猫头鹰智慧，小白兔可爱，狗熊懒笨，大熊猫憨厚、滑稽可爱，猪懒惰和愚蠢，牛勤劳、朴实、有力，鸡胆小，老鼠胆小、鬼鬼祟祟，绵羊温顺，猴子顽皮、聪明，狗忠诚，兔子跑得快，鸵鸟骄傲、快乐、逃避，孔雀张扬、美丽，天鹅和企鹅高贵优雅，飞禽、鱼类自由自在。

从动物的动作姿态、行为方式、习性看，各种动物各有各的味。有些动物姿态优美，有些动物姿态奇怪。有些动物擅长在天上飞，身姿优美敏捷，给人以自由自在之感；有些动物擅长于在地上奔跑，身姿矫健，给人以速度与力量感（如马、野牛）；有些动物动作趾高气扬、举止优雅，有堂堂君子风度（如企鹅、天鹅）；有些动物只能在地上缓慢地移动，动作笨拙迟缓（如大熊猫、乌龟）；有些动物擅长在水里游动，身姿优美灵巧，给人以无拘无束之感。动物的大规模移动、捕食行为更是蔚为壮观（东非 50 万角马挺进马拉河）。动物的争斗行为场景具有惨烈特征，比如斗牛、斗鸡、斗羊、斗蟋蟀。不过并非所有动物的行为都具有观赏价值，比如蛇、爬虫会让人恶心、恐惧。

动物的观赏价值高低与稀有性有关，越是稀有动物，观赏价值越高，因为它能满足人的好奇心，增长见识。例如，中国的大熊猫、东北虎、长臂猿、金丝猴、扬子鳄、朱鹮、丹顶鹤、娃娃鱼、藏羚羊等都是珍稀动物。奇异的动物观赏价值也高，奇异性体现在体型、相貌、神态、色彩、尺度、动作姿态、行为方式、声音、秉性、生理特征等方面不寻常，让人产生一睹为快的欲望。

2）群体动物行为的观赏特性

动物个体数量聚集状况关系观赏效果。动物个体数量越多，场面越壮观；动物个体数量少，则显示为自然和谐的场景。如大草原上斑马、角马；大批候鸟迁徙或在湿地聚集捕食；南极大陆大批企鹅聚集生活，这些场景颇为壮观。

3. 动物景观的观赏

1）个体动物及其行为的观赏

欣赏个体动物需要从体型、相貌、神态、表情、肌理、质地、色彩、尺度、动作姿态、行为方式、习性、声音、秉性等方面来欣赏，从这些方面品味情感的意味，通过联想、想象、情感等心理活动来体验，并进行人生的反思。以大熊猫的欣赏为例，其胖墩墩毛茸茸的身体，首先使人感到可爱；其笨拙，憨态可掬，旁若无人，无拘无束的行为特点，让人联想到小孩，萌味十足，可爱至极。正因为如此，世界各国人都喜欢它。不过大熊猫色彩、表情的观赏价值很一般。每一种动物的观赏特性是不同的，有些动物是体型美观、奇特，有些动物是相貌可爱，有些动物是色彩华丽，有些动物动作姿态优美，有些动物性情温顺，应当抓住其主要特性来观赏。

2）群体动物及其行为的观赏

观赏群体动物主要是体验大自然生机勃勃的气象。"鹰击长空，鱼翔浅底，万类霜天竞自由。"广阔的天空中鹰在矫健有力地飞，鱼在清澈的水里轻快地游着，万物都在秋光中过着自由自在的生活，这种场景能让人心旷神怡。群体动物观赏主要观赏一种或多种动物行为、习性，如嬉戏、觅食、捕食、格斗、迁徙、求偶、繁殖、哺育行为，以便感受自然的神奇、有趣、自由景观意象，反思人生的哲理。需要选择动物相对集中的地区，并选择适当的时间，鸟类、食草动物、海洋动物都有其活动规律来选择观赏时间与地点，以便观赏到最精彩的动物景观。观赏中最好不要干扰动物的正常行为，还要做好自身安全保障。不同的环境背景中的动物会有不同的观赏效果，观赏动物景观最好是观赏自然状态的，它能真正给人以自由感。如果是在动物园、水族馆中欣赏动物及其行为是达不到理想效果的，只能欣赏个体的或部分的特征，因为这时的动物行为已经受到人为的限制，已经没有在自然状态时那么神气、自由了。由此可见，海底景观具有极高的观赏价值，旅游开发潜力巨大。

📓 即学即用

利用所学知识，到动物园或周边欣赏各种动物，体验它们能给你带来的快乐，并分析其观赏特性。

8.5 天空景观欣赏

天空景观指的是位于地面以上的空中的景象，与地面相对。按照现象的性质，天空景观可以分为气象景观和天象景观。宇宙空间是人类难以触及的世界，隐藏着很多未解之谜，充满了神秘感。人类甚至以为天上住着神仙、玉皇大帝。尽管现代科学已经能证明天上没有神仙，但是对整个宇宙人类还是没有能力去探索清楚，因此天空的神秘感依然存在。天空总体感受特性为：广阔、虚幻、多变、运动。它所具有的观赏特性为：浩瀚、神秘、虚幻、多情、壮丽。

8.5.1 气象景观及其欣赏

气象是发生在地球大气层的一切物理现象，包括风、云、雨、雪、霜、雾、雷、电、光、冷、热、干、湿等物理现象。以这些现象为主体构成的景观被称为气象景观。气象景观具有神奇、虚幻、多情的观赏特性。

1. 降雨景观及其欣赏

1）降雨景观的概念

降雨是一种常见的天空景观。降雨在地球上大部分地区都是经常发生的，在没有降水的地区往往不宜居住。我们习惯上将下雨当作天气不好的代名词，因为下雨会给人类活动带来不便，也会因阴雨天触景生情而情绪不佳，尤其是暴雨成灾更不招人喜欢。不过，反过来看，如果不下雨也不是好事，久旱逢甘雨被称为喜雨，春雨贵如油，因为万物需要它来滋润。从功利意义上看，褒贬不一，只要不过量，并无害处。不过如果从观赏意义看，降雨是具有观赏价值的，可以称为一景。人们也喜欢下雨具有的情调，它是标志特定场景的符号。历代诗人喜欢借助雨天来抒发情感，留下了许多描写雨水景观的佳句，比如"清明时节雨纷纷，路上行人欲断魂"；"水光潋滟晴方好，山色空蒙雨亦奇"。

2）降雨景观的观赏特性

降雨天气具有的观赏属性主要有：雨滴在飘洒过程中划过形成的线条，雨滴敲打地物的声音，雨滴对景观环境渲染作用，具有晴天所没有的情调意味；雨量的大小也关系到观赏的效果，大雨滂沱蕴含着老天在发怒的意味，细雨蒙蒙则蕴含着润物细无声之柔情。

3）降雨景观的观赏

对降雨景观可以在室内窗口观赏，也可以漫步雨中来观赏，以体验下雨天特有的惬意，聆听雨滴敲打物体的节奏，观赏雨中景物的朦胧情调，展开联想和想象，抒发自己的情感。阴雨天阴沉沉的天和湿漉漉的地，会令人心情压抑不爽，欣赏者应当调整自己的心境，寻找下雨的乐趣，感受与晴天不同的趣味。

2. 云雾景观及其欣赏

1) 云雾景观的概念

云雾是非常具有观赏价值的气象景观。云是飘浮在大气层上的水滴或冰晶的集合体，雾则是水滴的集合体，因此，云和雾本质区别不大。飘浮的水滴在高空就是云，在近地就是雾气。也就是说它出现在不同的场所，构成不同的景观。

2) 云雾景观的观赏特性

云具有感受特性主要有：形态变化无常，飘忽不定，空虚，轻浮。其具有的象征意义为虚无缥缈、飘逸、自由自在。云很轻，会随着气流随风飘荡，形态变化无常，时而如奔腾的骏马，时而如苍狗，时而如巨大的蘑菇，时而如轻盈飞舞的丝带（图8.14）。其色彩也随着光线光谱成分的变化色彩，时而洁白如雪，时而如浓墨，时而如红绸带。因此，云能构成多种天空景观。在高空会形成白云飘飘的天空景观、乌云密布的天空景观、彩霞景观。在低空山腰如同波涛汹涌的云海，一会儿徐徐升腾，一会儿滚滚向前，一会儿分散，一会儿聚拢，变幻莫测。云对山景渲染作用很大，能使山色忽隐忽现、神奇有趣，具有仙境般的视觉效果，"山无云不秀"，正说明了云在构景中的作用。"浮云游子意"是用云的特性来比喻自己的漂泊在外心情。

图8.14 奇妙的云形态欣赏(朱少华摄)

雾在感觉上表现为：灰白、迷蒙、空虚。其具有的观赏特性为轻柔、虚无、轻浮、朦胧、神秘。雾可见，但是触觉质感上却是虚无的、轻柔的。白茫茫的大雾笼罩着大地，万物像披着纱巾一样，迷蒙蒙的，使得周围的岩石、树木、行人、房子等景物失去的寻常的模样，都变得迷离恍惚，构成了隐约可见的一幅和谐生动的画面，仿佛让人置身于虚无缥缈的仙境之中，像一位慈母一样温柔。雾气弥漫中的村庄比一览无余时更有意味。薄雾缭绕能赋予景观婉约的情致，于是有了"晴湖"不如"雨湖"，"雨湖"不如"雾湖"之说。

3) 云雾景观的观赏

云景观在世界各地都能欣赏到，在气候湿润地区更多。欣赏云彩，需要关注奇妙多变的形态，飘忽不定的特性，或洁白或鲜红的色彩。欣赏朝霞和晚霞需要选择适当的时间，有云的天气，登高观赏。观赏云的形态很有意味，正如诗人所描写的，"夏云多奇峰"，"天上浮云似白衣，斯须改变如苍狗"（杜甫《可叹诗》）。赏云海景观需要到更高的山顶来观赏，而且需要有适当的季节和天气。如果在日出时观赏云海，能观赏到更为壮观的云海景观（见彩图33）。云与山结合起来使得山更具仙境般的魅力，如同一幅幅如画的景观。雾景的欣赏，需要用良好的心态去感受到云雾迷蒙，朦朦胧胧，仙境般的奇妙感觉。

3. 风景观及其欣赏

1）风景观的概念

风是一种空气流动现象，是由于气压差而产生。风本身无形，但是它可以通过被身体接触和被吹动的物体以及摩擦产生的声音被人感受到它的存在。风在高空塑造着云的形态，推动着云的移动；在地面摇动树木花草，卷起尘土，吹拂人的头发和衣裳，并发出多种"天籁"。按照风力大小，风可分为软风、轻风、微风、和风、劲风、强风、疾风、大风、烈风、狂风、暴风、台风、超强台风。对于观赏者来说，没有必要这么细分，只要分出强、中、弱风即可。

2）风景观的观赏特性

风感受特性表现在：速度感、力度感、声音奇妙感。"风以动万物也"（《庄子·齐物论》）。风蕴含动力，能使静物由静变动，因此能让人感受到速度感、力度感。风力的大小不同，感受效果也不同。和风习习是宜人的景观的表现；狂风大作、飞沙走石则显示出势不可当、摧古拉朽巨大力量。台风的速度能显示大自然的威力，不过壮观台风云团的形态只能在高空才能完整看到。龙卷风不仅力量巨大，而且形态神奇，颇具观赏价值。风吹拂万物能带来松涛声、呼啸声、怒吼声等各种声音。

3）风景观的观赏

刮风现象应与其他现象一起欣赏，比如云的翻滚、飘移，树木的摇摆，水中的涟漪，树木发出的潇潇声、松涛声等都与风有关系，通过这些有声有形现象来感受风的存在以及风的力量和速度，去感受景观意象。在天空中，风还能将云彩卷成各种各样的形态，有些形态非常怪异。如果是龙卷风，品味其云团的怪异形态、强大的力量。近地面的风可以被人直接感受到，比如春风的暖意，秋风的冷酷无情，冬季寒风的凛冽。沙尘暴沙尘滚滚、遮天蔽日在很多人眼里并非景观，其实它也有观赏价值，欣赏这种景观会让人体验到"世界末日"降临似的感觉。

4. 雷电景观及其欣赏

1）雷电景观的概念

雷电是伴有闪电和雷鸣的一种雄伟壮观而又令人生畏的空中放电现象。雷分为直击雷、电磁脉冲、球形雷、云闪雷四种。直击雷和球形雷都会危害人和建筑；电磁脉冲主要危害电子设备；云闪雷发生在两块云之间或一块云的两边，对人类危害最小。其中具有观赏意义的是直击雷、云闪雷。

2）雷电景观的观赏特性

雷电的观赏特性体现在：电光所划出的奇特有力的线条及形态，奇异的色彩，震天动地声音，威震天地的气势。闪电的电光形成的如老树根一样的线条，奇形怪状、曲折多变、刚劲有力；电光的色彩如同焰火一样奇异、绚丽；雷电发出的声音震天动地，显示出大自然的无比威力。

3）雷电景观的观赏

雷电需要选择安全的场所，因为它会伤害人的生命。欣赏中主要品味其线条、形态、

色彩具有的神奇意味，声音具有的气势。

5. 降雪景观及其欣赏

1）降雪景观的概念

降雪是一种大气物理现象，由于气象条件的差异，造成了形形色色的大气固态降水。固态降水的名称因地、因人而异，国际上统一将固态降水的形态分为十种：雪片、星形雪花、柱状雪晶、针状雪晶、多枝状雪晶、轴状雪晶、不规则雪晶、霰、冰粒和雹，前七种统称为雪。降雪是中纬度地区冬季和高纬地区及雪线以上的高海拔地区出现的一种特殊降水现象。降雪比其他固态降水更为常见。

2）降雪景观的观赏特性

降雪景观的观赏特性体现在：雪花的纯洁、奇妙、可爱；雪花飘落舞姿的轻盈、飘洒的潇洒、浪漫；降雪还蕴含很多寓意。雪的色彩如白玉，质地清洁，让人联想到纯洁的心地，投射自己的喜爱之情；质地松软如棉花球，触觉效果很好；降雪还具有高雅气质和丰富内涵，比如还能滋润万物，创造无限生机，具有崇高的无私奉献精神，也是吉祥的象征。一曲《我爱你，塞北的雪》（王德词，刘锡津曲)正道出了降雪的观赏特性与观赏体验效果。

3）降雪景观的观赏

降雪景观可以登高俯视，也可以在室内外平视。欣赏中需要有超功利的心态，忘却降雪对人类活动、生产造成不良影响，以便形成适当的心理距离；展开丰富的联想与想象活动，以更好地体验降雪之美景。看远景需要看千里冰封、万里雪飘的气势。看近景主要品味雪片的形态、色彩、质感、状态、意味，声音具有的气势。欣赏雪的美丽与纯洁，轻盈的雪花漫天飘飘洒洒的壮观，品味富有童话般浪漫色彩的意境，联想崇高的无私奉献精神。

6. 蜃景及其欣赏

蜃景是一种奇特光现象，是地球上大气折射而形成的虚像，全称为海市蜃楼。这是一种具有很高观赏价值的一种大气现象景观。根据光学原理，海市蜃楼是由于两层密度不同空气团的交界处形成一个类似镜子的折射面折射地面物体形成的镜像。

1）蜃景的类型

蜃景的形成需要有地球物理条件以及特定的气象条件。气温局部突变是蜃景形成的气象条件。平静的海面、大江江面、湖面、雪原、沙漠或戈壁等地方，可能会在空中或地下出现高大楼台、城郭、树木等幻景。中国广东澳角、山东蓬莱、浙江普陀海面上常出现海市蜃楼，因古人归因于蛟龙之属的蜃吐气而形成楼台城郭，因而得名。根据其出现的位置相对于原物的方位，海市蜃楼可以分为上蜃、下蜃和侧蜃；根据它与原物的对应关系，可以分为正蜃、侧蜃、顺蜃和反蜃；根据其颜色可以分为彩色蜃景和非彩色蜃景等等。

2）海市蜃楼的观赏特性

蜃景的观赏价值体现在：稀有，奇妙，仙境般的影像使其具有虚幻、神秘、美好观赏特性。蜃景需要有特定的形成条件，不是一般地方都能见到，也不是任何时候都能见到；其成因是常人不能理解的，显得奇妙；由于它是虚无缥缈的，若隐若现的现象，能给人以仙山琼阁般的神秘之感。

3）海市蜃楼的观赏

由于蜃景的形成条件特殊，也不常出现，因此，欲欣赏蜃景必须要知道在什么地方、什么气象条件有可能出现，以便安排自己的行程。欣赏时，需要带着好奇的心态去欣赏这大自然所造就的奇妙景观，展开联想和想象，品味这蓬莱仙境般的美好世界。

7. 彩虹和"佛光"景观及其欣赏

彩虹、佛光是大气中多种物理现象，虽然效果不同，但是成因机理相同，外观具有相近之处，具有较高的观赏价值。

1）彩虹和"佛光"景观的概念

彩虹，又称天虹，简称虹，是大气中的一种光现象。当太阳光照射到弥漫在空气中的小水滴，光线被折射及反射，就可以形成七彩光环。从光环外至内色彩排列为：红、橙、黄、绿、蓝、靛、紫。彩虹形成的基本条件是：空气中有大量水珠（雨后，人工喷洒也可），有太阳光并从观察者的背面照射。东边日出西边雨，或者相反，有利于形成彩虹。

景观中的"佛光"指的是一种光现象。当阳光将人影投射到云雾上，同时照在云雾的阳光被细小冰晶与水滴衍射和漫反射，就可形成人影绕着圆形彩虹的"佛光"奇观。"佛光"出现的基本条件：阳光及其角度、云雾和地形因素。"佛光"都出现在早上或下午，太阳的相反方向。常见于山区。在德国的布罗肯山、英国的维尼斯山等经常欣赏到"佛光"；在中国的峨眉山、黄山、泰山、庐山等地也常出现，峨眉山最常见；遇上合适的天气，在飞机上也可看到"佛光"。

2）彩虹和"佛光"景观的观赏特性

彩虹和"佛光"的观赏特性体现在：优美、华丽、神奇、有趣。彩虹和"佛光"形成需要有特定的形成条件，不是随时随地都能见到，令人感到稀奇。其成因是常人不能理解的，便有些神秘感。彩虹在民间俗称"龙吸水"，过去人们以为彩虹会吸干当处的水，所以在彩虹来临的时候，人们就敲击锅、碗等来"吓走"彩虹。彩虹和"佛光"形态与色彩美观，形态是规则的圆弧，显得简洁而具有装饰性。它们的色谱很全面，赤橙黄绿青蓝紫都有，显得绚丽多彩、华美、有趣、稀奇。"佛光"被认为是吉祥之光，因此也叫宝光，除了可欣赏到它美观的形态与色彩以外，还能够欣赏这种光现象也能给人带来很多乐趣。

3）彩虹和"佛光"景观的观赏

由于彩虹和"佛光"的形成条件特殊，因此，欲欣赏它们，必须知道什么地点、什么季节、什么地点才有可能出现，以便实现观赏目的。欣赏时，主要关注起形态与色彩构成特色，还需要带着好奇、探秘的心态去欣赏这些奇妙景观，并展开联想和想象，从中获得乐趣（见彩图34）。

8. 极光景观及其欣赏

1）极光景观的概念

极光是出现于靠近地磁极高纬度地区上空大气中的彩色光现象。极光是极地附近高层大气分子或原子被来自太阳的带电高能粒子流激发或电离而产生。由于地磁场的作用，太阳高能粒子转向极区，所以极光常见于高磁纬地区。极光一般呈带状、弧状、幕状、放射状，这些形状有时稳定有时作连续性变化。极光只出现在地球的部分区域，大约离地球磁极附近纬度 25°~30°的区域为极光区。地磁纬度 45°~60°之间的区域为弱极光区，地磁纬度低于 45°的区域为微极光区。

2）极光景观的观赏特性

极光的视觉特征表现为：形态丰富多样、变化无穷，色彩灿烂、绮丽，状态生动活泼、飘逸潇洒，具有仙境般光照效果。其观赏特性表现为神秘、绚丽、优美、飘逸。极光的形态有时像一条彩带，有时像一团火焰，有时像一块五光十色的巨大银幕在放映球幕电影；极光有时呈蓝色、有时呈绿色、有时呈紫色、有时呈红色；极光的形态总处在不断变化之中，如同仙女在挥舞着彩带。极光有时出现时间极短，犹如焰火在空中闪现一下就消失得无影无踪；有时却可以在苍穹之中辉映几个小时。在自然界中还没有哪种现象能与之媲美，任何彩笔都很难绘出这炫目的盛景。

3）极光景观的观赏

极光都出现在极地附近，因此，要想观察到精彩的景观，必须尽量靠近极地地区。观赏极光，主要观赏其奇妙、复杂多变的形态，绮丽的色彩，变化无常、飘逸潇洒的姿态。同时，要展开丰富的联想和想象，领略仙境般的意境。

8.5.2　天象景观及其欣赏

天象指发生在地球大气层外的自然现象。如太阳出没、行星运动、日月变化、彗星、流星、流星雨、陨星、日食、月食、新星、超新星、月掩星、太阳黑子等。不过很多天文现象需要借助专业的仪器，或者到太空才能观察到。这里只介绍普通条件下能欣赏到的天象景观。

1. 太阳景观及其欣赏

太阳景观指的是以太阳为主景的景观。太阳是太阳系中唯一的恒星和发光的天体，是太阳系的中心天体。太阳系中的八大行星及小行星、流星、彗星以及星际尘埃等都围绕着太阳运行。

1）太阳景观的类型

阳光是地球表面光和热的主要来源。太阳光线太强，如果没有遮挡，不可直接观察。观赏太阳只能在特殊的条件下，比如早晨，或傍晚，或有避光镜。用肉眼可以观赏的太阳景观主要有日出、日落、日食（见彩图 35）。地球自转导致了日出、日落现象。太阳被月球遮挡会导致日食现象。日食有日全食、日环食和日偏食。每年日食最多可出现 5 次，如果出现 5 次，那么一定都是偏食。地球上每年至少有 2 次日食。在南北极地区只能看到日偏食。日全食大约 1 年半发生一次。每次日食都是在日出时从某一点开始，然后沿着日食带在日没时结束。从开始点到结束点大约绕地球半圈。太阳表面和大气层中还有一些现象，诸如太阳黑子、耀斑和日冕物质喷发等，但是靠肉眼无法欣赏。

2）太阳景观的观赏特性

如果没有太阳的光和热，地球上就没有生命的存在，地球就将处在黑暗和寒冷之中，没有水的蒸发，不会有风霜雨雪、雷电和彩虹，也不会有江河湖海，因此太阳能给地球带来生命和活力，对于人类来说具有不可替代的作用。太阳景观的观赏特性主要体现在现象的神奇性和特殊的象征意义。虽然它的形态、结构及色彩显得单调，但是其神奇性和象征意义是值得肯定的。太阳的本性及对人类生存的作用导致它常被赋予许多象征意义，它可以象征朝气、光明、生机、永恒、繁盛、温暖、希望、生命、力量、热情、和蔼、可爱、无私、伟大、美丽。日食是一种奇异的自然现象，充满神秘感。太阳景观的观赏特性表现为神秘、奇妙、壮观、热情。

3）太阳景观的观赏

欣赏日出日落最好能站在较高的或者视野很远的地方。观赏时间也颇为讲究，最佳时间在太阳即将升起到升起，或者即将降落到降落的这段时间，主要欣赏其过程。同时这段时间太阳亮度也比较低，可以直接观赏，太早太迟就看不到理想的效果。日出时，太阳蓬勃而出，霞光万道充满了向上的力量；日落时，太阳缓缓而落，伴随着满天晚霞，显示出无限美好的景色。欣赏日食的机会比较少，如果遇到阴雨天就欣赏不到，不同地区看到的效果不同，看全食必须到中低纬度。需要按照天文台的预报选择时间和地点，观赏时需要避光镜，不能用肉眼直接观看。欣赏日食重在观察其从初亏、食既、食甚、生光到复圆的过程中日相形态变化的神奇性，体验大地从阳光灿烂到暗无天日再到重见光明给人的特殊感受。

2. 月亮景观及其欣赏

月亮景观指的是以月亮为主景的景观。具有观赏意义的月亮景观主要是月球、月食现象。月球俗称月亮，古称太阴，是环绕地球运行的一颗卫星，也是离地球最近的天体。

1）月亮景观的类型

尽管太阳比月球大得多，由于月球比较近，视觉上两者尺度相近。由于这两个地球公转和月球绕地轨道均为椭圆，离地球的距离会不断变化，所看到的太阳和月亮尺度随时间而变化，有时候看起来月球比太阳大，有时候看起来比太阳小，有时候又很相近。太阳和月球是地球人视觉上最大的天体，因此，它们有着与其他天体不同的观赏意义。其他天体的视觉尺度及亮度无法与之相比，只能称之为星辰。月亮有月相形态的月周期变化，而且只有夜间才能显示出它的亮度。月球会因为太阳光被地球遮挡而照不到月球，使之不可视，或部分不可视，这就是月食奇观。如果月球全部被遮挡，就是月全食；如果月球部分被遮挡，就是月偏食。月食分为月偏食、月全食和半影月食三种。月食的一般过程分为初亏、食既、食甚、生光、复圆五个阶段。月食只可能发生在农历十五前后。一年之中，可能发生两次月食，也可能一次月食也不发生。

2）月亮景观的观赏特性

月球的存在现象的神奇性，月面形态的规则性和多变性，月面图形的奇特性，月光的皎洁、冰凉特性，蕴含特殊的情感意味，丰富的象征意义。月亮的观赏特性表现在：神奇、神秘、多情、温柔。月亮光线是反射的太阳光，光线柔和，可以直接观赏。月球的存在和形成充满神秘感。在宁静的夜晚唯我独尊的月球挂在空中，会引发人的很多遐想。月球是怎样形成的？如果没有月球是地球又会怎样？……每个月相形态从月牙到满月不断变化之中，每一种形态会传递不同的信息。月亮有月相的周期变化，不仅丰富了形态，还拥有了更多的象征意义。月球表面还能看到图案，不仅具有美感，还能引发人的想象。月光没有阳光那样热情、温暖、充满力量，而是冰凉的，容易使人感到凄凉、孤独，而产生渴望得到亲情的温暖的情感，李白的《静夜思》正是这种情感的表露。从物性来看，太阳属阳性之物，而月亮属阴性之物。月球的视觉和本质特性决定了月球不仅本身给人以美感，还有丰富的象征意义：美丽、安宁、高远、皎洁、柔和、清幽、纯净、静谧、空灵、凄凉、寂寞、相思之情等。中华民族历来对月亮有着特殊的感情，传说上界神仙为仙女嫦娥建造了一座宫殿——月宫（广寒宫）。因为这座宫殿是一个具有宇宙灵性的蟾蜍幻化而成，所以月宫又称作蟾宫。月亮成为文学中经常涉及的传统主题景物。古典诗词经常借描写月亮寄托思念故乡之情、思念恋人之情、送别之情。月下相思，有着特殊的用意，用以比喻女子的美貌，寄托美好愿望。亏缺的月亮象征离别、凄凉之情，满月象征圆满和团圆。月食的观赏特性为具有神秘性。中国历史上将其当作天狗吃月亮，为不祥之兆。现在科学已经揭开了其神秘面纱。不过作为一种特殊的天文现象也具有观赏价值。

3）月亮景观的观赏

太阳通常不可直接目视，而月亮光线不刺眼，可以直接观赏。赏月已经成为中国特有的传统文化。欣赏月亮主要是欣赏月亮这种天体的神秘性，品味时圆时缺的形态，月面图形，皎洁、凄冷的月色，借月亮寄托自己的情思。很多文学作品都喜欢借月亮来寄托情思，能更好地传达自己的思想情感。月食的观赏主要是为欣赏这种天文现象的神秘性，感受初亏、食既、食甚、生光、复圆月亮的变化以及大地亮度的变化所造成的景观氛围。

3. 星辰景观及其欣赏

流星雨是一种成群的流星坠落地球大气层的特殊天象。坠落过程中与大气摩擦，产生大量热并发光，从而使尘埃颗粒气化。尘埃颗粒叫作流星体。流星雨是由于彗星破碎（冰和尘埃）而形成的。当彗星靠近太阳时冰会气化，使部分尘埃颗粒被喷出母体而进入彗星轨道。小颗粒被太阳的辐射压力吹散，形成彗尾。当地球穿过尘埃尾轨道时，就有可能看到流星雨。

1）流星雨景观的出现规律

流星雨活动性为彗星周期。每年地球都穿过许多彗星的轨道。为区别来自不同方向的流星雨，通常以流星辐射点所在天区的星座给流星雨命名。例如，每年11月17日前后出现的流星雨辐射点在狮子座中，它就被命名为狮子座流星雨。其他流星雨还有宝瓶座流星雨、猎户座流星雨、英仙座流星雨等。如果每小时流星数超过1000颗，则称其为"流星暴"。一天中，出现流星的概率最大的时间为黎明，下半夜的流星比上半夜多。一年中，下半年的流星比上半年多，秋季的流星比春季多。

2）流星雨的观赏特性

流星雨的视觉属性主要有：流星速度、流星光迹形态与色彩。流星体的坠落速度给人以流畅感、力量感；流星有时会在它通过的轨道上留下一条持久的光迹，持续时间通常为1到10秒，在近百公里外就能看见；大量流星光迹形态如同焰火一样飘洒；流星光迹主体颜色多为绿色，还有橘黄色、黄色、蓝绿色、紫色、红色；流星通常不会发出可以听见的声音，如果是非常亮的流星，可能会听到声音。流星现象的神奇的天象。流星雨的观赏特性表现为神秘、神奇、灿烂。

3）流星雨的观赏

观赏流星雨应选择适当的时间，视野较好的场所。观赏流星雨重点观赏流星速度、光迹形态、灿烂的色彩具有的美感以及意味，还要体验宇宙运动现象具有的神奇感。

4. 星空景观及其欣赏

1）星空景观的概念

星空景观是指布满星星的天空景象。宇宙是由空间、时间、物质和能量所构成的系统，是一切空间和时间的总和。在天气晴好的夜间天空中可以看到各种天体，是具有一定欣赏价值的天空奇观。

2）星空景观的观赏特性

宇宙空间寥廓而深邃，星辰数量的无限性，星辰构图的自然洒落和趣味性，宇宙星辰的神奇性。宇宙空间无边无际，有着数不尽的星辰，令人惊叹；星辰构图自由而宁静，有些星辰构图蕴含很多趣味，星座正是根据构图命名的，比如白羊座、金牛座、双子座、巨蟹座、狮子座、处女座、天秤座、天蝎座、射手座、摩羯座、水瓶座、双鱼座，星辰还蕴含着神秘宇宙故事和人类编织的故事，每一个星座都有一个美丽的传说。无数星星在天上眨眼，似乎在向我们诉说着什么，值得我们去品味。星空景观的观赏特性体现在神秘、神奇、深邃、浩瀚、虚幻。

3）星空景观的观赏

选择晴好的夜间，能见度好的地方，才能欣赏到更多的星星。欣赏时，仰望灿烂的星空的星空，感受宇宙之浩大；细细品味星辰构图的趣味性；还应当结合有关星座多美丽的传说，发挥自己的想象，感受宇宙的神奇性；通过感受宇宙的浩大、神奇，反思人生的短暂、人类的渺小，感悟人生哲理，开阔自己的心胸。

即学即用

选择晴好的天气，利用所学知识，欣赏各种天空景观，体验不同的感受，并分析其观赏特性。

章首案例回眸

本章我们学会了如何去把握各种自然景观的观赏特性，评价其观赏价值。俗话说，会看看门道，不会看的看热闹，让艺术家钟爱的景观必定是最好的景观，拥有世界最美景观的黄山，具有取之不尽的自然美绘画素材。从客观分析上，刘海粟钟爱黄山主要原因可归纳为两点：其一，景色审美价值高。黄山可谓大自然的杰作，堪称世界一流的自然景观。自然、奇妙、多变的自然景观观赏特性表现得很集中、很典型。其二，审美元素丰富、集中。黄山景观并非只有山体景观，还综合了植物、云海、瀑布等自然景观。黄山是典型的以"奇"著名的自然景观。黄山之奇表现在山形、松形、云态之奇。黄山奇石星罗棋布，可谓千奇百怪，或似人似物，或似禽似兽，惟妙惟肖，情态各异，可增加观赏趣味；黄山奇松，干曲枝虬，千姿百态，或尖削似剑，或悬、或横、或卧、或起，"无树非松，无石不松，无松不奇"；黄山云雾似海如锦。其三，景色多变。飘荡于山壑之间，波澜起伏，如絮、如带、如怖、如浪，时隐时现，忽进忽退，变化无穷；天气的变化也给黄山景色增添了不少美丽。

本 章 小 结

　　本章是要说明不同类型自然旅游景观的观赏特性和欣赏方法。首先，说明了自然旅游景观的总体观赏特性。然后，按照地形景观、水体景观、生物景观、天空景观等自然旅游景观的二级分类，说明了这些自然旅游景观具有的观赏特性以及观赏方法。

关键术语

　　地形景观(Landform Landscape)

　　水体景观(Water Landscape)

　　生物景观(Biological Landscape)

　　天空景观(Sky Landscape)

　　山体景观(Mountain Landscape)

　　谷地景观(Valley Landscape)

　　峡谷景观(Canyon Landscape)

　　洞穴景观(Cave Landscape)

　　海底景观(Undersea Landscape)

　　植物景观(Plant Landscape)

　　动物景观(Animal Landscape)

知识链接

　　[1] [英] 奥斯本. 鉴赏的艺术[M]. 王柯平，王慧芳，朱林，等译. 成都：四川出版集团，四川人民出版社，2006.

　　[2] [加拿大] 卡尔松. 环境美学[M]. 杨平，译. 成都：四川人民出版社，2006.

　　[3] 李辉. 旅游景观鉴赏[M]. 北京：民族出版社，2005.

　　[4] 祁颖. 旅游景观美学[M]. 北京：中国林业出版社、北京大学出版社，2009.

练习题

一、名词解释

　　地形景观　水体景观　生物景观　天空景观　山体景观　谷地景观　峡谷景观　洞穴景观　海底景观　植物景观　动物景观

二、判断题

　　1. 冰斗又称围谷、圈谷，指冰河在潜移过程中将地表上碎屑、粗砾挟带移动，与基地摩擦侵蚀，冰河完全退去后，便留下近似圆状的谷地。　　　　　　　　　　　（　　）

　　2. 沼泽地指长期受积水浸泡，水草茂密的泥泞地区。广义的沼泽指一切湿地，狭义的沼泽则强调泥炭的大量存在。　　　　　　　　　　　　　　　　　　　　　　（　　）

　　3. 飞行动物是能在空中飞行的动物，包括昆虫、鸟类、蝙蝠。　　　　　　（　　）

4. 海市蜃楼是由于两层密度不同空气团的交界处形成一个类似镜子的折射面折射地面物体形成的镜像。　　　　　　　　　　　　　　　　　　　　　　　　　　（　　）

三、简答题

1. 山体、水体、生物、天空、峡谷、洞穴、海底、植物、动物景观各有什么观赏特性？

2. 山体的哪些属性对观赏效果有影响？

3. 动物的哪些属性对观赏效果有影响？

4. 海底景观为什么观赏价值高？

四、应用题

1. 试分析大熊猫为什么具有较高的观赏价值。

2. 试分析兰花为什么具有较高的观赏价值。

3. 试分析峡谷为什么具有较高的观赏价值。

4. 试分析钱塘江大潮为什么具有较高的观赏价值。

第9章 人文旅游景观欣赏

本章教学要点

知 识 要 点	掌握程度	相 关 知 识
人文旅游景观的观赏特性	掌握	美学、心理学、符号学、地理学、历史学、文化学
人文旅游景观的分类及其依据	了解	美学、符号学、地理学、历史、文化学
聚落、园林、建筑、雕塑、设施、工具、物品、场所的观赏特性	了解	美学、艺术学、符号学、地理学、认知心理学
聚落、园林、建筑、雕塑、设施、工具、物品、场所的观赏方法	掌握	

本章技能要点

技 能 要 点	掌握程度	应 用 方 向
人文旅游景观欣赏能力	掌握	景观欣赏，审美活动，景观设计，艺术设计，摄影、绘画、音乐欣赏与创作
人文旅游景观观赏特性分析能力	掌握	

导入案例

“大黄鸭”为什么受宠

大黄鸭(Rubber Duck)是由荷兰艺术家弗洛伦泰因·霍夫曼(Florentijn Hofman)以经典浴盆黄鸭仔为造型创作的巨型橡皮鸭艺术品，先后制作有多款，其中一只世界上体积最大的橡皮鸭，尺寸为 26m×20m×32m。自 2007 年第一只大黄鸭诞生开始，截至 2014 年 7 月，霍夫曼带着他的作品从荷兰的阿姆斯特丹出发，先后在德国纽伦堡、巴西圣保罗、日

图 9.1 大黄鸭欣赏

本大阪、英国伦敦、澳大利亚悉尼、越南、中国北京等 12 个国家地区的 21 个城市展出。给旅游及零售业带来了极大的商业价值。每到一处大黄鸭都会引来当地"粉丝"的疯狂追捧。作为一种人文景观，大黄鸭真有那么好看吗？为什么这样火？通过本章的学习，你也能把握大黄鸭的观赏特性，也会知道它招人喜欢的真正原因。

（资料来源：http：//baike.baidu.com/view/10356372.htm）

9.1 人文旅游景观的观赏特性及分类

人文旅游景观是相对自然旅游景观而言的一种旅游景观，其观赏特性与自然旅游景观有明显不同，其观赏内容与方法也各不相同。

9.1.1 人文旅游景观的观赏特性

与自然旅游景观相比，人文旅游景观所传递的信息不同，感受效果也不同。从观赏角度看，其特性主要包括以下方面。

1. 人为性

由于人文景观是人类行为或包含其信息的景物所构成的景象，是人类思想的物质载体，因此它必然打下人类行为的烙印，是显示人类文化的符号，处处显示出人文的气息，如城市、村落、建筑、道路、田园、艺术作品等，无不打下人类思想和行为的烙印。因缺少自然留下的印记，也就没有自然景观那种自然神奇的感受效果。人类造物多为故意的，都有特定的目的，都是围绕人的需要，都蕴含着人类思想。尽管人类也模仿自然来造物，但是仍然以人为的事物为主体，往往带有人造的痕迹。人为性包含两种含义：其一，景观中蕴含创造者的思想情感、主观目的，总会传达人的某些信息；其二，景观视觉特性上具有规则、严谨，也可能导致做作、呆板。在形状、色彩、动态等方面呈现规则状态。如建筑物之形，物品之形，花圃之形，道路之形，种植物排列，物体内部结构等，都以多规则形态为主。色彩的运用也随着形状来设置，因此也是规则的居多。而人文事物是那样喜欢取方形、圆形、多边形等规则、整齐形状，巧作安排的迹象。正是这些特点，使得人文景观体现出人为性的特点。这些特征的形成，主要是由于实用性、整洁性及制作难度等原因。

2. 内涵性

自然景观没有人文内涵，而人文景观的特点是文化内涵丰富。内涵是一种隐匿于形式背后的抽象信息，是认知者透过事物的形式获得的对事物的某些属性认知结果，需要通过分析、判断、推理才能获知。人文景观的欣赏属性不像自然景观那么单纯，它蕴含着很多文化信息，包括景观创造者及其思想、动机、行为等多方面的信息。人文景观蕴含人间的真、善、美的人文内涵。从审美意义上看，人文旅游景观包含社会美、艺术美、科学美、技术美等多种美的形态。这些信息在自然景观中就没有，如果有，也只是自然信息，或者人为强加的人文信息，而人文景观的内涵是自身固有的属性。在其内容、形式、结构等因素中深刻反映了历史特性和痕迹，如长城、运河、丝绸之路等。

3. 多情性

造物者不仅会融入自己的思想情感，而且都是围绕人的需要来做文章的，符合人的审美和情感需要，因此人文景观中蕴含真情、善意、美感。通过这些景观的欣赏能体验到人间的真、善、美。蕴含真挚的情感对于艺术品或人文景观来说，是十分重要的人文内涵。欣赏者来说，需要从人文景观中感受到人间真情，以得到安全感、亲切感、快乐感。不仅一切艺术需要真情才能打动人，而且其他方面的人类行为也需要蕴含真情才有意义，一切虚情假意都是令人厌恶的。本书认为，艺术之真、善、美中的"真"并非指别的，正是感情的真。用这种观点来解释一切艺术现象都是成立的。景观所传达的情感能让人感受到人间的温暖、生活的情趣。不再有自然景观的那种"野"的感受。人类所创造财富都是围绕人的需要来做文章的，因此人类在与人文景观的交流中感受到最多的是人情味。

4. 稳定性

自然景观随时间变化比较明显，而人文景观的外观相对比较稳定，比如建筑物、道路、实用设施。虽然人文景观也会随着时间发生某些变化但是相对来说变化是个长期的过程。经历历史沧桑的建筑物也会因为风化作用而产生造型、色彩、肌理的变化，但是过程很慢。人类生产活动也在不断建设新景观，也在改变旧景观，但是总体上没有自然景观那么多变。

9.1.2 人文旅游景观的分类

人类活动及其创造的财富十分丰富多样，其中很多是景观的构成元素，由此构成人文景观类型多样，而且分类难度较大。不同人文景观分别从形、神、质、意方面的特质给予欣赏者以不同的感受效果。这里大致将人为景观分为以下景观类型：综合性人文景观、建筑景观、雕塑景观、设施景观、物品景观、人类活动场所景观、人造火光景观、人类行为景观，它们都可以出分出多种景观(表1-2)。

9.2 综合性人文景观欣赏

综合性人文景观是指区域内聚集了多种人文景物的人文景观。从宏观上看，聚落景观和园林景观是最具综合性的人文景观。

9.2.1 聚落景观及其欣赏

聚落建设的主要目的是为了满足居住的需要，实用价值是其主要价值，在有意无意之中也赋予了审美价值。聚落景观中的有些视觉形式是为了满足审美需要而有意设计的，但是其中有些却是在无意之中产生的，因此聚落景观是在有意无意之中创造的。聚落究竟美在哪里，为什么美，如何去欣赏它？

1. 聚落景观的概念与分类

聚落是人类居住、生活、社会活动和生产活动的场所，是各种形式的聚居地的总称。聚落是人类有意识开发利用和改造自然而创造出来的生存环境。聚落的民居建筑是当地居民为适应当地的自然环境，就地取材而创造出来的，不仅有明显的时代特征，也有显著的地方色彩。它是人类活动最频繁的区域，是相对于自然环境而言一种环境。按照被人类影响的程度高低，地表环境可分为未影响环境、轻度影响环境、深度影响环境。聚落环境是人类为了满足自己的需要建设和改造自然而形成的生存环境，聚落是受人类深度影响的区域。聚落的大小相差悬殊，其规模与人口总数及聚集程度关系密切，大至拥有上千万人口的特大城市，小到只有一户的小村落。根据聚落规模大小，可以将聚落大体可以分为城市景观和乡村景观两大类，它们分别还可以分为现代和古代的城市景观和乡村景观。如果要细分的话，除了乡村和城市之外，还有介于二者之间的城市化村和集镇等聚落类型。城市是以非农业生产者为主要居住者的聚落，区域范围较大，是一定范围内的政治、经济、文化中心，受到人类影响的程度最深；乡村是以农业生产者为主要居住者的聚落，规模较小，受到人类影响的程度较深。聚落的视觉构成元素主要有居住、生活、社会活动和生产活动设施。聚落都是人与自然条件相互作用的结果，聚落的外部形态、组合模式无不深深打上所在自然环境的烙印，同时，反映出区域的经济发展水平和文化背景等。聚落平面形态、设施外貌特征受到文化思想、生活方式、自然因素的影响。建筑是聚落的主要构筑物，其外貌特征决定着景观总体特征。无论城市景观还是乡村景观，建筑高低错落、朝向各异，道路纵横交错、曲直有度，构成一幅幅变化无穷的人间城郭画面。城市景观则以规模、建筑物多为特色，显得更加壮观，易于构成丰富多彩的画面。

2. 聚落景观的观赏特性

聚落是人类聚居的地方，人类活动的主要场所，是人文环境的典型代表，人文气息浓郁，这正是它与人迹罕见的自然景观不同之处。因此，其景观总体上具有繁华热闹、人气旺盛的、充满人间真情的特性，同时还具有形神之美，它不是融真、善、美于一体的景观。由于文化背景的不同，聚落的构筑物形式不同，造就了风格各异的聚落景观。聚落在形、神、质、意方面都具有观赏价值。不过城市景观和乡村景观的视觉构成元素的观赏特性有所不同。聚落主要由各种建筑、构筑物、道路、绿地、水体等景物组成，聚落规模越大，景物构成要素越复杂。

1) 聚落景观的一般观赏特性

从欣赏效果看，景观受人类影响程度越深，其景观的人文气息越浓郁。城市比乡村受人类影响大得多，人文气息更为浓厚。

（1）城市景观的观赏特性。城市景观可分为现代城市景观和古代城市景观。现代城市景观的观赏特性表现为：气象壮观、景物形态丰富、活力、繁华、豪华、现代、时尚。现代城市环境视觉特点为：占地规模大，建筑物数量巨大，高楼大厦鳞次栉比，商铺林立，道路整洁宽敞，整洁的绿地，点线面构景元素丰富多彩，车水马龙，繁忙的人类活动，景观色彩丰富，建筑材料豪华，设施先进，拥有当代最新技术和文化，各种活动产生的声音，一派欣欣向荣的景象。城市景观元素大多经过规划师精心设计，因此美感度会比较高，也比乡村景观精致。

不过古代城市则是另一番景象，虽然建筑物数量规模较大，但是楼层不高，具有亲切感。其观赏特性表现为：古朴、久远、神奇、亲切。古代城市见证了历史的沧桑、文化的发展轨迹。对于现代人来说，古代城市的一切设施都那么新奇，一切都是那么遥远，令人味之不尽，仿佛让人进入了另一个世界，古人生活的场景历历在目。

（2）乡村景观的观赏特性。乡村景观可分为现代乡村景观和传统乡村景观。乡村景观有着与城市景观截然不同的观赏特性，表现为：朴素、恬静、悠闲、和谐。乡村地区视觉上表现为：占地规模小、建筑物体量小、高度小，坐落于森林或农田之间；其内部商铺少，街道狭窄，人流少，景物色彩较为单纯，缺少华丽的建筑材料和先进设施。小桥、流水、人家为典型的乡村景观。现代乡村景观往往掺杂有城市元素和现代元素，有明显的现代味，这不利于乡村意象的形成。如果要保持乡村性，有必要保留某些乡村建筑风格，至少在外观上有必要这样做。乡村景观的真正价值正是体现在乡村性特征上，否则也就失去其观赏价值了。

古代村落的乡村意味更浓，意蕴更加深厚，古朴、恬静、悠闲、神奇、亲切。具有世外桃源般的意境。其外部全景和内部结构都值得我们细细品味。不过古村落中已经没有古人的身影，会显得冷清许多。乡村是现代化影响较小的区域，比城市景观保留了更多的地方性特色元素。一般来说，交通便利的地方往往受到现代文化的影响较大，而失去了乡村的本性。越是偏僻乡村，乡村性保留越完好。即便是现代化的今天，仍然有不少乡村在很大程度的保留了传统风貌，都是我们值得一游的好去处。

2）聚落景观风格地区差异性

由于自然条件、地方文化、生活方式的差异，使得世界各地建筑物在形式上存在较大的差异，造就了各种富有特色的地方性意象。因此，无论是城市还是乡村，除了具有一般的观赏特性以外，还存在情调风格差异。每一个地方的聚落都有其标志性的景物或形态符号，正是这些符号造成了视觉上的意象差异感。例如，西方的哥特式建筑，婆罗洲伊班族人的大型长屋，中国的飞檐翘角式建筑，闽西地区的土圆楼，黄土高原的窑洞，中亚、北非等干燥区的地下或半地下建筑，某些江河沿岸的水上住所，游牧地区的帐篷等，都是特殊的聚落外貌特征代表性符号。总体上看，现代城市景观风格有趋同的趋势，只有大区域的差异，小区域内城市之间差异性不明显，比如中国与欧洲城市差异明显，而国内城市之间却看不出明显的风格差异。

3. 聚落景观的欣赏方法

从抽象和具象两个层次去感受聚落景观的美，体悟景物的真和善。首先要观赏其建筑物和设施的形态、色彩、规模，具有的视觉效果，然后感受其意象和意蕴。观赏者除了观赏实物状态以外，还可以运用抽象的眼光去观察，排除实物性质，只看到各种各样的点线面、色彩组合关系，形式表现出的神采，以便产生意象化的形象，能感受到另外一种意味。绘画作品也有半抽象和全抽象。抽象观景方法可以是采取半抽象，也可以采取全抽象方法，如同赏画一样欣赏景观。以眼睛和想象为画笔，对景物进行笔法、造型、色彩、构图等处理，勾勒出各种景物的起伏跌宕的轮廓，把握其形态特征，对景观进行选择、重构与阐释，品味其意象呈现的意味。

1）城市景观的观赏

现代城市景观如同一幅幅当代"清明上河图"，颇具观赏价值。在现代城市中，总有各种造型、不同风格的建筑争奇斗艳，雄伟壮观，尽显大都市的气派与时代气息。城市远景和全景适宜在高处俯瞰，站在高山或高大建筑物上观赏，或者在飞机上观赏。建筑群构成了城市的现代风貌，错落有致的建筑群形成城市的轮廓线，使得城市景观像音乐一样高低起伏而富有节奏感。现代城市中的夜景也是值得观赏的景致，用灯光勾勒建筑的形态，映出城市的轮廓线，具有天上宫阙般的视觉效果。欣赏城市景观还可以从抽象点、线、面层面去感受其壮观、错落变化的图像，从具象层次去体悟景物所蕴含的活力、繁华、人间真情和善意。城市景观也适宜局部放大观赏，静观和沿街动观。建筑、道路、花圃、行道树、汽车、行人等都是观赏的对象。对于特色街道、城市历史文化区需要慢行或驻足细看，一般街道只需快速浏览。城市景观可以步行、骑车、乘车沿着街道进行观赏。主要欣赏各种城市建筑和设施，体验城市特有的活力、繁华、豪华、现代、时尚的意象(图9.2)。

(a) 天津　　　　　　　　　　　　　　(b) 香港

图 9.2　我国城市景观欣赏

古城与现代城市的风格不同，所欣赏的内容也有所区别。古城适宜近看也适宜远看，远观其势，近观其质。古城中建筑造型、建筑材料及装饰手法、道路、道路所用材料、一砖一石等都是值得观赏的对象，它们都蕴含厚重的历史文化。欣赏者要带着好奇、探秘的心态去欣赏。不仅要从中欣赏造物形式的审美特征，而且要领会和理解其历史文化渊源，领略其中的意味。展开丰富的想象，让思绪回到古代的生活环境，想象出古人的生活场景。

2) 乡村景观的观赏

乡村景观的欣赏主要是为了领略不同于城市的乡村意味。如果要获得更好的乡村景观的体验效果，应当选择文化底蕴深厚的村落，尤其要选择保留了原始风味的传统村落作为观赏对象。现代村落的欣赏价值往往观赏价值不够高，因为没有深厚的文化底蕴，而缺少某种意味。远观或俯瞰坐落于青山绿水间、桃花丛中的村落，朴素、恬静、悠闲、和谐，能获得世外桃源般的感受(见彩图36)。欣赏时，应当与自然环境结合在一起观赏，既要欣赏抽象形式，还要欣赏具象内容。

乡村的区域范围比较小，道路也较窄，适宜步行欣赏。现代乡村景观多现代建筑与设施，观赏者主要是欣赏乡村现代与传统建筑与设施景观交融具有的美感，品味当代文化与传统文化交融的意味。欣赏建筑、道路、绿地、树木、亭台、廊道等及其构图效果。如果是欣赏古村落，应当带着怀旧的情怀，漫步古街道，慢慢欣赏、细细品味其中的建筑及其装饰、街道、店铺、古树等景观元素的古朴之美，感受古村落的古朴、恬静、悠闲、神奇、亲切的古村落景观意味，而且还可以理解其中蕴含的文化。

乡村地区还有一些具有较高观赏价值的田园景观，比如油菜地、梯田景观就颇具观赏价值。在云南元阳县有大规模的梯田，已成为著名的景观(见彩图 37)。

📖 即学即用

　　利用所学知识，欣赏一下你自己居住的城市或乡村，体验一下与以前相比有没有不一样的感受，并分析其观赏特性，评价其设计效果。

9.2.2　园林景观及其欣赏

　　园林和聚落视觉元素构成都具有综合性，但是它们的功能各不相同。聚落要突出实用功能，而园林则突出观赏功能，甚至是以观赏功能为主，是真正的艺术作品。

1. 园林景观的概念与分类

　　园林，在中国古籍里根据不同的性质也称作园、囿、苑、园亭、庭园、园池、山池、池馆、别业、山庄等，英文中称之为 Garden、Park、Landscape Garden。园林包括庭园、宅园、小游园、花园、公园、植物园、动物园、城市广场、休养场所等。它们是在一定的地区，利用并改造天然山水，栽植植物，建造建筑和设施，构成一个可供人们观赏、游憩、居住的场所。因此，园林可定义为：为了满足观赏、游憩或居住的需要，利用山石、植物、建筑、道路、水体、桥梁等景物元素，按照艺术学思想精心创作而成的园区。

　　按照形成的时间，园林分为古典园林与现代园林。按照平面构成形式，园林可分为规则式和自然式。西方园林、西亚园林和中国的皇家园林为规则式；中国私家园林为自然式。现代园林也有不少是规则式和自然式相结合。

　　按照风格特征划分，世界古典园林一般分为三大体系：东方园林体系、西亚园林体系、西欧园林体系。东方园林体系以中国为代表，影响到日本、朝鲜、东南亚地区，以自然式园林为主，典雅精致，意境深远。西亚园林体系以伊拉克、波斯为代表，影响到中东地区，主要是花园和教堂，形成了伊斯兰教的园林特色。西欧园林体系以英国、法国和意大利为代表。不同的国家在不同的时代还可以细分不同的类型。中国古典园林，可按照园林的建设者分为皇家园林、私家园林、寺观园林、邑郊风景园林；按照地域特点北方型、南方型、岭南型。

　　现代园林不仅继承传统园林设计思想，而且有创新和多种风格相融合趋势，即多现代景物与现代材料元素，还出现了不同风格的景观相互融借鉴的倾向。目前有的学者还提出了大园林理论，主张"城市即园林，园林即城市"，这样做确实很有意义。为了让我们的家园更美丽，更具观赏价值，很有必要让人居环境园林化，不仅城市要园林化，乡村和其他环境也需要园林化。

2. 园林景观的观赏特性

　　城乡聚落景观设计需要照顾到实用功能，而园林设计可以弱化实用功能，强调观赏功能，能最大限度地实现艺术化构景，使审美元素更集中，美感度更高。园林是按照诗画意境构图思想来精心设计的，是典型的立体画作，是真正的艺术作品。聚落景观所蕴含的艺术美显然不如园林景观多，因为园林景观聚集了自然和人文景观的最美的构景模式，线条优美、景物丰富、处处皆景、小中见大、动静结合、耐人寻味。园林景观"虽由人作，宛自天开"，蕴含（仿）自然的成分，而且自然和人文景物和谐统一。因此，园林景观和一般聚落景观的不同，它是经过人类精心构建的，其主要观赏特性是：高度艺术化、审美元素集中和典型化、美感度高，融自然美与人文美于一体，具有诗情画意般的优美特征，文化含量也高。

园林的平面构成模式、范围尺度及个体景物尺度、景物的成分及组合是决定园林景观观赏特性的主要因素，不同园林的观赏特性差异取决于这些因素。西亚园林、欧洲园林为规则式园林，园中的路多半是直线或几何线，草坪和花圃被分割成几何形块面，树木被修剪成球形或圆柱形、动物形，处处表现出人为性。其观赏特性表现为整洁、典雅、端庄、理性、严谨。中国私家园林为自然式园林的代表，其设计思想是崇尚自然美、师法自然、天人合一、诗画意境，具有朴素、自然、幽静、含蓄、精巧、形态丰富、耐人寻味的观赏特性。苏州园林均属此类，著名的有拙政园、留园、沧浪亭、狮子林等。皇家园林占地面积较大，建筑物体量大、色彩丰富，显得华丽、宏伟、壮观。例如，颐和园、北海公园、承德避暑山庄等。建筑物风格对园林风格特征发挥着主导作用。比如现代建筑与传统建筑，中国建筑与欧洲建筑，具有不同的情调意味。中国园林中还有匾额、楹联等文学及书法作品，在其中起着画龙点睛的作用，点出景观的意境，有助于提高景观的文化品位和观赏价值，也有利于观赏者感悟园林的特殊意境。现代园林风格多样，有明显的现代味。

3. 园林景观的欣赏方法

观赏园林需要身临其境，才能体验到园林具有的观赏效果。采用动观与静观的方法，选择不同的视距与视角。

1）选择观赏角度与对象

园林中的山、水、建筑、植物、道路都是经过精心设计的，处处皆景，景物多变，要欣赏景观园内的美景，需要动观与静观相结合。既要动观，即漫步园中，转换视角，观察不同视角下所具有的构图效果；又要静观，即面对最佳角度，需要暂时驻足，凝神注目，静心品味各种景物的审美特征与趣味。体验柳暗花明，曲径通幽的意趣。要取得较好的动观效果，必须选择一条合适的观赏路线，"园有一定之观赏路线，正如文章之有起承转合，手卷之有引首、卷本、拖尾，有其不可颠倒之整体性"（陈从周《说园》），而要选择较好的观赏路线，又必须了解园林布局的特点。单线串联、多线辐射和自由组合等不同的空间序列有不同的观赏路线。要感受园林空间起承转合的乐感，还必须控制行走的速度与节奏（图 9.3）。

除了动观以外，还要善于静观。当遇到特别好的视角时，需要驻足细看。去感受各种景物外在的形状、色彩、质地和声响，以及景观的神韵；发挥联想和想象，去领悟景观所蕴含的无穷意味。中国古典园林景物含蓄、意境深邃，只有凝神入静，细心品味，才能感受其中的美。

在中国古典园林中还有许多匾额、楹联、题咏等文学和书法作品。这些与园林相关的文学作品，起到了点出景观意境，提升景观境界，激发观赏者情感与想象的作用。观赏者可以借助文字，迅速把握景观的特征，理解造园者的匠心。景观的意境有较大的多义性与不确定性，靠欣赏者去品味，需要充分发挥审美主体的能动作用，动用自己的情感，通过联想、想象活动，进行审美体验与感悟。比如，苏州网师园内有一副楹联写道："风风雨

图9.3 园林景观欣赏(苏州狮子林)

雨,暖暖寒寒,处处寻寻觅觅;莺莺燕燕,花花叶叶,卿卿暮暮朝朝。"这副叠字楹联,描绘了网师园晴雨俱佳、寒暖皆宜的庭园风光,观赏者可以由此想象到园中不同季节、不同时间的景象,领悟主人的情感,品味联句文字的巧妙与趣味。

2) 用赏画的情趣来观赏园林

园林是经过设计师精心构思的,是按照画境来设计的,处处蕴含诗情画意。观赏者除了观赏实物状态以外,还可以以抽象的眼光去观察,排除实物性质,只看到各种各样的点线面、色彩组合关系,形式表现出的神采,以便产生意象化的形象,能感受到另外一种意味。绘画作品也有半抽象和全抽象。抽象观景方法可以是采取半抽象,也可以全抽象方法,如同赏画一样欣赏景观。以眼睛和想象为画笔,对景物进行笔法、造型、色彩、构图等处理,勾勒出各种景物的起伏跌宕的轮廓,把握其形态特征,对景观进行选择、重构与阐释,品味其意象呈现的意味。欣赏者可以将自己眼睛当作照相机,在欣赏中要建立虚拟画框,从整体景观中分离画面和组织画面,将某一局部从整体背景中分离出来,同时,需要观赏者善于取景,因为园林景观中不同视角美感度不同,意味也不同。园林中的门洞窗户以及树枝空隙都可以成为框景的"工具"。观赏者可以透过门窗或树枝空隙去观赏景物,在视觉中组织成一幅幅图画。景观可以获得焦点透视的图景,动观可以获得散点透视的图景。

绘画语言是线条与色彩。线条有角度、曲直、长短之分,不同的线条有各自的审美趣味,或刚劲、或婀娜、或活泼、或凝重。线条感是人眼对客观事物进行视觉概括的结果,用线条化的观赏方式来观赏园林,可以发现更多的美。水岸线条多柔美,建筑物的线条多为直线折线、参差错落,道路、桥梁有曲有直;植物轮廓线都为柔美的曲线。园林的色彩主要是指植物、建筑物、水体、天空的色彩。园林植物的色彩比较丰富,建筑物的色彩通常比较单纯。如果总体色彩构成单纯,则显得素雅宁静;色彩丰富,则显得生机勃勃、活泼华丽。

即学即用

利用所学知识,分别选择现代公园与古典园林,观赏特性有什么不同,体验一下两种园林感受有什么不同,并分析其观赏特性,评价其设计效果。

9.3 建筑景观欣赏

人类所造之物中体量较大的多数为建筑，世界上著名的人文景观大多是建筑景观，我们日常所见到的体量较大的人文景观大多数是建筑。这就说明，建筑是人文景观的主要存在形式，它在景观设计与欣赏研究中具有主要地位。掌握建筑景观欣赏方法，有着重要意义。

9.3.1 建筑景观及其分类

1. 建筑景观的概念

建筑景观指的是以建筑为主体所构成的景观。建筑是人们用泥土、砖、瓦、石材、木材、钢筋砼、型材等建筑材料构成的一种供人使用或观赏的物体或空间，如宫殿、住宅、寺庙、陵墓、桥梁、城墙、桥梁、厂房、体育馆、窑洞、塔等。

2. 建筑的分类

建筑的种类繁多，可以按照多种分类依据进行分类。从这些分类可以从不同侧面看出建筑的各种属性。

1) 功能角度的建筑分类

从功能角度可以将其分为实用建筑、观赏建筑、纪念建筑。尽管它们都具有观赏价值，但是观赏价值高低、观赏特性有所不同。

（1）实用建筑指的是供人居住、工作及从事其他活动的房屋，还有桥梁、水塔、电塔等。这些建筑物都是为了实用而建造的，其根本目的不是为了欣赏。实用建筑的实用与审美两种功能之间有时候是可以兼顾，有时候却是矛盾的。当然这种矛盾可以设法缓和，当矛盾解决不了时，主要还应服从于实用目的，因此在造型上有所限制，可能会降低其观赏价值。比如方形的建筑实用面积会多些，而有时候为了造型需要改成圆形，就会影响实用性。

（2）观赏建筑也可称为景观建筑，这是专门用于观赏、休憩的各种构筑物。它是精神功能高于物质功能，用于装点环境、愉悦人的心情的构筑物，比如亭子、小品、塔。实用功能放在次要地位。这种景观的设计含量很高，观赏价值也高，寓意深刻，意味深长。

（3）纪念建筑属于树碑立传目的的建筑，是为了纪念某人某事而建立的构筑物。比如牌坊、纪念碑、纪念塔。它们没有什么实用功能，纯粹用于摆设。这种景观是设计含量、文化含量会很高，寓意深刻，意味深长，因此它的观赏价值也会很高。

2) 文化角度的建筑分类

建筑是地域文化的重要物质性表现和象征符号。世界各地建筑因文化背景的不同，曾经有过大约七个独立的体系，不过其中有的或已失传，或流传不广，如古埃及、古西亚、古印度和古代美洲建筑等，目前只有中国建筑、欧洲建筑、伊斯兰建筑得到很好传播，它们被认为是世界三大建筑体系，其中中国建筑和欧洲建筑延续时间最长，传播范围最广。建筑是文化的重要符号，不同地域的建筑能暗示相应的文化氛围。

（1）中国建筑。中国的古建筑是世界上历史最悠久、体系最完整的建筑体系，从单体建筑到组合具有自己的特色。中国建筑为木构建筑，是世界上独特的，并且传播至日本、韩国、越南等东亚文化区。故宫是中国建筑的代表作品。早期中国建筑以夯土为主要承重基础，辅以木构框架。唐代以后技术成熟，全木构架普及，以榫卯结构连接构件。

（2）伊斯兰建筑。西方称之为萨拉森建筑。它包括清真寺、伊斯兰学府、哈里发宫殿、陵墓以及各种公共设施、居民住宅等，是伊斯兰文化的组成部分。伊斯兰建筑以阿拉伯民族传统的建筑形式为基础，借鉴、吸收了两河流域、比利牛斯半岛以及世界各地、各民族的建筑艺术精华，以其独特风格的造型，创造了具有历史意义和艺术价值的建筑。

（3）欧洲建筑。欧洲建筑包括古罗马建筑、罗曼建筑、哥特式建筑、文艺复兴建筑、巴洛克建筑。欧洲建筑多以石材为建筑材料。

建筑还可以按照时代特征来分类：现代建筑、古典建筑；还可以按照构筑材料来分类：木结构、石头结构、钢筋混凝土结构；还可以按照实际用途来分类：民居建筑、体育建筑、宗教建筑、公共活动建筑、墓地、文化教育建筑、工厂建筑等。

9.3.2　建筑景观的观赏特性

建筑是一种视觉艺术，却具有与音乐一样的审美特征，能给人以音乐般的感受效果，音乐是动态的，建筑是固态的，因此它被称为凝固的音乐，这是对建筑具有的神秘价值的肯定。建筑是人类生活、劳动的场所，是一种最具代表性的物质文化。由于它是人类创造的大体量、最具构景意义的东西，因此，它最能代表一定时期和一定地域的文化，代表特定风格情调，能造成一定的文化氛围。建筑的种类很多，其观赏特性与它的造型、结构、体量、高度、材质、表面装饰、色彩构成、神采、文化内涵有密切的关系。这些因素决定着建筑审美风格、文化情调。因此不同的建筑的观赏特性、艺术风格差异很大，具体到某一种或某一处建筑其观赏特性应区别对待。总体上，建筑具有造型美观、人文气息浓郁、文化内涵丰富的观赏特性。同时，不同风格的建筑观赏特性也有所不同。

欧洲宗教建筑多用石材来建造，体量较大，表面多装饰性雕塑，具有凝重、大气、豪华的观赏特性；欧洲宗教建筑的外形多纵向线条、锋利的尖顶，具有崇高、神秘的观赏特性。中国建筑多用木材来建造，大多体量较小，具有亲切、雅致的观赏特性；中国建筑屋顶多飞檐翘角形态，横向延展的曲线，具有飞动、灵巧（不笨重）的观赏特性。古典建筑给人以古朴的感觉。现代建筑的造型、尺度、材质具有时代感。欣赏建筑景观还要体验其情调和文化氛围。宗教建筑是人类精神的寄托，精神力量所产生的作用远非物质所能比，所以宗教建筑是人类倾注心血、财力的最多的建筑之一，通常比民居体量大，装饰华丽，材料考究，具有神圣、神秘、豪华、庄重的观赏特性。宫殿建筑是帝王理政和居住的地方，是国家权力的中心，也是倾注心血、投入财力最多的建筑之一。宫殿规模宏大、结构对称、装饰华丽、材料考究，具有雄伟、庄重、豪华的观赏特性。宗教、宫殿建筑的文化含量最高的。民居通常体量较小，结构多变、无太多装饰或以雕刻、绘画装饰，建筑材料一般，具有亲切、简约、朴素的观赏特性。民居建筑也有很多地域风格，中国疆域辽阔，民族众多，民居的建筑风格十分多样，比如北京的四合院、陕北的窑洞、安徽的徽州民居、福建的客家土楼、赣南的客家围屋、四川的客家民居、回族民居、维吾尔族民居、藏族民居、傣族民居，其外形及装饰风格各具特色，观赏特性也存在许多差异（图9.4）。

(a) 藏族建筑   (b) 傣族建筑

图9.4 中国少数民族建筑景观欣赏

建筑内部景观视觉特征也各不相同。欧洲宗教建筑内部空间高大，光线幽暗，具有神秘感、崇高感。民居建筑内部空间较小、高度不大，则有和谐、亲切、宜人的观赏特性。内部装饰华丽、雕梁画栋、精雕细刻、色彩丰富的空间则有豪华、高雅、文化氛围浓郁的观赏特性。内部装饰简单或者很少装饰的空间则有朴素、亲切、文化含量低的观赏特性。

9.3.3 建筑景观的欣赏方法

建筑景观可以远距离欣赏，也可以近距离欣赏，还可以进入内部欣赏，远观其势，近观其质。既可以单独欣赏，也可以群体组合起来欣赏。许多建筑的实用性强，需要欣赏者建立适度的审美心理距离，忘却实用功能，如同欣赏音乐一样去欣赏建筑景观。欣赏建筑需要从其造型、结构、体量、高度、材质、装饰物、色彩构成、神韵、文化内涵等方面入手。

远距离欣赏建筑景观，注重欣赏其整体形态及神态的特征，感受建筑直冲云霄的力量、孤傲、雄伟的神态（如埃菲尔铁塔、摩天大楼、宗教建筑、大型宫殿），或感受建筑宁静端庄的安详（如低矮建筑），或感受建筑灵动飘逸的舞姿。

近距离仰视建筑，可以感受到它的高大雄伟。此外，近距离观赏建筑，还可以欣赏建筑欣赏到建筑的细部，品味建筑的材质、表面装饰、建筑物具有的结构特征及其象征意义，欣赏各种梁柱、墙面上的装饰图案绘画或雕塑、楹联文学和书法艺术，字画或雕塑的美感，品味其文化内涵，体验特殊的情调意味及文化氛围。比如，欣赏宗教、宫殿建筑时，要通过建筑物的高度，装饰华丽，高级材料，感受神圣、神秘、庄重、豪华的效果；欣赏徽州民居时，首先观察其总体造型、门窗尺度结构比例特点及审美特征，然后欣赏门罩造型雕刻、墙面绘画装饰、建筑材料，品味它们具有的审美特征和情调意味。

一般情况下建筑只需欣赏其外表，从内部观赏又是另外一种情况。建筑内部景观欣赏，要从内部空间大小、光线明暗、装饰材料、悬挂物品及装饰物、雕刻、绘画及其内容来欣赏。建筑物内部的点滴细节都会影响景观欣赏效果，观赏者要调动视听感觉器官感受景观中的各种信息，发挥联想和想象，体验景观给予你的感受效果。比如，欧洲宗教建筑内部空间高大、光线弱、装饰华丽，可以体验到神秘的宗教氛围。进入徽州民居时，狭小低矮的空间有亲切、朴素之感；挂满字画墙面，饰以精致而不加色彩的雕塑的梁柱门窗，装饰图案的题材，能给人以儒雅、文化底蕴深厚、崇文重教的人文气息。

即学即用

利用所学知识，欣赏和比较现代建筑与古代建筑，中国建筑和西方建筑，体验不同的感受，并分析其观赏特性，评价其设计效果。

9.4 雕塑景观欣赏

在园林、城市中经常能见到雕塑，它已经成为设计师们美化环境，将不可见的非物质文化转化为可见的物质文化产品的重要手段，可见掌握其欣赏方法具有重要意义。

9.4.1 雕塑的概念与分类

要学会欣赏雕塑首先必须了解雕塑的概念和分类。雕塑有多种分类方法，详见有关章节。

9.4.2 雕塑景观的观赏特性

将平淡无奇的材料转变成艺术品，能赋予它新的生命、新的价值，其身价会大大改变，主要表现在它会极大地改变材料的观赏特性、观赏价值、文化价值。首先，改变了原有材料的观赏特性。一块石头、一块木料经过雕刻，由自然形态变成的艺术作品，赋予了人文内涵和作者的思想情感，其观赏特性显然不同。原有形态传递的是自然气息，蕴含自然美，加工后会增加更多的人文气息，赋予了更多的人文美、艺术美。其次，可以极大地提高原有材料的观赏价值，为其增加许多文化内涵，令其价值倍增。无论是天然材料还是人工材料经过艺术加工，也无论是高档材料还是普通材料，加上人类的这种创造，其观赏价值会大大提高。其三，提高了原有材料的文化含量。在一定材料上做雕刻，是文化沉积的过程，对于文化传承和研究都具有其不可磨灭的价值。比如，一块普通的石灰石，其实用和观赏价值可想而知，如果雕刻成一座佛像，其价值会大大增加，变得熠熠生辉；即便是一块具有自然美的璞玉，经过雕塑加工后，其价值也会倍增。

雕塑是一种艺术，它会赋予作品艺术属性，即审美性、情感性、形象性、主体性、技巧性；雕塑是一种人类创造性劳动，是一种艺术含量很高文化创造现象，这种创造行为除了改变原来材料形态，改变审美特征以外，还会赋予其更多的人文内涵，雕塑过程是将非物质文化转化为物质文化的过程。即便原来的材料在形态上具有观赏价值，雕塑后其观赏特性是不同的，比如奇石与雕塑作品的观赏特性是不同的。基于上述的分析，可以得出雕塑的总体观赏特性：形象的艺术性，内涵的丰富性。

雕塑的观赏特性主要与雕塑的题材、形态、尺度、材质、类型等特性有关，因此具体到某一种雕塑观赏效果还要具体对待。不同的雕塑题材会传达不同的寓意，比如以英雄人物和以文人雅士为题材，所传达的信息有很大不同；雕塑善用形态语言来传达信息、意味，比如人物的站姿与坐姿会表现出不同的气质，不同的姿态会有不同的神采；尺度大的雕塑具有雄伟壮观的特性，小巧的、细腻的雕塑会有精致、优美的特性；材质弹性、硬度、比重、肌理特性关系雕塑的审美风格和意味，比如，质地坚硬、粗糙花岗岩雕塑会有刚毅粗犷的视觉效果，质地凝重、细腻的大理石雕塑具有格调高雅、庄重、豪华的视觉效果，坚硬、沉重、色彩古朴的铸铜雕塑具有古朴、庄重的视觉效果，质地细腻、晶莹剔透的玉石雕塑具有高贵、雅致的视觉效果，用冰雕出的雕塑具有琼楼玉宇般的效果，用沙雕成的雕塑具有朴素轻松效果。雕塑的创作技艺高低会影响观赏特性，如果技艺水平高，其作品的艺术性也就越高；雕塑的类型多种多样，其抽象程度关系雕塑的意味，具象雕塑有精致感，半抽象雕塑更耐人寻味，抽象雕塑更具有高雅的气质，装饰性很强；不过，雕塑是否涂色并不影响观赏，雕塑材料的本色就是雕塑的最佳色彩，也就是说，色彩不是雕塑的主要观赏特性，加上五彩会使雕塑更加逼真，但却可能变得庸俗，雕塑与绘画一样贵在似与不似之间，重在神采、材质美的表现。

9.4.3 雕塑景观的欣赏方法

雕塑属于纯粹的艺术作品，而艺术作品都具有很高的欣赏价值，否则就不能称为艺术作品。艺术作品的艺术性越高，观赏价值也越高。虽然同样是艺术作品，其艺术性也有高低之别，但是总体上其艺术价值通常要高于一般的实用产品。因此，欣赏雕塑需要细细观赏，用心品味。雕塑观赏效果与其题材、造型、尺度、材质、技艺高低等因素有关。根据雕塑的尺度来调整观赏距离，根据雕塑的类型来确定观赏方法。

1. 圆雕的欣赏

圆雕是最为常见的一种雕塑，可以看作立体的画作，其构图方法、艺术语言与绘画均与绘画有相似之处。圆雕可以从各个角度来欣赏，但是它依然有最主要的一面或者两面，并非所有角度都具有最佳的观赏效果，所以，观赏时应当以正面为主，结合其他角度来进行观赏。观赏距离应根据雕塑的尺度来调整。欣赏时，要看其题材所表达的内容，领悟作者的本意，是表现什么精神、思想；看其形态显示出的神采、情调；看其尺度是高大雄伟，还是小巧可爱；看其材质是粗犷凝重，还是细腻润泽。雕塑通常是静态的，是反应某一瞬间的场景（人或动物），但是蕴含动态的态势，因此，在欣赏中欣赏者需要借助雕塑所提供的信息，联想和想象出更多变化的场景，以领略作品的寓意及其中蕴含的思想情感，获得更好的体验效果。

2. 浮雕的欣赏

浮雕是雕塑于物体表面，尽管雕塑形象有一定厚度，也只能在一面欣赏，与圆雕相比，其观赏特性与画作更为接近，其构图方法、艺术语言与绘画更为相近，但是由于成像材料的不同，使得景物、线条的质感不同，也导致了审美趣味不同。浮雕是对物体表面具有很好的装饰作用，比如西方建筑的外墙的浮雕体现出很好的装饰效果。欣赏浮雕与欣赏圆雕具有相同的着眼点，也要从其题材、形态、构图、材质等方面来欣赏。浮雕的尺度通常比较小，微小尺度的雕塑是见功力能获得精致华贵的感受效果。欣赏浮雕除了需要欣赏其构图、形态之美，要欣赏神采、趣味以外，还需要欣赏雕塑的细节显示出的精湛技艺，欣赏雕塑装饰过的环境具有的文化气息和高雅豪华的景观氛围（图 9.5）。

3. 透雕的欣赏

透雕图案为两面，两面图案相同，观看一面也就可以获得观赏目的。欣赏也是要从其

图9.5 浮雕欣赏

题材、形态、构图、材质等方面来展开。透雕材料和技艺的要求高于圆雕和透雕。透雕的材料通常比较细腻、有弹性、有韧性（如木料、玉石），否则很难刻画出细腻的图案；透雕比圆雕和透雕技术要求高，否则很难成功地穿透材料创作透雕。除了欣赏其形态、构图、内涵具有的美感及意蕴，还要欣赏其特殊材质具有美感以及令人叹为观止的精湛技艺。

📖 **即学即用**

利用所学知识，欣赏和比较各种类型和各种材质的雕塑，体验不同的感受，并分析其观赏特性，评价其设计效果。

9.5 设施、工具、物品景观欣赏

为了满足社会生活的需要，人类除了建造了大量建筑以外，还制作了各种各样的设施、工具和物品。尽管它们是实用产品，但是也都或多或少地具有观赏价值，作为观赏者应当关注它们的观赏特性与观赏价值，学会如何去欣赏它们。

9.5.1 设施、工具、物品景观的概念

设施、工具、物品景观指的是以设施、工具、物品为主要观赏对象所构成的景观。设施、工具、物品泛指生产、生活中各种设施和物件。其概念很宽泛，涉及的种类也很复杂，除了建筑物以外很多设施和物件都属于此类。比如，交通设施、专业设施、劳动工具、工业产品、农业产品、文化产品、家用物品、武器景观、装饰物品等等，三百六十行，行行都有自己的工具、产品。表1-1所列的内容仅仅是重要的部分。这些东西无处不在，无时无刻不在传递着各种信息，刺激着我们的视神经。不过由于其中不少物品体量不大或司空见惯，往往不受世人重视，只有见到自己没见过的东西才会引好奇。比如，汽车、飞机、火车、船只、马车等交通都可能成为欣赏的对象，如果是造型别致的、古代的交通工具观赏价值会更高；如同彩带一样的盘山公路就颇具观赏价值；红灯笼在过去是中国人用于照明的工具，现在成了传统文化的符号、喜庆氛围的标志。现实中，设施、工具、物品有时成为主景，有时发挥着渲染景观的作用，对景观风格及景观氛围的形成发挥着重要作用。

9.5.2 设施、工具、物品景观的观赏特性

设施、工具、物品都是人类为满足自己的需要创造的，都属于蕴含精神文化的物质文化产品。从古至今，人类造物大多秉承了实用与审美的兼顾的人性化理念，因此设施、工具、物品除了实用价值以外，也不乏审美价值。比如，一把椅子、一只花瓶、一辆汽车具有实用功能，其造型具有审美价值。人造的东西还是文化的符号，蕴含着人类思想及活动的信息。比如，古代物品是蕴含古代文化的符号，现代物品是蕴含现代文化的符号；交通工具是蕴含一定时代的科学技术文化和经济文化的符号；农产品是蕴含农耕文化的符号。因此，总体上，设施、工具、物品大多具备实用性、艺术性和文化性特征，也就是说，除了实用价值以外，还蕴含审美价值，同时还有文化价值。另一方面，不同的设施、工具、物品的观赏特性和观赏价值高低并不相同，有的甚至没有观赏价值，也就意味着实用与观赏之间会产生严重矛盾。比如，空中架设的输电线、通信线，其实用价值很高，却几乎没有观赏价值，对于欣赏者来说是多余的东西，故而有些方地采用地埋的方法来防止视觉污染。

设施、工具、物品（装饰物品除外）的实用特性决定了它们与人的生产、生活关系密切，有贴近生活的亲切感；设施、工具、物品大多蕴含人性化的设计思想，兼顾人类的物质性和精神性需要，因此符合人的情感需要，蕴含更多的人情味；一定时期一定地域的设施、工具、物品都积淀了特定的文化，包括设计思想、价值观、生活方式等方面的文化。设施、工具、物品的感知特征决定了其具有亲切性、情感性、审美性、内涵性的观赏特性。

设施、工具、物品的观赏特性与其功能、形式、神采、文化内涵关系密切。由于此类产品的种类十分多样，具体到某一种东西的观赏特性还得具体分析，也就是说，不同的设施、工具、物品的观赏特性不同。其功能、形式、神采、文化内涵对某种景观氛围和情调意象的形成都发挥着一定作用。比如，看到马车，就会想到这是古代人的交通工具，形成了古代景观氛围和情调意味，还可以领略其造型结构、材料中蕴含的功能美、技术美、艺术美。古代设施、工具、物品景观有古朴感，现代设施、工具、物品景观时代感；农具、农产品加工设施及产品与农舍等共同构成农家景观。比如，小木船、水面、小桥、房屋共同构成传统江南水乡的景观；水车、磨盘、油榨、农舍又会构成另外一种风格的乡村景观；宽敞笔直柏油路、林荫道、小汽车、人群和高楼大厦等组合在一起又构成现代城市景观。古代设施、工具、物品的实用功能大多退化，反而增加了观赏价值；而现代设施、工具、物品功利性太强、太寻常，或多或少会影响观赏价值的体现。

9.5.3 设施、工具、物品景观的欣赏方法

设施、工具、物品的观赏属于特殊的不被关注的景观，需要把握适当的心态与观赏方法。

1. 建立适度的审美心理距离

由于设施、工具、物品的观赏功能很容易被其实用功能所掩盖，因此，欣赏之前尤其要注意建立适度的审美心理距离，也就是要有雅兴，否则，难以产生审美注意，也就无法进入高级欣赏阶段，也就无法产生更好的审美体验。对待此类景物不能只看到实用功能的

一面，还要关注其审美特征，领略其意味和它所传达的特殊文化气息。对于精美的景物更需要仔细端详。欣赏者要善于捕捉设施、工具、物品所构成的景观具有的特殊情调意味，发现有趣味有内涵的场景，你会有很大收获，能体验到快乐的情感，生活的乐趣，审美的意境。"生活中不是缺少美，而是缺少发现美的眼睛"（罗丹）这句话的内涵在设施、工具、物品的欣赏中能得到诠释。只有调整心理状态，才能发现更多的美。比如，看似寻常船只，却蕴含特殊的意趣，不乏观赏价值，可形成"孤帆远影"、"千帆竞秀"之类的景观。

2. 选择观赏价值高的景物

设施、工具、物品涉及面很宽，随处可见，但也应当知道，不同景物的观赏特性和观赏价值高低各不相同，应当有所选择。最好选择稀奇、新颖、有趣、美观、文化内涵丰富的景物。比如，选择古代的工具和器皿、新产品、稀有东西、制作精美的东西等等为观赏对象。汽车展、航空展、文物展等展览中就有不少观赏价值高的东西。这样可以提高自己的欣赏兴趣和欣赏的效果（图9.6）。

(a) 马具

(b) 傣族农家用品

(c) 纺织器械

(d) 古战车

(e) 连心锁

(f) 瓷器

图9.6 工具、设施、物品景观示例

3. 抓住景物的主要观赏特性

设施、工具、物品的观赏特性主要从其功能、形式、神采、文化内涵感知入手。以欣赏盘山公路为例，通过感知它的各种观赏属性可以体验到景观的意味。盘山公路功能能用于行车，满足人类生活需要，蕴含人间真情；其形式犹如挥舞的彩带具有优美的特征；其神采具有自由飘逸的神韵；其内涵表现在蕴含现代人的思想、智慧、经济文化。其他景物当然可以参照这种模式来进行欣赏。歌曲《天路》的歌词描述了站在高高的山冈、青青牧场观赏青藏铁路的观赏体验，感受了其中的真、善、美。青藏铁路像"一条条巨龙翻山越岭"，描绘了它的形态与神态之美——蜿蜒起伏、矫健有力；"那是一条神奇的天路"，描绘了它所蕴含的文化内涵科技含量——人间奇迹;"为雪域高原送来安康,把人间的温暖送到边疆,从此山不再高路不再漫长,各族儿女欢聚一堂",描绘了它的实用功能及其所蕴含的人间真情——亲切温暖。

即学即用

利用所学知识,欣赏和比较各种设施、工具、物品及其材质,体验不同的感受,并分析其观赏特性。

9.6 人造火光景观欣赏

人造火与光作为人文活动的产物,其中有些是为了满足实用需要,还有些是专门为了满足观赏需要而创造,其实,不管是为了何种目的创造的,都具有观赏价值,只是高低不同而已。所以了解火与光的观赏特性及掌握其观赏方法也很有必要。

9.6.1 人造火光景观的概念

人造火光景观是指以人造火光现象为主要观赏对象的景观。火是物质燃烧过程中散发出光和热的现象,是能量释放的一种方式。有火就有光,但是有光未必有火。人类学会利用火提供热、光是人类早期的伟大进步之一,这在人类文明发展史上有极其重要的意义。火文化在人类物质文化和精神文化中有着特殊地位。火的使用,使人类形成和推广了熟食生活,开始了制陶、冶炼等生产活动,其所具有的特殊功能和性质,让人类对火有着特殊的感情,并赋予了它许多象征的意义。比如,奥运会期间要采集、传递、点燃火炬;有些民族还设立了火把节、篝火节,这种火就具备了观赏价值。具有景观意义的人造火主要有篝火、焰火、灯火等。

光获得方式,过去是通过燃烧可燃物方式,现在可通过电子方式,看不到火焰,却可以得到所需的各种光。光的功能,除了照明用以外,其观赏功能也是很明显的。比如,景观灯可照出美丽的夜景,激光可以播放激光电影。具有景观意义的人造光常见的有照明灯光(传统灯和电灯)、景观灯光、激光等。

9.6.2 人造火光景观的观赏特性

火与光是物理现象,其特殊的性能被人类广泛利用后,发挥了实用功能和精神功能。火是一种能量而不能归类于物质。火被中国五行学说当作五行之一,是具有特殊地位和属性的物理现象。中国古人称火为"阳之精"。火性炎,即具有炎热、光明、上升的特性,引申为凡具有温热、上升、光明等性质或作用的事物和现象归属于火。火的这些特性使其被认为具有驱邪祛污的作用。火被世人当作吉祥之物,用以象征红红火火、事业发达、生生不息、生命延续,具有丰富的文化内涵,受到人类的崇拜。光是光明的使者,与黑暗、阴沉相对立,能给人类带来光明和希望。火和光都是虚体,虽然可见却不可触及,但是在创造特定景观效果中却可发挥着特殊的不可替代的作用,因为火光的色调和亮度会导致不同的景观感受效果,比如,暖色光有温暖感,冷色光有冰冷、神秘感,高亮度照明有温暖感、灿烂感,昏暗的照明有阴森感,多色光源照明会有丰富、活泼感。光常用于渲染环境,利用它可创造出诸如灿烂、温馨、幽静、阴森、神秘等多种环境氛围。

火与光的感受特性是热烈的、闪亮的、绚丽的，除了烧制产品、照明等实用功能以外，还能给人以温暖和力量，兴奋人的心情，激发人的斗志。火与光的感受特性决定了其具有热烈欢快、温馨浪漫、虚幻神奇的总体观赏特性。

火与光的观赏特性与光源的性质、光的造型、色调、亮度、文化内涵等因素关系密切，不同形式火与光会呈现出不同的观赏特性。比如，篝火，其观赏价值不在于形态之优美，而在于熊熊火焰具有的色彩以及所蕴含的热能和文化内涵，给人蓬勃向上的力量，温馨浪漫的情调；焰火的观赏特性表现具有火树银花般绚丽的色彩和奇特造型，给人温馨浪漫、虚幻神奇的视觉享受；灯火也能创造一种特殊的景观氛围，古代照明工具（蜡烛、油灯）能创造一种复古的景观氛围，现代照明工具（电灯）能创造一种的现代景观氛围；现代景观灯是创造夜景的主要工具，利用灯光来控制造型、光色及其亮度创造出日间看不到的仙境般的景观环境；溶洞中配置特殊的光照能渲染出具有神秘感的仙境般奇异景观。

9.6.3 人造火光景观的欣赏方法

观赏具有特殊效果的火光景观，要选择理想的时间、地点，抓住对象的观赏特性。

1. 选择观赏价值高的场景

可供欣赏的火光景观比较多，需要按照时间来选择观赏。比如，每年的 6 月 18 日是鄂伦春族都举办篝火节；彝族、白族、纳西族、基诺族、拉祜族等民族都有传统的火把节，文化内涵丰富，被称为"东方的狂欢节"，观赏者需要赶在举办节日的时间去欣赏或参与。景观灯装扮夜景比较多见，不少城市和旅游区都重视夜景的设计，比如香港、珠江沿岸、海河沿岸夜景等等都颇具观赏价值。焰火只有在特殊的日子才能看到。激光电影在不少地方都可以欣赏到。

2. 把握火光的主要观赏特性

从火与光的光源的性质、光的造型、色调、亮度、文化内涵等特性来感受特有的意象。欣赏篝火，主要是感受火的温度、能量以及其中蕴含的文化气息，并结合欣赏欢乐的人群，体验这种特殊的庆祝活动具有的喜庆氛围。对于景观灯装扮夜景，注重欣赏用光勾勒出的形态各异、起伏跌宕、富有节奏的造型，华丽的色彩，若隐若现、虚幻神奇的景物，从而体验到如同仙境的意境。欣赏焰火，需要关注绽放的焰火形成的如同一朵朵鲜花般色彩绚丽，神奇多变的造型，如同流星般的洒落状态，同时关注伴随的声音效果，体验焰火给人带来的节日气氛。观看激光电影，需要关注神奇多变、色彩斑斓、美轮美奂的影像，欣赏现代科技带来的科学美、技术美，感受欢快喜庆的氛围。

即学即用

利用所学知识，欣赏和比较各种火光，体验不同的感受，并分析其观赏特性。

9.7 人类行为景观欣赏

人类既是欣赏的主体，也是欣赏的对象，尤其是很多奇特的人类行为更是观赏的对象，所以，无论是景观的欣赏还是设计，都不应当忽略人类行为这一重要人文景观。

9.7.1 人类行为景观的概念

人类行为景观是指以人类行为为主体所构成的景观。人类行为每天都在发生，行为的内容与方式异彩纷呈，常见的有劳动行为、生活行为、竞技行为、节庆行为、宗教行为、曲艺表演。其中有些行为具有很高观赏价值，完全可以当作景观来欣赏。有些行为，比如耕田、采茶、打鱼、榨油、举行婚礼等，在当地人看来很平常，但是对外地人来说却可能是新奇的，会觉得很有意思，这就具备了观赏价值。

9.7.2 人类行为景观的观赏特性

人类行为类型多样，目的各有不同，有些是为了创造物质财富，有的是为了健身，有的是为了娱乐，有的是为了表达情感，有的是为了寻求精神寄托，有的是为了庆祝节日，有的是属于日常生活，有的是为了让人观赏，因此观赏价值和观赏特性很不均衡。

人类行为和动物行为都是一种动态的景观，蕴含着生命活力。人类行为是非物质文化的一种特殊表现形式，是一种活的文化产品，比静态的文化产品更具有人文气息，更能显示出特有的地方情调，充满人间的真善美。人类行为的这些特征决定了其富有生气、生命精神和文化气息的总体观赏特性。

决定行为观赏特性的主要因素是行为的目的、审美特征、文化特征，不同行为会呈现出不同的观赏特性。工业和农业劳动行为重在能满足观赏者的好奇心，显示地方特色文化；升旗仪式、阅兵仪式、迎宾礼式等礼仪行为会给人以庄重、自豪感；体育竞技行为活力四射，并有一定的趣味性，能激励人的斗志；日常生活、民俗活动等行为景观能给人以文化气息浓郁、新奇有趣之感；节庆、会展、庙会等节庆行为人气很旺，能给人以热烈欢快之感；宗教行为具有庄严、神圣、神秘之感；曲艺表演属于艺术行为，具有较高的观赏价值，而且文化内涵丰富，会给人以气氛活跃、喜庆之感（见彩图38）。

9.7.3 人类行为景观的欣赏方法

1. 把握欣赏时机

人类行为是一种动态过程的人文景观，只有在发生过程中才能欣赏到，尽管现代人能用录像方式保存行为过程，但是与现场欣赏效果还是不同的。把握时机可以从两方面来看：其一，某些人类活动有一定时间规律的，需要按照发生时间来选择欣赏。比如运动会、庙会、节庆活动都是有计划的活动，容易把握时间；有些人类活动是经常重复的，比如演出、升旗仪式等，观赏机会比较多。其二，有些随机发生的人类活动。在旅游中有时候会遇到偶发的活动，需要抓住机会，机不可失失不再来。比如，生产、生活、民俗活动往往带有偶发性。

2. 选择观赏价值高的活动类型

世界各地都有很多可以欣赏的人类活动，有许多看似寻常的行为，却不乏观赏价值，如果具备好奇心和一定鉴赏力，你就会发现，人间处处是美景，只是看你会不会欣赏。不过人类活动景观的观赏价值也相差悬殊，只有选择具有地方特色的、稀有的、美感度高的行为，才能得到更好的体验效果。比如，观看奥运会比赛、各种庙会、大型宗教活动、地方性节庆活动等等。

3. 把握行为景观的主要观赏特性

行为景观的欣赏过程中应当从感知行为的目的、审美特征、文化内涵等方面来体验。工业和农业劳动行为目的不为观赏，美感度不是很高，重在感受其中的蕴含的地方文化、情调意味；升旗仪式、阅兵仪式、迎宾礼式等礼仪行为目的是为了表达情意，不属于物质性目的，应注重体验其中的审美特征；体育竞技行为具有娱乐目的，应注重品味其中的趣味，激烈和活跃氛围；日常生活、民俗活动是生活行为，美感度也不突出，应注重品味其中的文化气息和异地风情具有的趣味；节庆、会展、庙会等节庆行为，是一种纪念性活动，应注重品味活动具有的热烈欢快的节庆气氛；宗教行为是一种精神目的的活动，应注重体验活动庄严、神圣、神秘气氛；曲艺表演属于艺术行为，应欣赏其中存在的美，注重体验活跃、喜庆的气氛。

即学即用

利用所学知识，欣赏和比较各种人类行为，体验不同的感受，并分析其观赏特性。

9.8 场所景观欣赏

人类各种活动形成了各种场所，因为有人类活动留下的痕迹，蕴含一定的人文气息，便具有了一定的观赏价值。

9.8.1 场所景观的概念

场所是指人类活动或活动过的场地，显然，没有人文活动痕迹的自然环境不在其内。本节所讲的场所是指没有人类活动状态下的场所，如果有人类正在活动的地方观赏特性是不同的，则应另当别论。凡是人类活动的场所都会留下一些活动的痕迹，打下活动的烙印，观赏者感知这些人类事物获得各种信息，获得某种精神体验。比较重要的类型有：种植场地、工厂、矿区、交易市场、游乐场所、文艺舞台、体育场所、旅行活动场所等。比如，猿人居住地、古战场、种植场、矿区、市场、运动场、卫星发射场、码头等等。

9.8.2 场所景观的观赏特性

人类行为多种多样，比如劳动行为、礼仪行为、竞技行为、生活行为、节庆行为、宗教行为、表演行为等等都在一定的场所内进行，在活动场所内会构建构筑物、设施等遗存物，留下活动痕迹，这些都是人类创造的物质文化，属于人文景观，蕴含某些精神文化，具有人文气息，能满足审美、求知、怀旧、追念等需要。

人类活动场所的观赏特性与场所的性质（功能）、文化特征、意象特征、审美特性有关。场所的性质是观赏者关注的内容之一，比如种植场、工厂、舞台、体育场其功能不同，给观赏者造成的心理场也就不同，或壮阔，或浪漫，或活泼。文化底蕴深厚程度关系决定着场所的观赏价值高低，因为在人文景观的欣赏中，人们求知、怀旧的欲望比较强，出在次要地位。场所的审美价值高低不一，有些景物的审美价值并不太□□□化底蕴深厚，也会具有较高的观赏价值。比如，残缺不全的古竞技场其闪亮之□□于文化底蕴深厚，其中蕴含的深长意味，而不在于外观的优美。因此，人类活动场所的观赏特性总体上表现为，在一定的场所都会呈现出一种特有的"场"（氛围）的特征和耐人寻味的文化内涵，即具有某种情调感。这里所指的场是指格式塔心理学中的"场"的概念，是一种知觉心理场，是一种环境意象，是一种情境(图 9.7)。

(a) 古生活场所　　　　　　(b) 娱乐场所(古戏台)　　　　　(c) 祭奠场所

图 9.7　场所景观示例

在把握场所的总体观赏特性基础上，还应当从场所的性质(功能)、文化底蕴高低、遗存物的审美特性等方面把握各种场所所具有的观赏特性。场所的类型很多，不同年代、不同民族、不同国家、不同行业的生产和生活方式存在所形成的场所的外在形式、美感度、文化含量也各不相同，这些状况都会导致观赏特性与观赏价值的不同。比如，古代遗存的场所，可引发观赏者的无限遐想，产生古朴、神秘之感；梯田的观赏价值体现在其形态具有很高的审美价值，农耕文化底蕴深厚；中国的斗牛场没有精美的构筑物，场所的审美价值相对较低，倒是斗牛的场面颇有热烈、惊险气氛；现代体育场的设施具有审美价值和现代文化含量。

9.8.3　场所景观的欣赏方法

观赏场所景观要选择观赏价值高的地方，抓住对象的观赏特性，结合人类活动来欣赏。

1. 选择观赏价值高的场所景观

可供欣赏的场所景观非常多，需要选择具有地方特色、文化底蕴深厚、文化氛围浓郁、美感度高的场所。世界各地都有可以欣赏的场所，尤其是文明的发源地、历史悠久文明古国都能观赏到具有地方特色的场所景观。古埃及、古巴比伦地区、中国、印度、希腊为不同文明的发源地都有很多人文活动古迹。比如，各种古代人类场所、科技含量高的现代体育活动场所、特种工业产品加工场所、美感度高的农田都可以很好地满足观赏需要。

2. 把握场所的主要观赏特性

人类活动场所的观赏特性与其功能、文化内涵、氛围特性、审美特性有关。不同场所景观各有所长，有的景观以文化内涵见长，有的以氛围特性见长，有的是以审美特性见长。比如，田野景观，梯田以富有韵律感的线条见长，油菜花田以绚丽的色彩见长；古代采矿区景观以具有特殊的心理场和有文化内涵见长；田园景观会散发出一种悠闲的气息。

3. 与人类活动结合起来欣赏

人类活动场所并非都能看到人类活动，尤其是古代遗存场所已经"人去楼空"，只能在没有人类活动的情形下观赏。如果能加上现场的人类活动，则更起着锦上添花的作用，体验效果更好。农田中要有耕田种地的农民，竞技场上要有竞技者的身影，贸易市场要有川流不息的人群，戏台上要有戏曲表演，则能收到更好的体验效果。当人类活动场景难以还原时，还需要欣赏者借助现场的雕塑或遗物来联想与想象来还原古人活动的场面，也能起着补充作用。

即学即用

利用所学知识，欣赏和比较各种人类活动场所，体验不同的感受，并分析其观赏特性。

章首案例回眸

通过本章学习，我们学会了怎样去把握景观的观赏特性。现在再来分析"大黄鸭"受宠的原因。"大黄鸭"是一种人造物品，从景观观赏上看，艺术家精心创作，其造型、比例结构符合美的规律，其神态单纯、可爱，具有童趣（很萌），能给自己带来惊喜和欢笑，可以放松心情，而且不带有任何政治内涵，自然很受欢迎。如果从观赏价值去看，它的价值并不太高，因为它的造型一般，文化底蕴不深，内涵较少，只能作为一般景物来看待。不过，"大黄鸭"似乎被大家宠爱过度，超乎寻常。其原因，很可能是好奇之心、从众心理在作用，加上媒体宣传的推波助澜。

本 章 小 结

本章是要说明不同类型人文旅游景观的观赏特性和欣赏方法。首先，说明了人文旅游景观的总体观赏特性。然后，按照综合性人文景观、建筑景观、雕塑景观、设施工具物品景观、人造火光景观、人类行为景观、场所景观等人文旅游景观类型，说明了这些类型人文旅游景观具有的观赏特性以及观赏方法。

关键术语

聚落景观（Settlement Landscape）

园林景观（Gardens Landscape）

建筑景观（Architecture Landscape）

雕塑景观（Sculpture Landscape）

人造火光景观（Artificial Light Landscape）

人类行为景观（Human Behavior Landscape）

场所景观（Place Landscape）

设施景观（Installations Landscape）

知识链接

[1] 杨文会.环境艺术教育[M].北京：人民出版社，2003.

[2] 庄志民.旅游美学新编[M].上海：格致出版社，2011.

[3] 祁颖.旅游景观美学[M].北京：中国林业出版社、北京大学出版社，2009.

[4] [英]奥斯本.鉴赏的艺术[M].王柯平，王慧芳，朱林，等译.成都：四川人民出版社，2006.

[5] [加拿大]卡尔松.环境美学[M].杨平，译.成都：四川出版集团、四川人民出版社，2006.

[6] 俞孔坚.景观：文化、生态与感知[M].北京：科学出版社，1998.

[7] [俄]车尔尼雪夫斯基.生活与美学[M].北京：人民文学出版社，1958.

练习题

一、名词解释

聚落景观　建筑景观　园林景观　雕塑景观　人造火光景观　人类行为景观　场所景观　设施景观

二、填空题

1. 人文旅游景观从欣赏角度来看，特性主要包括_____、_____、_____、_____。

2. 人文景观主要有以下类型：综合性人文景观、_____、雕塑景观、设施景观、_____、_____、_____、人类行为景观。

3. 按照风格特征划分，世界古典园林一般分为三大体系：_____、_____、_____。

4. 人类行为每天都在发生，行为的内容与方式异彩纷呈，常见的有观赏价值的行为有劳动行为、_____、竞技行为、_____、_____、曲艺表演。

三、判断题

1. 人类行为和动物行为都是一种动态的景观，蕴含着生命活力。人类行为是非物质文化的一种特殊表现形式，因此它是一种活的文化产品。　　　　　　　　　（　　　）

2. 人类活动景观的观赏价值也相差悬殊，只有选择具有地方特色的、稀有的、美感度高的行为，才能得到更好的体验效果。　　　　　　　　　　　　　　　（　　　）

3. 圆雕可以从各个角度来欣赏，所以所有角度都具有最佳的观赏效果。（　　　）

四、简答题

1. 举例说明不同场所景观，具有不同欣赏方面。

2. 说明建筑有哪些分类方法。

3. 简要说明人造火光景观的欣赏方法。

4. 比较城市景观与乡村景观观赏特性的不同之处。

五、应用题

1. 观察你周围的一些事物，看看哪些具有较高的观赏价值。

2. 试分析长城为什么具有较高的观赏价值。

3. 试分析徽州古村落为什么比现代村落观赏价值高。

参 考 文 献

[1] [苏] A.B. 彼得洛夫斯基. 普通心理学[M]. 龚浩然，伍棠棣，张世臣，译. 北京：人民教育出版社，1991.

[2] [英] 奥斯本. 鉴赏的艺术[M]. 王柯平，王慧芳，朱林，等译. 成都：四川出版集团、四川人民出版社，2006.

[3] [俄] 车尔尼雪夫斯基. 生活与美学[M]. 北京：人民文学出版社，1958.

[4] 陈晶. 艺术概论[M]. 武汉：湖北美术出版社，2006.

[5] 崔莉. 旅游景观设计[M]. 北京：旅游教育出版社，2008.

[6] [瑞士] 费尔迪南·德·索绪尔. 普通语言学教程[M]. 高名凯，译. 北京：商务印书馆，1980.

[7] 呙智强. 景观设计概论[M]. 北京：中国轻工业出版社，2008.

[8] 古典文艺理论译丛编委会. 古典文艺理论译丛（八）[M]. 北京：人民文学出版社，1964.

[9] 郭茂来. 视觉艺术概论[M]. 北京：人民美术出版社，2000.

[10] 郝卫国. 环境艺术设计[M]. 北京：中国建筑工业出版社，2006.

[11] 黄华新，陈宗明. 符号学导论[M]. 郑州：河南人民出版社，2004.

[12] 姜今，姜慧慧. 设计艺术[M]. 长沙：湖南美术出版社，1987.

[13] [加拿大] 卡尔松. 环境美学[M]. 杨平，译. 成都：四川人民出版社，2006.

[14] [德] 卡西尔. 人论[M]. 甘阳，译. 上海：上海译文出版社，1986.

[15] [德] 库尔特·考夫卡. 格式塔心理学原理[M]. 黎炜，译. 杭州：浙江教育出版社，1997.

[16] 老枪. 大败笔[M]. 北京：中国友谊出版公司，2006.

[17] 李隆华. 标志设计基础[M]. 重庆：重庆出版社，1987.

[18] 李辉. 旅游景观鉴赏[M]. 北京：民族出版社，2005.

[19] 李长苏. 美学艺术学与哲学讲义[M]. 南昌：江西人民出版社，2006.

[20] 李巍，夏镜湖. 装潢美术设计基础[M]. 重庆：重庆出版社，1984.

[21] 李延龄. 建筑设计原理[M]. 北京：中国建筑工业出版社，2011.

[22] 李泽厚. 美学三书[M]. 合肥：安徽文艺出版社，1999.

[23] 凌善金. 地图艺术设计[M]. 合肥：安徽人民出版社，2007.

[24] 凌善金. 地图美学[M]. 芜湖：安徽师范大学出版社，2010.

[25] 凌善金. 旅游地形象设计学[M]. 北京：北京大学出版社，2012.

[26] 刘烨. 马斯洛的智慧[M]. 北京：中国电影出版社，2007.

[27] [美] 鲁道夫·阿恩海姆. 艺术与视知觉[M]. 滕守尧，译. 成都：四川人民出版社，1998.

[28] [美] 鲁道夫·阿恩海姆. 视觉思维——审美直觉心理学[M]. 滕守尧，译. 成都：四川人民出版社，1998.

[29] 南羽. 黄宾虹谈艺录[M]. 郑州：河南美术出版社. 1998.

[30] [美] 诺曼. 情感化设计[M]. 付秋芳，程进三，译. 北京：电子工业出版社，2005.

[31] 欧阳国，顾建华，宋凡圣. 美学新编[M]. 杭州：浙江大学出版社，1993.

[32] 潘必新. 艺术学概论[M]. 北京：中国人民大学出版社，2008.

[33] 彭立勋. 美感心理研究[M]. 长沙：湖南人民出版社，1985.

[34] 祁颖. 旅游景观美学[M]. 北京：中国林业出版社、北京大学出版社，2009.

[35] 邱明正. 审美心理学[M]. 上海：复旦大学出版社，1993.

［36］滕守尧．审美心理描述［M］．成都：四川人民出版社，2005.

［37］王建疆．审美学教程［M］．上海：复旦大学出版社，2007.

［38］吴世常，陈伟．新编美学辞典［M］．郑州：河南人民出版社，1987.

［39］徐芹庭．细说黄帝内经［M］．北京：新世界出版社，2007.

［40］杨恩寰，梅宝树．艺术学［M］．北京：人民出版社，2001.

［41］杨琪．艺术学概论［M］．北京：高等教育出版社，2003.

［42］杨世杰．美育概要［M］．北京：新世纪出版社，1999.

［43］杨文会．环境艺术教育［M］．北京：人民出版社，2003.

［44］俞建华．中国古代画论类编［M］．北京：人民美术出版社，2006.

［45］尹定邦．设计学概论［M］．长沙：湖南科技出版社，2001.

［46］叶朗．现代美学体系［M］．2版．北京：北京大学出版社，1999.

［47］尹思谨．城市色彩景观规划设计［M］．南京：东南大学出版社，2004.

［48］余晓宝．氛围设计［M］．北京：清华大学出版社，2006.

［49］朱震亨．丹溪心法［M］．北京：人民卫生出版社，2005.

［50］［瑞士］约翰内斯·伊顿．色彩艺术［M］．上海：上海人民美术出版社，1978.

［51］吴昊，于文波．环境设计装饰材料应用艺术［M］．天津：天津人民美术出版社．2004.

［52］徐恒醇，马觉民．技术美学［M］．上海：上海人民出版社，1989.

［53］徐缉熙，凌珑．旅游美学［M］．上海：上海人民出版社，1997.

［54］张法，吴琼，王旭晓．艺术哲学导引［M］．北京：中国人民大学出版社，1999.

［55］张宪荣．现代设计词典［M］．北京：北京理工大学出版社，1998.

［56］赵国志．色彩构成［M］．沈阳：辽宁美术出版社，1989.

［57］赵子江．平面设计艺术［M］．北京：机械工业出版社，2005.

［58］郑大弓，梅迪．质感延伸［M］．沈阳：辽宁美术出版社，2002.

［59］郑宏．环境景观设计［M］．2版．北京：中国建筑工业出版社，2006.

［60］宗白华．意境［M］．北京：北京大学出版社，1991.

［61］张婷，罗涛，甘永洪，等．景观元素视觉特性对其感知优先度的影响分析［J］．环境科学研究，2012，25(3)：297-303.

［62］凌善金，孟卫东．地图语言艺术化的本质与目标分析［J］．艺术与设计（理论），2012(8)：42-44.

［63］凌善金．美的规律在地图美化设计中的应用研究［J］．测绘与空间地理信息，2012(11)：34-37.

［64］刘英锋，郭广会，李晓燕．景观与心理［J］．中国疗养医学，2005，14(5)：330-331.

［65］刘佳娣．产品形态语意的情感特征表达与设计方法研究［J］．艺术与设计（理论），2008(9)：157-159.

［66］任娟莉．产品设计中的情感化设计［J］．企业导报，2009(10)：142-143.

［67］易心空．审美鉴赏力［OL］.(2009-05-17)[2009-09-19].http://baike.baidu.com/view/2454133.html.

［68］俞孔坚．景观的含义［J］．时代建筑，2002(1)：14-17.

［69］俞孔坚．景观：文化、生态与感知［M］．科学出版社，1998.

［70］许勃，王俊民．情感化的产品设计方法［J］．艺术与设计（理论），2010(11)：219-221.

［71］杨子倩．产品的情感化设计研究［J］．人类工效学，2011(2)：69-72.

北京大学出版社本科旅游管理系列规划教材

序号	书　名	标准书号	主编	定价	出版时间	配套情况
1	旅游交通管理	7-301-25643-5	来逢波　陈松岩	31	2015	课件
2	会展节事策划与管理	7-301-25512-4	朱　华　张哲乐	35	2015	课件
3	酒店质量管理原理与实务	7-301-25543-8	张红卫　张　娓	37	2015	课件
4	旅游景区管理	7-301-25223-9	杨絮飞　蔡维英	39	2015	课件
5	旅游文化创意与策划	7-301-25166-9	徐兆寿	43	2015	课件
6	旅行社经营管理	7-301-25011-2	余志勇	35	2015	课件
7	现代酒店管理实用教程	7-301-24938-3	林　巧　张雪晶	38	2015	课件
8	旅游学概论	7-301-23875-2	朱　华	44	2014	课件
9	旅游心理学	7-301-23475-4	杨　娇	41	2014	课件
10	旅游法律法规教程	7-301-24850-8	魏　鹏	45	2014	课件、微课
11	旅游政策与法律法规	7-301-23697-0	李文汇　朱　华	43	2014	课件
12	旅游英语	7-301-23087-9	朱　华	48	2014	课件、光盘、视频
13	旅游企业战略管理	7-301-23604-8	王　慧	38	2014	课件
14	旅游文化学概论	7-301-23738-0	闫红霞　李玉华	37	2014	课件
15	西部民族民俗旅游	7-301-24383-1	欧阳正宇	54	2014	课件
16	休闲度假村经营与管理	7-301-24317-6	周绍健	40	2014	课件
17	会展业概论	7-301-23621-5	陈　楠	30	2014	课件
18	旅游学	7-301-22518-9	李　瑞	30	2013	课件
19	旅游学概论	7-301-21610-1	李玉华	42	2013	课件
20	旅游策划理论与实务	7-301-22630-8	李　锋　李　萌	43	2013	课件
21	景区经营与管理	7-301-23364-1	陈玉英	48	2013	课件
22	旅游资源开发与规划	7-301-22451-9	孟爱云	32	2013	课件
23	旅游地图编制与应用	7-301-23104-3	凌善金	38	2013	课件
24	旅游英语教程	7-301-22042-9	于立新	38	2013	课件
25	英语导游实务	7-301-22986-6	唐　勇	33	2013	课件
26	导游实务	7-301-22045-0	易婷婷	29	2013	课件
27	导游实务	7-301-21638-5	朱　斌	32	2013	课件
28	旅游服务礼仪	7-301-22940-8	徐兆寿	29	2013	课件
29	休闲学导论	7-301-22654-4	李经龙	30	2013	课件
30	休闲学导论	7-301-21655-2	吴文新	49	2013	课件
31	休闲活动策划与服务	7-301-22113-6	杨　梅	32	2013	课件
32	前厅客房服务与管理	7-301-22547-9	张青云	42	2013	课件
33	旅游学导论	7-301-21325-4	张金霞	36	2013	课件
34	旅游规划原理与实务	7-301-21221-9	郭　伟	35	2012	课件
35	旅游地形象设计学	7-301-20946-2	凌善金	30	2012	课件
36	旅游文化与传播	7-301-19349-5	潘文焰	38	2012	课件
37	旅游财务会计	7-301-20101-5	金莉芝	40	2012	课件
38	现代酒店管理与服务案例	7-301-17449-4	邢夫敏	29	2012	课件
39	餐饮运行与管理	7-301-21049-9	单铭磊	39	2012	课件
40	会展概论	7-301-21091-8	来逢波	33	2012	课件
41	旅行社门市管理实务	7-301-19339-6	梁雪松	39	2011	课件

如您需要更多教学资源如电子课件、电子样章、习题答案等，请登录北京大学出版社第六事业部官网 www.pup6.cn 搜索下载。

如您需要浏览更多专业教材，请扫下面的二维码，关注北京大学出版社第六事业部官方微信（微信号：pup6book），随时查询专业教材、浏览教材目录、内容简介等信息，并可在线申请纸质样书用于教学。

感谢您使用我们的教材，欢迎您随时与我们联系，我们将及时做好全方位的服务。联系方式：010-62750667，liuhe_cn@163.com，moyu333333@163.com，pup_6@163.com，lihu80@163.com，欢迎来电来信。客户服务 QQ 号：1292552107，欢迎随时咨询。